高等职业教育规划教材

电工与电子技术基础
（第三版）

主 编 蔡大华 石剑锋

苏州大学出版社

图书在版编目(CIP)数据

电工与电子技术基础 / 蔡大华,石剑锋主编.
-- 3版. -- 苏州：苏州大学出版社,2024.6. -- ISBN
978-7-5672-4730-7

Ⅰ. TM；TN

中国国家版本馆CIP数据核字第2024PT7920号

电工与电子技术基础（第三版）

蔡大华　石剑锋　主编

责任编辑　周建兰

苏州大学出版社出版发行
（地址：苏州市十梓街1号　邮编：215006）
苏州市深广印刷有限公司印装
（地址：苏州市高新区浒关工业园青花路6号2号厂房　邮编：215151）

开本 787 mm×1 092 mm　1/16　印张 15.75　字数 403 千
2024 年 6 月第 3 版　2024 年 6 月第 1 次印刷
ISBN 978-7-5672-4730-7　定价：46.00 元

图书若有印装错误，本社负责调换
苏州大学出版社营销部　电话：0512-67481020
苏州大学出版社网址　http://www.sudapress.com

前言

高等职业教育的任务是培养具有高尚职业道德，适应生产建设第一线需要的高技术应用型专门人才。电工与电子技术基础是高职院校机械类、数控类、机电类等相关专业的一门理论性、实践性和应用性很强的技术基础课程。通过本门课程的学习，学生能够掌握电路的基本理论和基本分析方法、电子器件功能及应用、电子电路分析及应用，并能进行典型电工电子电路实验、仿真，为后续课程准备必要的电工与电子电路理论知识、分析方法及技能操作。

根据电工与电子电路的特点及高等职业教育的任务，为激发学生的学习兴趣，提高学生的职业素质，编写本书时指导思想如下：

1. 本教材分为两部分：电路部分及电子技术部分。电路部分包括直流电路、单相电路、三相电路；电子技术部分包括模拟电子技术及数字电子技术。电路部分的重点是基本定律的理解及应用，从直流电阻电路入手，有助于学生更快地理解电路的基本规律和电路分析的基本方法；单相、三相电路以典型电路的分析、应用为主。电子技术部分以常用电子器件功能及应用为主，要求学生掌握典型电子电路应用、常用集成电路典型应用，本部分为重点，并要求学生掌握常用电工与电子器件的选型及常见电路的读图能力。

2. 电工与电子技术基础内容繁多，而教学时数有限，因此本书在保证基本概念、基本原理和基本分析方法的前提下，力求精选内容，减少分立元件的内容，加强集成电路器件的内容和应用，贯彻"分立为集成服务"的原则，而对于集成内部电路的分析不做过多的介绍。本书以典型电路分析和应用为主，并结合实验要求强化实践技能训练。

3. 增强实用性。本书在编写过程中力图做到理论联系应用，学以致用；淡化公式推导，突出使学生掌握电工电子元器件功能、典型电路在实际中的应用，掌握基本分析工具、基本分析方法的运用。

4. 本教材力求语言通俗易懂、图文并茂、可读性强。书中习题和例题着重培养学生分析和应用能力，每章后有小结、习题，习题附有参考答案，便于学生学习。

5. 附录给出了Multisim软件介绍及使用方法，便于学生掌握电路仿真技能。列出了电子元器件型号命名方法及常用器件选型内容。

本书由蔡大华、石剑锋任主编，田齐、陈淑侠、陈艳玲任副主编，由蔡大华老师负责统稿。参加编写的人员还有尹俊、王志伟、祁晓菲、陈敏、郁志纯、袁红军、吴玉娟、代昌浩等。

在编写过程中，编者借鉴了有关参考资料。在此，对参考资料的作者以及帮助本书出版的单位和个人一并表示感谢。

由于编者水平有限，编写时间仓促，书中难免有错误和不妥之处，恳请读者批评和指正。

编 者
2024年5月

目录 CONTENTS

第 1 章 直流电路及其分析方法 … 1

1.1 电路的组成及作用 … 1
1.2 电路中的主要物理量 … 2
1.3 电路的工作状态与电气设备的额定值 … 7
1.4 电压源和电流源及其等效变换 … 8
1.5 基尔霍夫定律 … 12
    1.5.1 几个相关的电路名词 … 12
    1.5.2 基尔霍夫电流定律(KCL) … 13
    1.5.3 基尔霍夫电压定律(KVL) … 13
1.6 电阻的连接 … 15
    1.6.1 电阻 … 15
    1.6.2 电阻的串联 … 16
    1.6.3 电阻的并联 … 16
    1.6.4 电阻的混联 … 17
    1.6.5 星形电阻网络与三角形电阻网络及其等效变换 … 17
1.7 支路电流法 … 18
1.8 叠加定理 … 19
1.9 戴维南定理 … 21
小结 … 23
习题 … 23

第 2 章 单相正弦交流电路 … 26

2.1 正弦量的基本概念 … 26
    2.1.1 正弦量的三要素 … 26
    2.1.2 正弦量的相量表示 … 30
2.2 单一参数元件正弦交流电路 … 33
    2.2.1 电阻元件交流电路 … 33

		2.2.2 电感元件交流电路	35
		2.2.3 电容元件交流电路	38
	2.3	RLC 串联与并联电路	41
	2.4	正弦交流电路的功率及功率因数的提高	44
		2.4.1 正弦交流电路的功率	44
		2.4.2 感性负载功率因数的提高	46
	2.5	电路谐振	48
		2.5.1 RLC 串联电路的谐振	48
		2.5.2 RLC 并联电路的谐振	50
	小结		52
	习题		53

第 3 章 三相交流电路及其应用 ·············· 56

3.1	对称三相电源	56
	3.1.1 三相电源的知识	56
	3.1.2 三相电源的连接	57
3.2	三相负载的星形连接	59
3.3	三相负载的三角形连接	61
3.4	三相电路的功率	63
小结		66
习题		66

第 4 章 半导体器件及放大电路 ·············· 68

4.1	半导体基本知识	68
	4.1.1 半导体的特性	68
	4.1.2 本征半导体	68
	4.1.3 杂质半导体	70
	4.1.4 PN 结及特性	71
4.2	半导体二极管	72
	4.2.1 二极管的结构及符号	72
	4.2.2 二极管的伏安特性	73
	4.2.3 二极管的主要参数	74
	4.2.4 特殊用途二极管——稳压管	74
4.3	半导体三极管	76
	4.3.1 三极管的结构及符号	76
	4.3.2 三极管的电流分配关系	77
	4.3.3 三极管的伏安特性	78

		4.3.4 三极管的主要参数	80
4.4	场效应管		81
4.5	基本放大电路		85
		4.5.1 共发射极基本放大电路	85
		4.5.2 放大电路中各电分量表示方法	86
		4.5.3 静态分析	87
		4.5.4 动态分析	88
4.6	静态工作点的稳定		93
		4.6.1 静态工作点的设置与稳定	93
		4.6.2 分压式偏置电路	94
4.7	共集电极放大电路		96
4.8	多级放大电路		98
		4.8.1 多级放大电路的耦合方式	98
		4.8.2 阻容耦合多级放大电路的分析	99
		4.8.3 差动放大电路	102
4.9	功率放大电路		104
		4.9.1 功率放大电路的特点及分类	104
		4.9.2 互补对称功率放大电路	105
		4.9.3 集成功率放大器	108
小结			110
习题			111

第5章 集成运算放大器及其应用 — 115

5.1	负反馈放大电路		115
		5.1.1 反馈的基本概念	115
		5.1.2 正反馈和负反馈的判别方法	115
		5.1.3 负反馈的基本类型及判别方法	116
		5.1.4 负反馈对放大电路的影响	117
5.2	集成运算放大器概述		117
		5.2.1 集成电路的分类与封装	117
		5.2.2 集成运算放大器的组成	119
		5.2.3 集成运算放大器的特点	119
		5.2.4 集成运算放大器的主要参数	119
		5.2.5 理想运算放大器	120
5.3	运算放大器的基本运算电路		121
5.4	集成运算放大器的非线性应用		125
		5.4.1 电压比较器	125
		5.4.2 集成运算放大器典型拓展应用	127

5.5 集成运算放大器选择和使用中应注意的问题 ………………………… 129
  5.5.1 集成运算放大器的选择 ……………………………………… 129
  5.5.2 集成运算放大器的保护 ……………………………………… 130
小结 ………………………………………………………………………… 130
习题 ………………………………………………………………………… 131

第6章 正弦波振荡电路及直流稳压电源 …………………………… 134

6.1 直流稳压电源 ………………………………………………………… 134
  6.1.1 直流稳压电源的组成 ………………………………………… 134
  6.1.2 单相整流电路 ………………………………………………… 135
  6.1.3 滤波电路 ……………………………………………………… 137
  6.1.4 稳压电路及稳压电源的性能指标 …………………………… 139
  6.1.5 三端式集成稳压器 …………………………………………… 140
6.2 正弦波振荡电路 ……………………………………………………… 141
  6.2.1 振荡电路的振荡条件 ………………………………………… 141
  6.2.2 正弦波振荡电路的组成及各部分的作用 …………………… 142
  6.2.3 RC 桥式正弦波振荡电路 …………………………………… 142
  6.2.4 LC 正弦波振荡电路 ………………………………………… 145
小结 ………………………………………………………………………… 147
习题 ………………………………………………………………………… 147

第7章 门电路与组合逻辑电路 ……………………………………… 150

7.1 数字电路概述 ………………………………………………………… 150
  7.1.1 数字电路概述 ………………………………………………… 150
  7.1.2 脉冲信号 ……………………………………………………… 150
  7.1.3 数制 …………………………………………………………… 151
  7.1.4 码制 …………………………………………………………… 153
7.2 逻辑门电路 …………………………………………………………… 153
  7.2.1 基本逻辑门电路 ……………………………………………… 154
  7.2.2 复合门电路 …………………………………………………… 156
  7.2.3 集成门电路 …………………………………………………… 158
7.3 逻辑代数 ……………………………………………………………… 165
  7.3.1 逻辑代数的基本公式和定律 ………………………………… 165
  7.3.2 逻辑函数的化简 ……………………………………………… 166
7.4 组合逻辑电路的分析与设计 ………………………………………… 168
7.5 常用组合逻辑器件 …………………………………………………… 170
小结 ………………………………………………………………………… 178

习题 ······ 178

第8章 时序逻辑电路 ······ 181

8.1 触发器 ······ 181
8.1.1 RS 触发器 ······ 181
8.1.2 主从 JK 触发器 ······ 185
8.1.3 D 触发器 ······ 186
8.1.4 触发器应用举例：四人竞赛抢答电路 ······ 187

8.2 时序逻辑电路 ······ 188
8.2.1 计数器 ······ 188
8.2.2 寄存器 ······ 193

8.3 555 定时器 ······ 196
8.3.1 555 定时器 ······ 196
8.3.2 555 定时器的应用 ······ 197

小结 ······ 203
习题 ······ 204

附录 ······ 207

附录 1 Multisim 仿真软件 ······ 207
附录 2 电阻器与电容器的型号命名法 ······ 214
附录 3 半导体器件相关知识 ······ 218

综合练习 ······ 222

综合练习 A ······ 222
综合练习 B ······ 226
综合练习 C ······ 229

答案 ······ 233

习题答案 ······ 233
综合练习答案 ······ 237

参考文献 ······ 241

第1章 直流电路及其分析方法

本章介绍了直流电路的基本概念和主要物理量、电路模型和电路的状态及电气设备的额定值,讨论了基尔霍夫定律和电路的叠加定理及戴维南定理的分析方法.本章的概念及分析方法,同样适用于交流电路的分析,本章是全书的基础内容之一.

1.1 电路的组成及作用

1. 电路的概念

电路是电流的通路,它是由一些电工设备或元件按一定方式连接起来,具有一定功能的闭合线路.比较复杂的电路又称为网络.

电路根据其基本功能可以分为两大类:一类用来实现电能的传输和转换,如图1-1(a)所示为电力线路系统示意图;另一类用来实现信号的传递和处理,如图1-1(b)所示为扩音机电路示意图.

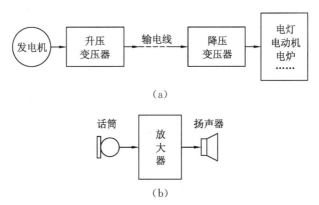

图1-1 电力线路系统和扩音机电路示意图

2. 电路组成

不管电路是简单还是复杂,电路通常由电源、负载和中间环节三部分组成.如图1-2所示,手电筒电路中的电池、灯泡和开关、导线,则分别属于电源、负载和中间环节.

电源是供给电能的设备,其作用是将其他形式的能转变成电能,如电池、发电机等.

负载是消耗、转换电能的设备,其作用是将电能转换为其他形式的能,如电灯、电炉、电动机等.

中间环节是起控制、连接、保护等作用的,如导线、开关、熔断器等.

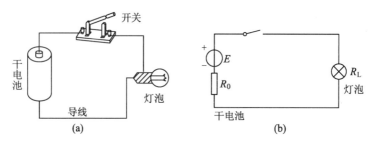

图 1-2　手电筒电路及电路模型

3. 电路原理图

实际电路是由一些按需要起不同作用的实际电路元件构成的,如电路中的电池、导线、开关、电灯等,它们的电磁关系较为复杂,为便于分析研究,常在一定条件下,将实际元件理想化,突出其主要电磁性质,忽略其次要因素,将其近似看作理想电路元件. 在图 1-2(a) 所示手电筒电路中,小灯泡不但因发光而消耗电能,而且在其周围还会产生一定的磁场,若只考虑其电能消耗的性质而忽略其磁场,可以将小灯泡看作一个只消耗电能的理想化电阻元件. 电源不仅提供一定电压的电能,而且其内部有一定电能损耗,可以用电压源元件与一个内阻串联表示. 开关、导线是电路中间环节,其电阻可以忽略,用一个无电阻的理想导体表示.

采用国家规定的图形符号及字母符号,可绘制电路原理图. 图 1-3 是常用电路元件的图形及字母符号. 任何实际器件都可以用理想电路元件来表示. 由理想元件组成的电路称为实际电路的电路模型,又称为电路原理图. 本教材所研究的电路都是指电路模型. 如图 1-2(b) 所示的电路为手电筒的电路原理图.

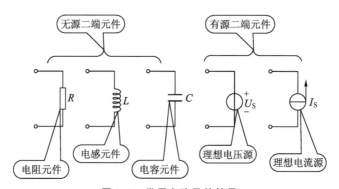

图 1-3　常用电路元件符号

1.2　电路中的主要物理量

电路中的物理量主要包括电流、电压、电位、电动势、功率以及电能.

1. 电流

电荷(电子、离子等)在电场力的作用下,有规则的定向移动形成了电流.其数值等于单位时间内通过导体某一横截面的电荷量,称为电流强度,用符号 I 或 i 表示.

当电流的大小和方向都不变时,称为直流电流,简称直流(DC),常用 I 表示,即

$$I = \frac{Q}{t} \tag{1-1}$$

当电流大小、方向随时间作周期性变化时,称为交流电流,简称交流(AC),常用 i 表示,即

$$i = \frac{\mathrm{d}q}{\mathrm{d}t} \tag{1-2}$$

在国际单位制(SI)中,电流的单位是安[培](A)①,此外还有千安(kA)、毫安(mA)、微安(μA).

电流是有方向的,习惯规定电流的实际方向是正电荷定向移动的方向或负电荷运动的反方向.电流的方向是客观存在的.在简单电路情况下,很容易就能判断电流的实际方向,如图1-2(b)电路电流是由电源正极流向负极;在电源内部,电流则由负极流向正极.但在复杂电路中,电流的实际方向有时难以确定;对于交流电流而言,其方向随时间而变,在电路图上无法用一个箭头来表示实际方向.为便于分析和计算,便引入电流参考方向的概念.

参考方向也称正方向,是任意假设方向,在电路中用箭头表示.先任意选定某一方向,作为待求电流的方向,并根据此方向进行分析和计算.当电流参考方向与电流实际方向一致时,电流为正值;当电流参考方向与电流实际方向不一致时,电流为负值.这样在选定参考方向下,根据电流的正负,可以确定电流的实际方向,如图1-4表示了电流的参考方向(图中实线所示)与实际方向(图中虚线所示)之间的关系.本书电路图上所标出的电流方向都是指参考方向.

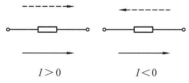

图1-4 电流的参考方向与实际方向

提 示

① 电路中电流可以用电流表串入电路中进行测量.
② 人体能感知的最小交流电流约 1 mA;人体能摆脱触电状态的最大交流电流约 15 mA;而 50 Hz 30~50 mA 的交流电流能致人死亡.

例 1-1 如图1-5所示,电流的参考方向已标出,并已知 $I_1 = 1.5$ A,$I_2 = -3$ A,试指出电流的实际方向.

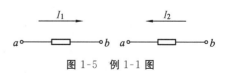

图1-5 例1-1图

解 $I_1 = 1.5$ A>0,则 I_1 的实际方向与参考方

---

① 方括号中的字,在不致引起混淆、误解的情况下,可以省略.去掉方括号中的字,即为其名称的简称.

向一致,由点 a 流向点 b.

$I_2=-3$ A<0,则 I_2 的实际方向与参考方向相反,由点 a 流向点 b.

2. 电压

在电场力作用下,电荷做定向移动,电场力做功,将电能转换为其他形式的能量,如光能、热能、机械能等.电压是用来描述电场力做功的物理量,电路中两点 A、B 间的电压等于电场力将单位正电荷由电路 A 点移动到 B 点所做的功,即

$$U_{AB}=\frac{W}{Q} \qquad (1-3)$$

对于交流电压,则为

$$u_{AB}=\frac{\mathrm{d}w}{\mathrm{d}q} \qquad (1-4)$$

电压的单位为伏[特](V),此外还常用千伏(kV)、毫伏(mV)、微伏(μV).

电压的实际方向则由电位能高处指向电位能低处,是电位能降低的方向.

与电流类似,在分析与计算电路时,可任意选定一个电压参考方向,或称为正方向,在电路中可用箭头、双下标或正负极性标出,如图 1-6 所示.

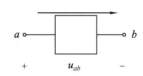

图 1-6 电压参考方向表示

电压总是针对两点而言的,因此用双下标表示电压的参考方向,由第一个下标指向第二个下标,即由 a 点指向 b 点.电压的参考方向也是任意假定的,当参考方向与实际方向相同时,电压值为正;反之,电压值为负.

在分析电路时,任一电路元件的电流和电压参考方向可以任意选定,但是为了分析方便,常选定同一元件的电流参考方向与电压参考方向一致,如图 1-7(a)所示,称为关联方向;若同一元件的电压参考方向与电流参考方向不一致,如图 1-7(b)所示,称为非关联方向.

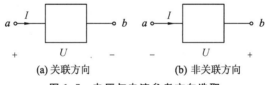

(a) 关联方向　　　　(b) 非关联方向

图 1-7 电压与电流参考方向选取

提示

① 电路中电压可以用电压表并联在元件两端进行测量.

② 人体的安全电压为交流 36 V,在特别危险场所为交流 12 V.

3. 电位

在电路测试中,经常要测量各点的电位,看其是否符合设计数值.电位是表示电路中各点电位能高低的物理量,其在数值上等于电场力将单位正电荷从该点移到参考点所做的功.电位用符号 V 或 φ 表示.对照电位与电压的定义,电路中任意一点的电位,就是该点与参考点之间的电压,而电路中任意两点间的电压,则等于这两点电位之差.若测出电路中任意两点的电位 V_a 和 V_b,则 a、b 两点间的电压 U_{ab} 可以表示为

$$U_{ab}=V_a-V_b \qquad (1-5)$$

一般选取电路若干导线连接的公共点或机壳作为参考点,可用符号"⊥"表示.参考点是零电位点,其他各点电位与参考点比较,比参考点高为正电位,比参考点低为负电位.

电位的单位是伏[特](V).

提示:

① 电位具有相对性和单值性.电位的相对性是指电位随参考点选择而异,参考点不同,即使是电路中的同一点,其电位值也不同.电位的单值性是指参考点一经选定,电路中各点的电位即为一确定值.

② 电压具有绝对性,与参考点选择无关.即对于不同的参考点,虽然各点的电位不同,但该两点间的电压始终不变,这就是电压的绝对性.

例 1-2 如图 1-8 所示电路中,已知 $V_a = 3$ V,$V_b = 2$ V,求 U_1 及 U_2.

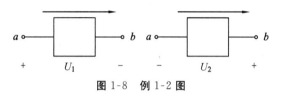

图 1-8 例 1-2 图

解
$$U_1 = V_a - V_b = 3 \text{ V} - 2 \text{ V} = 1 \text{ V}$$
$$U_2 = V_b - V_a = 2 \text{ V} - 3 \text{ V} = -1 \text{ V}$$

例 1-3 如图 1-9 所示电路中,已知各元件的电压分别为 $U_1 = 8$ V,$U_2 = 6$ V,$U_3 = 10$ V,$U_4 = -24$ V.若分别选 B 点与 C 点为参考点,试求电路中各点的电位.

解 选 B 点为参考点,则

$V_B = 0$

$V_A = U_{AB} = -U_1 = -8$ V

$V_C = U_{CB} = U_2 = 6$ V

$V_D = U_{DB} = -U_4 - U_1 = 24 \text{ V} - 8 \text{ V} = 16$ V

选 C 点为参考点,则

$V_C = 0$

$V_A = U_{AC} = U_4 + U_3 = -24 \text{ V} + 10 \text{ V} = -14$ V

$V_B = U_{BC} = -U_2 = -6$ V

$V_D = U_{DC} = U_3 = 10$ V

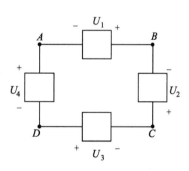

图 1-9 例 1-3 图

可见,电路中同一点电位随参考点选取不同而不同,但两点间电压是不变的.

4. 电动势

电动势是非电场力如电磁力、化学力等将单位正电荷从电源负极移到正极所做的功,用 E 或 e 表示,即

$$E = \frac{W}{Q} \tag{1-6}$$

对于交流电动势,则为

$$e = \frac{\mathrm{d}w}{\mathrm{d}q} \tag{1-7}$$

电动势的单位也是伏[特](V).

电动势的方向规定为由电源负极指向正极.电动势与电压的物理意义不同.电压是衡量电场力做功的能力,而电动势是衡量电源力(电磁力、化学力)做功的能力.电动势与电压的实际方向不同,电动势的方向是从低电位指向高电位,即由"－"极指向"＋"极;而电压的方向则从高电位指向低电位,即由"＋"极指向"－"极.此外,电动势只存在于电源的内部.

5. 功率及电能

在电路中,正电荷受电场力作用从高电位移动到低电位所减少的电能转换为其他形式的能量,被电路吸收.电能转换的快慢称为电功率,简称功率,用符号 P 表示,即

$$P = \frac{W}{t} \tag{1-8}$$

在交流电路情况下

$$p = \frac{\mathrm{d}w}{\mathrm{d}t} \tag{1-9}$$

功率的单位是瓦[特](W),较大的单位有千瓦(kW),较小的单位有毫瓦(mW).

在电路分析中,功率有正负之分:当一个电路元件上消耗的功率为正值时,表明这个元件是负载,是耗能元件;当一个电路元件上消耗的功率为负值时,表明这个元件起电源作用,是供能元件.因此,给出电功率的两种功率计算公式.

当元件的电压、电流选取的参考方向相同时,如图1-7(a)所示时,有

$$P = UI \tag{1-10}$$

当元件的电压、电流选取的参考方向不一致时,如图1-7(b)所示时,有

$$P = -UI \tag{1-11}$$

无论电压、电流参考方向是关联方向还是非关联方向,都有:当计算的功率为正值时,则元件吸收(消耗)功率;当计算的功率为负值时,则元件发出(产生)功率.

电能是一段时间内消耗或产生的电位能量,是电能转化为其他形式的能的量度.

$$W = Pt \tag{1-12}$$

国际单位制中电能的单位为焦[耳](J).

> **提示**
>
> 在实际应用中,电能的单位常用千瓦·时(kW·h)表示,即功率为 1 kW 的用电设备在 1 h 内所消耗的电能,简称 1 度电,即
>
> $$1 \text{ kW·h} = 1\,000 \text{ W} \times 3\,600 \text{ s} = 3.6 \times 10^6 \text{ J}$$

例 1-4 如图 1-10 所示,求图示各元件的功率.

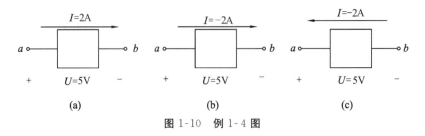

图 1-10 例 1-4 图

解 (a)关联方向,$P = UI = 5 \times 2$ W $= 10$ W,$P > 0$,吸收 10 W 功率.

(b) 关联方向，$P=UI=5×(-2)$ W$=-10$ W，$P<0$，产生 10 W 功率.

(c) 非关联方向，$P=-UI=-5×(-2)=10$ W，$P>0$，吸收 10 W 功率.

1.3 电路的工作状态与电气设备的额定值

1. 电路的工作状态

电路有空载、短路及负载三种状态.下面根据电路连接情况，分别讨论电路的电流、电压及功率.

(1) 空载状态.

空载状态又称断路或开路状态.如图 1-11 所示，当开关 S 打开时，电源与负载没有构成闭合路径，电路处于开路状态.电路具有下列特征：

① 电路中的电流为零，即 $I=0$.

② 电源的端电压等于电源的电动势电压 U_S.

③ 电源的输出功率和负载吸收的功率均为零.

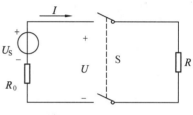

图 1-11　电路开路

(2) 短路状态.

当电源的两个输出端由于某种原因直接相连时，会造成电源被直接短路，它是电路的一个极端运行状态，如图 1-12 所示.

短路电路具有下列特征：

① 电源中的电流最大，对负载输出的电流为零.

此时电源中的电流为

$$I_{SC}=\frac{U_S}{R_0} \tag{1-13}$$

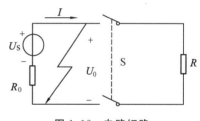

图 1-12　电路短路

此电流称为短路电流 I_{SC}.由于电源的内电阻 R_0 很小，故短路电流很大，常将电源烧毁.产生短路的原因往往是由于绝缘损坏或接线错误，为了防止短路事故引起的后果，通常在电路中接入熔断器或自动断路器，以便发生短路时，能迅速将故障电路自动断开.

② 电源和负载的端电压均为零.

③ 电源对外输出功率和负载吸收功率均为零，这时电源所发出的功率全部消耗在内阻上.这就使电源的温度迅速上升，有可能烧毁电源及其他电气设备，甚至引起火灾.而有时也会因某种需要，将电路中某一部分或某一元件的两端用导体直接连通，这种做法通常称为短接.

(3) 有载工作状态.

如图 1-11 所示，当开关 S 闭合时，电源与负载构成闭合通路，电路便处于有载工作状态.此时电路具有下列特征：

① 电路中的电流由负载决定：

$$I=\frac{U_S}{R_0+R} \tag{1-14}$$

当 U_S、R_0 一定时，电流由负载电阻 R 的大小来决定.

② 电源的端电压为

$$U = U_S - IR_0 \tag{1-15}$$

③ 电源输出功率为

$$P = U_S I - I^2 R_0$$

上式表明,电源发出的功率 $U_S I$ 减去内阻上的消耗 $I^2 R_0$ 才是供给外电路负载的功率,即电源发出的功率等于电路各部分所消耗的功率.由此可见,整个电路中功率总是平衡的.

2. 电气设备的额定值

在实际电路中,所有电气设备和元器件在工作时都有一定的使用限额,这种限额称为额定值.额定值是制造厂综合考虑产品的安全性、经济性和使用寿命等因素而制定的.额定值是使用者使用电气设备和元器件的依据.电气设备或元器件的额定值常标在铭牌上或写在其说明书中,在使用时应充分考虑额定数据.如灯泡的电压 220 V、功率 40 W 都是它的额定值.额定值的项目很多,主要包括额定电流、额定电压以及额定功率等,分别用 I_N、U_N 和 P_N 表示.例如,电阻的额定电流和额定电阻为 100 mA 和 1 000 Ω;某电动机的额定电压、额定电流、额定功率和额定频率分别为 380 V、10 A、8 kW 和 50 Hz 等.

通常,当实际使用值等于额定值时,电气设备的工作状态称为额定状态(或满载);当实际功率或电流大于额定值时,电气设备工作在过载(或超载)状态;当实际功率或电流比额定值小很多时,电气设备工作在轻载(或欠载)状态.

金属导线虽然不是电气设备,但通过电流时也要发热,为此也规定了安全载流量.导线截面越大,安全载流量越高;若明线敷设且散热条件好,安全载流量显然大于穿管敷设的状况.

提示

当环境温度高时,电路工作电流应比额定值小,或增加散热环节、缩短工作时间,以避免电气设备过热.

例 1-5 有一 220 V、60 W 的电灯,接在 220 V 的直流电源上,试求通过电灯的电流和电灯的电阻.如果每晚用 3 h,则一个月消耗多少电能?

解

$$I = \frac{P}{U} = \frac{60}{220} \text{ A} \approx 0.273 \text{ A}$$

$$R = \frac{U}{I} = \frac{220}{0.273} \text{ Ω} \approx 806 \text{ Ω}$$

电阻也可用下式计算:

$$R = \frac{P}{I^2} \text{ 或 } R = \frac{U^2}{P}$$

一个月消耗的电能也就是所做的功为

$$W = Pt = 0.06 \times 3 \times 30 \text{ kW·h} = 5.4 \text{ kW·h}$$

1.4 电压源和电流源及其等效变换

电源可以用两种不同的电路模型表示.一种是用电压的形式来表示,称为电压源;一种是用电流的形式来表示,称为电流源.

1. 电压源

常用的电压源有干电池、蓄电池和稳压电源、发电机等.

(1) 理想电压源.

理想电压源又称恒压源,是一个二端元件,如图 1-13(a)所示为恒压源的电路模型符号.恒压源具有下列特征:

① 恒压源两端的电压为恒定值 U_S,或按一定规律随时间变化的电压 u_S,与流过其中的电流无关;它的电流由与之相连接的负载决定,其伏安特性如图 1-13(b)所示.

② 恒压源的内阻为零,没有损耗.

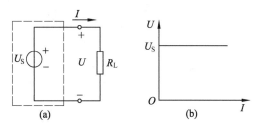

图 1-13　理想电压源及其伏安特性曲线

(2) 实际电压源.

在电路中,一个实际电源在提供电能的同时,必然还要消耗一部分电能.理想电压源实际上是不存在的,因为任何电源总存在内阻.因此用理想电压源与电阻元件的串联组合来表征实际电压源的性能,如图 1-14(a)中虚线框内所示.图中 R_0 为电压源的内阻,$U_0=IR_0$ 为内阻上的压降,U 为电压源的端电压.实际电流源具有下列特征:

① 实际电压源输出电压不再恒定,且随负载电流增大而减小.图 1-14(b)为实际电压源的外特性曲线.由特性曲线可得实际电压源的端电压方程为

$$U=U_S-U_0=U_S-IR_0 \tag{1-16}$$

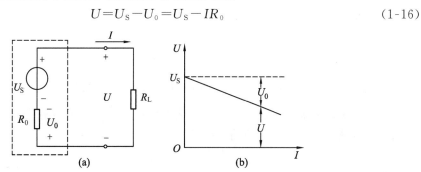

图 1-14　实际电压源及其外特性曲线

② 内阻越小,伏安特性曲线越平直,输出电压变化越小,电源带负载能力越强.

③ 实际电压源两端不能短路.

> **提示:**
>
> 当电源开路时,$I=0$,$U=U_S=U_{OC}$,称为开路端电压.

2. 电流源

各种光电池就是常见的电流源,如太阳能电池,它是一种把光能转换成电能的半导体器件.

(1) 理想电流源.

理想电流源又称恒流源,也是一个二端元件,如图 1-15 (a)所示为恒流源的电路模型符号,其中 I_S 为其恒定电流,所标方向为电流的参考方向,U 为电流源的端电压.恒流源具有下列特征:

① 恒流源能输出恒定不变的电流 I_S 或按一定规律变化的电流 i_S,而与其端电压无关;它的端电压由与之相连接的负载决定.图 1-15(b)为恒流源的伏安特性曲线.

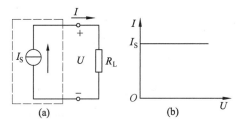

图 1-15 理想电流源及其伏安特性曲线

② 恒流源的内阻为无穷大,输出电压由外电路决定.

(2) 实际电流源.

实际电流源在提供电能的同时,必然还要消耗一部分电能,因此可用理想电流源与电阻的并联组合来表征实际电流源,如图 1-16(a)虚线框内所示.图中 R_0' 为电流源的内阻,I 为输出电流,I_0 为通过内阻中的电流,U 为端电压.实际电流源具有下列特征:

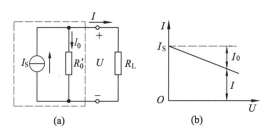

图 1-16 实际电流源及其伏安特性曲线

① 实际电流源输出电流随外负载变化而变化,图 1-16(b)为实际电流源的伏安特性曲线.由特性曲线可得实际电流源输出电流的方程为

$$I = I_S - I_0 = I_S - \frac{U}{R_0'} \tag{1-17}$$

② 内阻越大,伏安特性曲线越平直,输出电流变化越小.

③ 实际电流源两端不能开路.

> **提示**
>
> 实际电流源短路时,输出电流 $I = I_S$.

例 1-6 如图 1-17 所示,求两电源的功率.

解 $I = 1$ A,电压源的功率为 $P_1 = 8 \times 1$ W $= 8$ W>0,吸收功

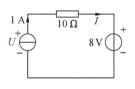

图 1-17 例 1-6 图

率. $U = 1 \times 10$ V $+ 8$ V $= 18$ V,电流源的功率为 $P_2 = -18 \times 1$ W $= -18$ W < 0,产生功率.

3. 两种实际电源模型的等效变换

在保持输出电压 U 和输出电流 I 不变的条件下,一个实际电源既可以用电压源串电阻模型表示,又可以用电流源并电阻模型表示,二者可以相互等效.

下面讨论它们等效的条件.

对于电压源,由式(1-16)可得

$$I = \frac{U_S}{R_0} - \frac{U}{R_0} \tag{1-18}$$

为满足等效条件,式(1-17)、式(1-18)必须相等,即

$$I_S = \frac{U_S}{R_0}, \qquad R_0' = R_0 \tag{1-19}$$

或

$$U_S = I_S R_0, \qquad R_0' = R_0 \tag{1-20}$$

提示:

① 两个电源等效变换,是对电源外电路等效,对电源内不等效.

② 恒压源与恒流源之间不能等效.

③ 变换时两种电路模型的极性必须一致,即电流源流出电流的一端与电压源的正极性端相对应.

例 1-7 如图 1-18(a)所示,试求其等效电流源电路.

解 由式(1-17)和式(1-18)得

$$I_S = \frac{U_S}{R_0} = \frac{100}{47} \text{ A} = 2.13 \text{ A}$$

其对应的等效电路如图 1-18(b)所示.

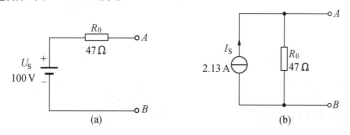

图 1-18 例 1-7 图

例 1-8 用电源模型等效变换的方法求图 1-19(a)所示电路的电流 I_1 和 I_2.

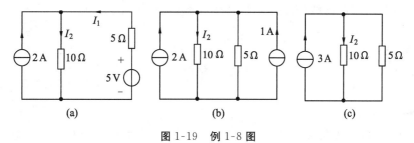

图 1-19 例 1-8 图

解 将原电路变换为图 1-19(b)、图 1-19(c)所示电路,由此可得

$$I_2 = \frac{5}{10+5} \times 3 \text{ A} = 1 \text{ A}$$

$$I_1 = I_2 - 2 \text{ A} = 1 \text{ A} - 2 \text{ A} = -1 \text{ A}$$

4. 受控源

前面所讨论的电压源或电流源都是独立电源,即电源的参数是一定的.还有一种非独立电源,它们的参数是受电路中另一部分电压或电流控制的,又称为受控源.例如,他励直流电动机的电动势受励磁电流控制;在半导体三极管中,其输出电流受输入电流控制.

受控源像独立电源一样,也具有对部分电路输出电能的能力.它有电压源和电流源之分.受控源的控制量可以是电压,也可以是电流.按受控量与控制量的不同组合,受控源可分为四种类型,即:电压控制电压源(VCVS)、电压控制电流源(VCCS)、电流控制电压源(CCVS)、电流控制电流源(CCCS).仍以直流电路为例,它们的电路模型分别如图 1-20 所示.图中用菱形符号表示受控源,以与独立源区别,μ、γ、g 和 β 分别为受控源的控制系数,其中 γ 和 g 分别具有电阻和电导的量纲,称为转移电阻或转移电导.而 μ 和 β 无量纲.

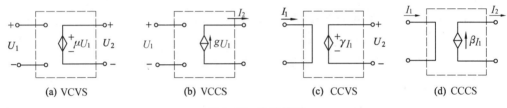

图 1-20 电路模型

提示

对于线性受控源,μ、γ、g 和 β 均为常数.

1.5 基尔霍夫定律

基尔霍夫定律包含两条定律,分别称为基尔霍夫电流定律和基尔霍夫电压定律.

1.5.1 几个相关的电路名词

1. 支路

支路即是一个二端元件或由同一电流流过的几个二端元件互相连接起来组成的线路.图 1-21 中有三条支路,分别是 ACE、AB 和 ADF.

2. 节点

节点即是电路中 3 条或 3 条以上支路的汇集点.图 1-21 中 A、B 为两个节点.

3. 回路

由若干条支路组成的闭合线路称为回路.图 1-21 中有三个回路,分别是 $CABE$、

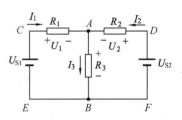

图 1-21 基尔霍夫定律分析

$ADFB$、$CADFBE$.

4. 网孔

内部不含支路的回路.如图 1-21 中 $CABEC$ 和 $ADFBA$ 都是网孔,而 $CADFBEC$ 则不是网孔.

1.5.2 基尔霍夫电流定律(KCL)

基尔霍夫电流定律指出,任一时刻,流入电路中任一节点的电流之和等于流出该节点的电流之和.基尔霍夫电流定律简称 KCL,反映了节点处各支路电流之间的关系.

在图 1-21 所示电路中,对于节点 A 可以写出

$$I_1+I_2=I_3$$

或改写为

$$I_1+I_2-I_3=0$$

即

$$\sum I=0 \tag{1-21}$$

由此,KCL 也可表述为:任一时刻,流入电路中任一节点电流的代数和恒等于零.这里讲代数和是因为式(1-21)中有的电流是流入节点的,而有的电流是流出节点的.在应用 KCL 列电流方程时,如果规定参考方向为指向节点的电流取正号,则背离节点的电流取负号.

基尔霍夫电流定律不仅适用于节点,也可推广应用到包围几个节点的闭合面(也称广义节点).如图 1-22 所示的电路中,可以把三角形 ABC 看作广义的节点,用 KCL 可列出:

$$I_A+I_B+I_C=0$$

即

$$\sum I=0$$

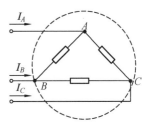

图 1-22 广义节点

> **提示**
>
> 在任一时刻,流过任一闭合面电流的代数和恒等于零.

例 1-9 如图 1-23 所示电路,电流的参考方向已标出.若已知 $I_1=4\,\text{A}$,$I_2=-3\,\text{A}$,$I_3=-6\,\text{A}$,试求 I_4.

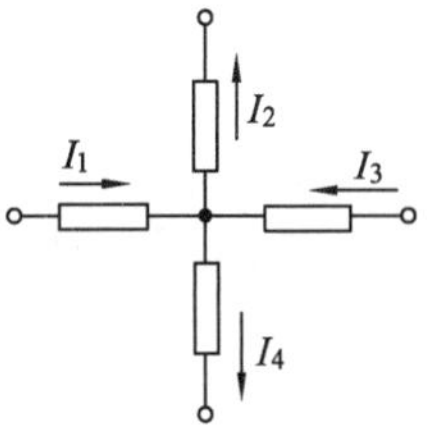

解 根据 KCL 可得

$$I_1-I_2+I_3-I_4=0$$
$$I_4=I_1-I_2+I_3=4\,\text{A}-(-3\,\text{A})+(-6\,\text{A})=1\,\text{A}$$

1.5.3 基尔霍夫电压定律(KVL)

图 1-23 例 1-9 图

基尔霍夫电压定律指出:在任意时刻,沿电路中任一闭合回路各段电压的代数和恒等于零.基尔霍夫电压定律简称 KVL,反映了回路中各段电压之间的关系,其一般表达式为

$$\sum U = 0 \tag{1-22}$$

应用上式列电压方程时,首先假定回路的绕行方向,然后选择各部分电压的参考方向,凡参考方向与回路绕行方向一致者,该电压前取正号;凡参考方向与回路绕行方向相反者,该电压前取负号.

在图 1-21 中,对于回路 $CADFBEC$,若按顺时针绕行方向,根据 KVL 可得

$$U_1 - U_2 + U_{S2} - U_{S1} = 0$$

根据欧姆定律,上式还可表示为

$$I_1 R_1 - I_2 R_2 + U_{S2} - U_{S1} = 0$$
$$I_1 R_1 - I_2 R_2 = -U_{S2} + U_{S1}$$

即

$$\sum IR = \sum U_S \tag{1-23}$$

式(1-23)表示,沿回路绕行方向,各电阻电压降的代数和等于各电源电位升的代数和.

基尔霍夫电压定律不仅可应用于回路,也可推广应用于一段不闭合电路(广义回路).如图 1-24 所示电路中,A、B 两端未闭合,若设 A、B 两点之间的电压为 U_{AB},按逆时针绕行方向,可得

$$U_{AB} - U_S - U_R = 0$$

则

$$U_{AB} = U_S + RI$$

上式表明,开口电路两端的电压等于该两端点之间各段电压降之和.

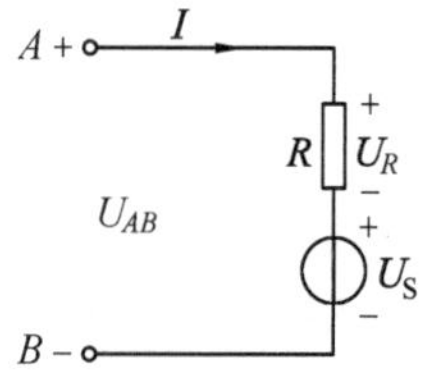

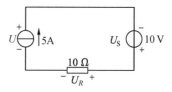

图 1-24 广义回路

例 1-10 求图 1-25 所示电路中 10 Ω 电阻及电流源的端电压.

解 按图示参考方向得

$$U_R = 5 \times 10 \text{ V} = 50 \text{ V}$$

按顺时针绕行方向,根据 KVL 得

$$-U_S + U_R - U = 0$$
$$U = -U_S + U_R = -10 \text{ V} + 50 \text{ V} = 40 \text{ V}$$

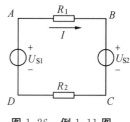

图 1-25 例 1-10 图

例 1-11 在图 1-26 中,已知 $R_1 = 4 \text{ Ω}$,$R_2 = 6 \text{ Ω}$,$U_{S1} = 10 \text{ V}$,$U_{S2} = 20 \text{ V}$,试求 U_{AC}.

解 由 KVL 得

$$IR_1 + U_{S2} + IR_2 - U_{S1} = 0$$
$$I = \frac{U_{S1} - U_{S2}}{R_1 + R_2} \text{ A} = \frac{-10}{10} \text{ A} = -1 \text{ A}$$

由 KVL 的推广形式得

$$U_{AC} = IR_1 + U_{S2} = -4 \text{ V} + 20 \text{ V} = 16 \text{ V}$$

或

$$U_{AC} = U_{S1} - IR_2 = 10 \text{ V} - (-6 \text{ V}) = 16 \text{ V}$$

图 1-26 例 1-11 图

由本例可见,电路中某两点之间的电压和路径无关.因此,计算时应尽量选择较短的路径.

例 1-12 在图 1-27 所示的电路中,已知 $U_{CC} = 9 \text{ V}$,$R_C = 3 \text{ kΩ}$,$R_E = 1 \text{ kΩ}$,$I_B = 30 \text{ μA}$,$I_C = 1 \text{ mA}$,求 U_{CE} 及 c、e 点的电位.

解　由 KCL 可得
$$I_E = I_B + I_C = 0.03 \text{ mA} + 1 \text{ mA} = 1.03 \text{ mA}$$
由 KVL 可得
$$I_C R_C + U_{CE} + I_E R_E = U_{CC}$$
$$\begin{aligned}U_{CE} &= U_{CC} - I_C R_C - I_E R_E \\ &= 9 \text{ V} - 1 \times 10^{-3} \times 3 \times 10^3 \text{ V} - 1.03 \times 10^{-3} \times 1 \times 10^3 \text{ V} \\ &= 9 \text{ V} - 3 \text{ V} - 1.03 \text{ V} = 4.97 \text{ V}\end{aligned}$$
$$V_e = I_E R_E = 1.03 \times 10^{-3} \times 1 \times 10^3 \text{ V} = 1.03 \text{ V}$$
$$V_c = U_{CC} - I_C R_C = 9 \text{ V} - 1 \times 10^{-3} \times 3 \times 10^3 \text{ V} = 6 \text{ V}$$

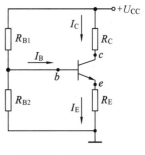

图 1-27　例 1-12 图

提示

基尔霍夫定律既适用于线性电路,也适用于非线性电路.

1.6　电阻的连接

1.6.1　电阻

1. 电阻元件

理想电阻元件简称电阻元件,是从实际电阻器件抽象的理想模型.例如,电炉、白炽灯、电烙铁等这类只消耗电能性质的电阻元件.

电阻分线性与非线性两种.线性电阻的阻值为常数,其上电压、电流之间满足欧姆定律,如图 1-28 所示.

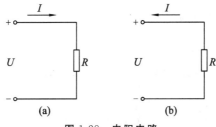

图 1-28　电阻电路

在图 1-28(a)中,电压与电流的参考方向一致,其欧姆定律表达式为
$$I = \frac{U}{R} \tag{1-24}$$

在图 1-28(b)中,电压与电流的参考方向相反,其欧姆定律表达式为
$$I = -\frac{U}{R} \tag{1-25}$$

电阻的单位有 Ω、kΩ、MΩ.

> **提示:**
> 电阻元件阻值可以用多用表测量,设备绝缘电阻可以用兆欧表测量.

2. 电阻的伏安特性

在电气技术中,通常也用曲线来反映元件的电压(V)与电流(A)的关系,称为伏安(V-A)特性,也称外特性曲线.图 1-29(a)为线性电阻伏安特性曲线,图 1-29(b)为非线性电阻伏安特性曲线.

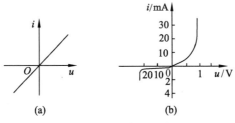

图 1-29 电阻的伏安特性曲线

> **提示:**
> 电阻是一个耗能元件,它所消耗的功率为

$$P = UI = I^2 R = \frac{U^2}{R} \tag{1-26}$$

1.6.2 电阻的串联

若电路中有两个或两个以上电阻顺次相连,且电阻中的电流相同,则这种电阻接法称为电阻的串联.如图 1-30 所示给出了三个电阻的串联电路,电阻串联具有下列特征:

(1) 其等效电阻等于各个电阻之和,即

$$R = R_1 + R_2 \tag{1-27}$$

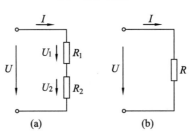

图 1-30 电阻的串联

(2) 串联电阻的电流均相同.

(3) 在串联电路中,总电压等于各分电压之和,即

$$U = U_1 + U_2$$

1.6.3 电阻的并联

若电路中有两个或两个以上电阻连接在两个公共节点之间,则这种方法称为电阻的并

联,如图 1-31 所示.电阻并联具有下列特征:

(1)电阻并联电路,其等效电阻的倒数等于各个电阻倒数之和,即

$$\frac{1}{R}=\frac{1}{R_1}+\frac{1}{R_2} \tag{1-28}$$

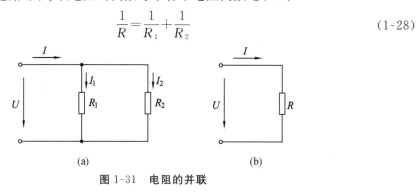

图 1-31 电阻的并联

(2)电阻并联的特点是并联电阻的电压均相同.

(3)并联电路中的总电流等于各支路分电流之和.且有

$$I_1=\frac{R_2}{R_1+R_2}I$$

$$I_2=\frac{R_1}{R_1+R_2}I$$

1.6.4 电阻的混联

所谓电阻的混联,是指电路中既有电阻的串联,又有电阻的并联.电阻混联的形式有多种多样,可以先对电路整理,再利用电阻串、并联公式逐步化简.

例 1-13 如图 1-32 所示,已知 $R_1=R_6=5\ \Omega$,$R_2=3\ \Omega$,$R_3=6\ \Omega$,$R_4=R_5=8\ \Omega$.试计算电路中 ab 两端的等效电阻.

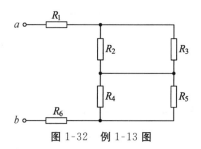

图 1-32 例 1-13 图

解 由 a、b 端向里看,R_2 和 R_3、R_4 和 R_5 均连接在相同的两点之间,因此是并联关系,把这 4 个电阻两两并联后,电路中除了 a、b 两点不再有节点,所以它们的等效电阻与 R_1 和 R_6 相串联.

$$R_{ab}=R_1+R_6+(R_2//R_3)+(R_4//R_5)=16\ \Omega$$

1.6.5 星形电阻网络与三角形电阻网络及其等效变换

以上讨论的电路都可以用串、并联等效电阻公式逐步化简,称之为简单电路.而对于复杂电路,则只能采用网络变换的方法予以化简.所谓网络变换,就是把一种连接形式的电路变换为另一种连接形式.例如,星形网络与三角形网络的等效互换.

1. 星形电阻网络与三角形电阻网络

如图 1-33(a)所示，R_1、R_2、R_3 三个电阻组成一个 Y 形，称之为星形网络或 Y 形网络. 如图 1-33(b)所示，R_{12}、R_{23}、R_{31} 三个电阻组成一个三角形，称之为三角形网络或△形网络.

一般情况下，组成 Y 形或△形网络的三个电阻可为任意值. 若组成 Y 形网络的三个电阻相等，即 $R_1=R_2=R_3=R_Y$，称为对称 Y 形网络；同样地，若 $R_{12}=R_{23}=R_{31}=R_\triangle$，则称为对称△形网络.

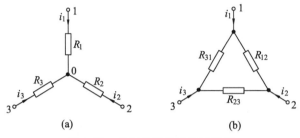

图 1-33 电阻星形及三角形连接

2. 星形电阻网络与三角形电阻网络的等效变换

在一定条件下，星形电阻网络与三角形电阻网络可以等效互换，而不影响网络之外未经变换部分的电压、电流和功率.

对于对称 Y 形和对称△形网络，等效变换的条件为

$$R_Y = \frac{1}{3}R_\triangle$$
$$R_\triangle = 3R_Y$$
(1-29)

至于不对称 Y 形网络与△形网络的等效变换，因其应用较少，这里不再讨论.

1.7 支路电流法

支路电流法是以各支路电流为未知量，利用基尔霍夫定律列出方程联立求解的方法. 它是基尔霍夫定律的典型应用.

应用支路电流法分析电路时，可按以下步骤进行：

(1) 标出各支路电流.
(2) 确定电路节点，根据 KCL 列出独立节点的电流方程.
(3) 确定电路回路，选取网孔及其网孔电压的绕行方向，根据 KVL 列出网孔的电压方程.
(4) 联立以上方程，求解各支路电流.

例 1-14 电路如图 1-34 所示，用支路电流法求图中的两台直流发电机并联电路中的负载电流 I 及每台发电机的输出电流 I_1 和 I_2. 已知：$R_1=1\ \Omega$，$R_2=0.6\ \Omega$，$R=24\ \Omega$，$E_1=130\ \text{V}$，$E_2=117\ \text{V}$.

解 (1) 选定各支路电流如图 1-34 所示.
(2) 根据 KCL 列出独立节点的电流方程：

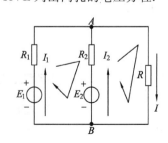

图 1-34 例 1-14 图

$$I_1 + I_2 = I$$

(3) 按顺时针绕行方向，根据 KVL，列出网孔电压方程：
$$R_1 I_1 - R_2 I_2 + E_2 - E_1 = 0$$
$$R_2 I_2 + RI - E_2 = 0$$

代入数据，联立求解以上方程，得
$$I_1 = 10 \text{ A}, \ I_2 = -5 \text{ A}, \ I = 5 \text{ A}$$

提示：

支路电流法适合电路支路数不超过 3 个的电路，否则分析过程较烦琐．

1.8 叠加定理

叠加定理是线性电路的一个重要定理，它体现了线性电路的重要性质．叠加定理可使线性电路分析应用更简便、有效．本节着重介绍叠加定理的内容及其应用．

1. 叠加定理的内容

在线性电路中，若有几个独立电源共同作用时，则任何一条支路中所产生的电流（或电压）等于各个独立电源单独作用时在该支路中所产生的电流（或电压）的代数和．图 1-35(a) 为 U_S、I_S 共同作用，图 1-35(b) 为 U_S 单独作用，图 1-35(c) 为 I_S 单独作用．

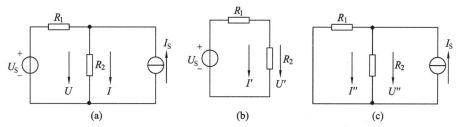

图 1-35 叠加定理电路分析

原电路有两个电源共同作用，可以分为两个电源单独作用的电路分别作用，其电路中的电压、电流方向为参考方向，各电压、电流间的关系为
$$U = U' + U'', \quad I = I' + I''$$

2. 使用叠加定理时的注意点

(1) 叠加定理只适用于线性电路．

(2) 只将电源分别考虑，电路的结构和参数不变．即不作用的电压源的电压为零，在电路图中用短路线代替；不作用的电流源的电流为零，在电路图中用开路代替，但要保留它们的内阻．

(3) 将各个电源单独作用所产生的电流（或电压）叠加时，必须注意参考方向．当分量的参考方向和总量的参考方向一致时，该分量取正；反之，则取负．

(4) 叠加定理只能用于电压或电流的叠加，不能用来求功率．这是因为功率与电压、电流之间不存在线性关系．

3. 叠加定理的应用

叠加定理可以直接用来计算复杂电路,其优点是可以把一个复杂电路分解为几个简单电路分别进行计算,避免了求解联立方程.

例 1-15 电路如图 1-36(a)所示,求电路中的电流 I_2.

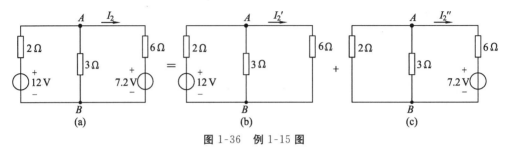

图 1-36 例 1-15 图

解 先求 12 V 电压源单独作用时所产生的电流 I_2'.此时将 7.2 V 电压源所在支路处短接,如图 1-36(b)所示.由欧姆定律,可得

$$I_2' = \frac{3}{3+6} \times \frac{12}{2+\frac{3\times6}{3+6}} \text{A} = 1 \text{ A}$$

再求 7.2 V 电压源单独作用时所产生的电流 I_2''.此时将 12 V 电压源所在处短路,如图 1-36(c)所示.由分流公式,可得

$$I_2'' = -\frac{7.2}{\frac{2\times3}{2+3}+6} \text{ A} = -1 \text{ A}$$

将图 1-35(b)与图 1-35(c)叠加,可得

$$I_2 = I_2' + I_2'' = (1-1) \text{A} = 0 \text{ A}$$

例 1-16 电路如图 1-37(a)所示,已知 $U_{S1}=24$ V,$I_{S2}=1.5$ A,$R_1=200$ Ω,$R_2=100$ Ω.应用叠加定理计算各支路电流.

解 当电压源单独作用时,电流源不作用,以开路替代,电路如图 1-37(b)所示,则

$$I_1' = I_2' = \frac{U_{S1}}{R_1+R_2} = \frac{24}{200+100} \text{ A} = 0.08 \text{ A}$$

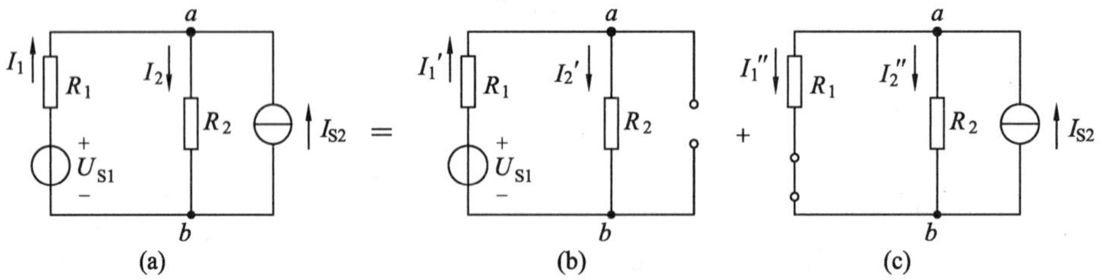

图 1-37 例 1-16 图

当电流源单独作用时,电压源不作用,以短路线替代,如图 1-37(c)所示,则

$$I_1'' = \frac{R_2}{R_1+R_2} I_{S2} = \frac{100}{200+100} \times 1.5 \text{ A} = 0.5 \text{ A}$$

$$I_2'' = \frac{R_1}{R_1+R_2} I_{S2} = \frac{200}{200+100} \times 1.5 \text{ A} = 1 \text{ A}$$

各支路电流为 $I_1=I_1'-I_1''=0.08\ \text{A}-0.5\ \text{A}=-0.42\ \text{A}$

$I_2=I_2'+I_2''=0.08\ \text{A}+1\ \text{A}=1.08\ \text{A}$

1.9 戴维南定理

1. 戴维南定理内容

戴维南定理指出:任何一个线性有源二端网络,对外电路来说,总可以用一个电压源与电阻的串联模型来替代.电压源的电压等于该有源二端网络的开路电压 U_{OC},其电阻则等于该有源二端网络中所有电压源短路、电流源开路后的等效电阻 R_{eq}.

戴维南定理可用图 1-38 所示框图表示.图中电压源串电阻支路称戴维南等效电路,所串电阻则称为戴维南等效内阻.

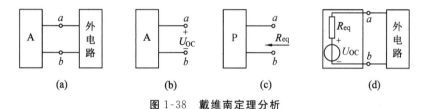

图 1-38 戴维南定理分析

2. 应用戴维南定理的步骤

(1) 确定线性有源二端网络.可将待求元件从图中暂去掉,形成二端网络.
(2) 求二端网络的开路电压.
(3) 求二端网络变为无源二端网络的等效电阻.
(4) 画出戴维南等效电路图.

3. 戴维南定理的应用

应用一:将复杂的有源二端网络化为最简形式.

例 1-17 用戴维南定理化简如图 1-39(a)所示电路.

解 (1) 求开路端电压 U_{OC}.

在图 1-39(a)所示电路中,有

$$(3\ \Omega+6\ \Omega)I+9\ \text{V}-18\ \text{V}=0$$

解得 $I=1\ \text{A}$.

$$U_{OC}=U_{ab}=(6I+9)\ \text{V}=(6\times 1+9)\text{V}=15\ \text{V}$$

或 $$U_{OC}=U_{ab}=(-3I+18)\ \text{V}=(-3\times 1+18)\text{V}=15\ \text{V}$$

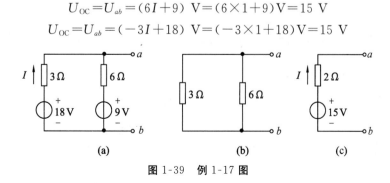

图 1-39 例 1-17 图

(2) 求等效电阻 R_{eq}.

将电路中的电压源短路,得无源二端网络,如图 1-39(b)所示.可得

$$R_{eq}=R_{ab}=\frac{3\times 6}{3+6}\ \Omega=2\ \Omega$$

(3) 作等效电压源模型.

作图时,应注意使等效电源电压的极性与原二端网络开路端电压的极性一致,电路如图 1-39(c)所示.

应用二:计算电路中某一支路的电压或电流.

当计算复杂电路中某一支路的电压或电流时,采用戴维南定理比较方便.

例 1-18 用戴维南定理计算图 1-40(a)所示电路中电阻 R_L 上的电流.

解 (1) 把电路分为待求支路和有源二端网络两个部分.移开待求支路,得有源二端网络,如图 1-40(b)所示.

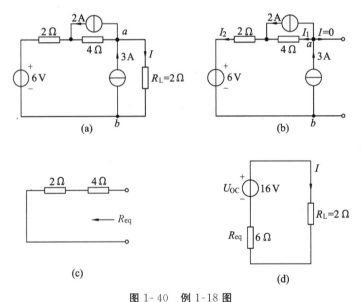

图 1-40 例 1-18 图

(2) 求有源二端网络的开路端电压 U_{OC}.因为此时 $I=0$,由图 1-40(b)可得

$$I_1=3\ A-2\ A=1\ A$$
$$I_2=2\ A+1\ A=3\ A$$
$$U_{OC}=(1\times 4+3\times 2+6)\ V=16\ V$$

(3) 求等效电阻 R_{eq}.

将有源二端网络中的电压源短路、电流源开路,可得无源二端网络,如图 1-40(c)所示,则

$$R_{eq}=2\ \Omega+4\ \Omega=6\ \Omega$$

(4) 画出等效电压源模型,接上待求支路,电路如图 1-40(d)所示.所求电流为

$$I=\frac{U_{OC}}{R_{eq}+R_L}=\frac{16}{6+2}\ A=2\ A$$

小 结

电路由电源、负载、中间环节三部分组成.电路有开路、短路、有载三种状态.

电流、电压均有规定的方向,称为实际方向.在分析电路时,可选定电压、电流一个方向作为参考方向,电压、电流的参考方向是为分析电路而假设的.当选定的参考方向与实际方向一致时,计算结果数值为正;反之,则为负.

基尔霍夫定律是线性及非线性电路、简单及复杂电路的基本定律,是分析电路的依据.因此,它不仅是本章的重点内容,也是分析电路的一个重点,要熟练掌握、正确运用.

电阻是耗能元件,可以串联、并联及混联.电阻串联可以分压且与阻值成正比;电阻并联可以分流且与阻值成反比;电阻混联要先整理,再用电阻串、并联方法分析.复杂电路还有星形及三角形连接且可以相互转换.

电源可以分为独立电源及受控电源.独立电源分为电压源、电流源,两种电源在一定条件下可以相互转换.

电路分析方法有支路电流法、叠加定理、戴维南定理.支路电流可应用基尔霍夫定律列方程求解,适合支路不太多的电路;叠加定理只适合于线性电路分析;戴维南定理用于求解电路中某个元件的电压或电流及功率时则较简单.

习 题

1.1 如图 1-41 所示电路中,若各电压、电流的参考方向如图所示,并知 $I_1=2$ A,$I_2=1$ A,$I_3=-1$ A,$U_1=1$ V,$U_2=-3$ V,$U_3=8$ V,$U_4=-4$ V,$U_5=7$ V,$U_6=-3$ V.试标出各电流的实际方向和各电压的实际极性.

1.2 已知某元件上的电流、电压如图 1-42(a)、(b)所示,试分别求出元件所消耗的功率,并说明此元件是电源还是负载.

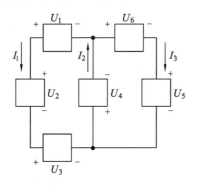

图 1-41 习题 1.1 图

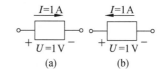

图 1-42 习题 1.2 图

1.3 如图 1-43 所示电路中,元件 A 消耗功率为 30 W,试问电流 I 应为多少?

1.4 求如图 1-44 所示电路中的电流 I.

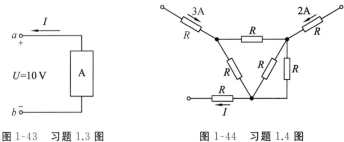

图 1-43　习题 1.3 图　　　　图 1-44　习题 1.4 图

1.5　欲使图 1-45 所示电路中的电流 $I=1$ A，U_S 应为多少？

1.6　求如图 1-46 所示各支路中的未知量．

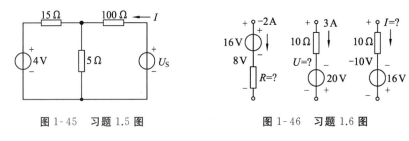

图 1-45　习题 1.5 图　　　　图 1-46　习题 1.6 图

1.7　求如图 1-47 所示电路中各电源的功率．

1.8　已知两个电压源并联，如图 1-48 所示，试求其等效电压源的电动势和内阻．

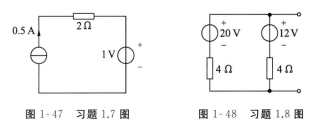

图 1-47　习题 1.7 图　　　　图 1-48　习题 1.8 图

1.9　求如图 1-49 所示电路中的 I、U.

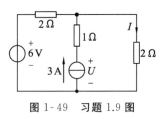

图 1-49　习题 1.9 图

1.10　求如图 1-50 所示电路的等效电阻 R_{ab}.

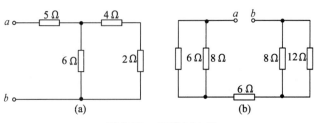

图 1-50　习题 1.10 图

1.11 如图 1-51 所示,已知:$R_1=R_2=1\ \Omega,R_3=R_4=2\ \Omega,R_5=4\ \Omega$.求等效电阻 R_{ab}.

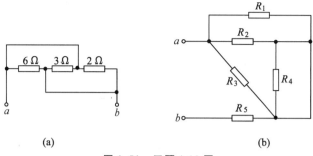

图 1-51　习题 1.11 图

1.12 求如图 1-52 所示有源二端网络的戴维南等效电路.

1.13 如图 1-53 所示电路,已知 $R=10\ \Omega$,求电压 U.

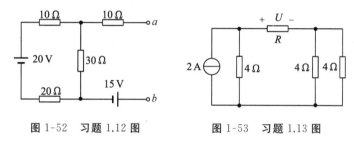

图 1-52　习题 1.12 图　　　　图 1-53　习题 1.13 图

1.14 如图 1-54 所示,求电路中的电流 I 或电压 U.

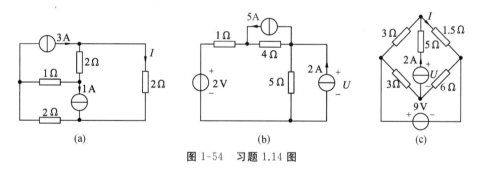

图 1-54　习题 1.14 图

1.15 如图 1-55 所示,用叠加定理计算电流 I.

1.16 如图 1-56 所示,求电流 I.

1.17 如图 1-57 所示,已知:$R_1=20\ \Omega,R_2=30\ \Omega,R_3=30\ \Omega,R_4=20\ \Omega,U=10\ \text{V}$.求当 $R_5=16\ \Omega$ 时 I_5 的值.

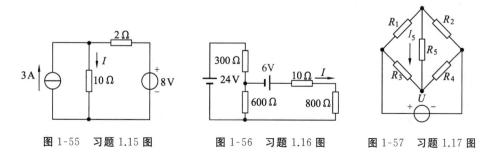

图 1-55　习题 1.15 图　　　　图 1-56　习题 1.16 图　　　　图 1-57　习题 1.17 图

第 2 章 单相正弦交流电路

因正弦交流电具有容易产生、能用变压器改变电压、便于输送及使用的特点,在生产及生活中具有广泛的应用.下面我们分析和讨论正弦交流电路.本章主要介绍正弦交流电路的三要素和有效值的概念、正弦交流电的相量表示法、单一参数电路元件和 RLC 串联电路中电压和电流的关系及功率的分析、串联及并联电路谐振的条件即特征、提高功率因数的意义及方法.

2.1 正弦量的基本概念

随时间按正弦规律周期性变化的电动势、电压和电流统称为正弦交流电,也称正弦量.正弦量可以用波形图或数学表达式来表示.以正弦电流为例,它的波形如图 2-1 所示.正弦量的解析式为

$$i = I_m \sin(\omega t + \varphi) \tag{2-1}$$

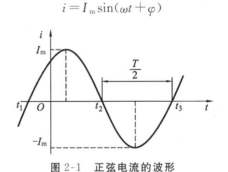

图 2-1 正弦电流的波形

2.1.1 正弦量的三要素

1. 正弦量的周期、频率和角频率

正弦交流电重复变化一次所需要的时间称为周期.周期用 T 表示,单位为秒(s).常用单位还有毫秒(ms)、微秒(μs)、纳秒(ns).正弦量在一秒内完成的周期数称为频率.频率用 f 表示,单位为赫(兹)(Hz).常用单位还有千赫(kHz)、兆赫(MHz)、吉赫(GHz).

由以上定义,频率与周期互为倒数关系,即

$$f=\frac{1}{T} \text{ 或 } T=\frac{1}{f} \tag{2-2}$$

还可以用角速度表示正弦量变化的快慢,称之为角频率.由于正弦交流电完成一次循环变化了 2π 弧度(rad),所经历的时间为 T,因此角频率可表示为

$$\omega=\frac{2\pi}{T}=2\pi f \tag{2-3}$$

角频率的符号为 ω,单位为弧度/秒(rad/s).

式(2-3)表示了 T、f、ω 三个量之间的关系,它们从不同的方面反映正弦量变化的快慢,只要知道其中的一个量,就可求出其他两个量.

引入角频率概念后,作波形图时,也可以把横坐标定为 ωt,则周期改为 2π.图 2-1 可以改为图 2-2.

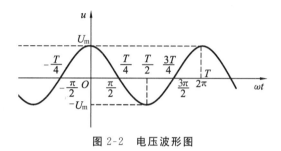

图 2-2 电压波形图

提示:

工业用电的标准频率称为工业频率,简称工频.目前我国的工频为 50 Hz,世界上有些国家,如美国、加拿大和日本的工业频率为 60 Hz.动力设备和照明设备大都采用工频,而在其他技术领域,则采用各种不同的频率.例如,音频信号的频率为 20~20 kHz,广播电台中波波段的频率为 525~1 605 kHz.

2. 瞬时值、振幅、有效值

由于正弦交流电的大小和方向都随时间变化,各个瞬间的值是不同的,任一时刻 t 所对应的电流值称为瞬时值.瞬时值用小写字母表示,如电压的瞬时值表示为 u.

瞬时值中的最大值称为振幅,也称峰值,通常用大写字母加下标"m"表示.如电压的最大值表示为 U_m.

在实际工作中一般采用有效值来表示交流电的大小.交流电的有效值是根据电流的热效应规定的.仍以电流为例:如果直流电流和交流电流通过同样的电阻,在相同的时间内产生的热量相同,那么就把这个直流电流的数值定义为交流电流的有效值.有效值用大写字母表示,如正弦电流、正弦电压和正弦电动势的有效值分别为 I、U、E.

根据定义有

$$I^2RT=\int_0^T i^2R\,\mathrm{d}t$$

则

$$I=\sqrt{\frac{1}{T}\int_0^T i^2\,\mathrm{d}t} \tag{2-4}$$

可以证明,正弦电流的有效值和振幅之间满足以下关系:

$$I = \frac{I_m}{\sqrt{2}} = 0.707 I_m \tag{2-5}$$

上述结论同样适用于正弦电压、正弦电动势,即

$$U_m = \sqrt{2} U, \quad E_m = \sqrt{2} E$$

式(2-1)也可表示为

$$i = \sqrt{2} I \sin(\omega t + \varphi)$$

通常大多数电气设备的铭牌上所标的电压和电流的额定值均为有效值.例如,220 V/20 A 的千瓦小时表,是指其额定电压的有效值为 220 V,额定电流的有效值为 20 A.交流电压表和交流电流表的标尺一般也是按照有效值刻度的.但也有些电气设备的额定值是指其最大值,如电容器的额定电压,指的是它的耐压水平,因而要用最大值限额,在使用时必须注意.

例 2-1 有一电容器,耐压值为 500 V,问能否接在电压为 380 V 的交流电源上?

解 本题要注意电容器的耐压值是指其峰值,即最大值,而电源的电压是有效值,其最大值为 $380 \times \sqrt{2}$ V=658.2 V,超过了电容器的耐压值,因此电容器不能接在 380 V 的电源上.

3. 相位、初相位

在式(2-1)中,$\omega t + \varphi$ 是随时间变化的角度,能够反映正弦量的状态和变化趋势,称为相位角,简称相位,常用 ψ 表示.

φ 表示 $t=0$ 时的相位,称为初相位,简称初相.初相是自正弦量的零点开始到 $t=0$(纵轴的位置)所经历的角度.这里需要注意的是,所谓正弦量的零点是指由负变正的过零点,如图 2-1 中的 t_1 和 t_3 点,而 t_2 点则不是正弦量的零点.

初相位可以是正角、负角,也可以是零,但其绝对值不大于 180°.图 2-3(a)、(b)和(c)所示分别表示初相位为零、为正(90°)以及为负(−30°)的正弦电流的波形.由图 2-3 可见,正弦量的相位和初相位都与计时起点的选择(纵轴的位置)有关.

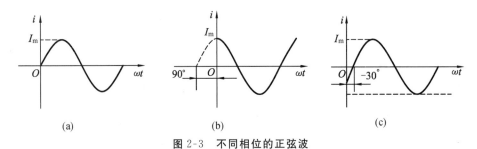

图 2-3 不同相位的正弦波

相位和初相位的单位为弧度或度.

例 2-2 已知两正弦量的解析式为 $i = -10\sin(\omega t + 30°)$ A,$u = 220\sin(\omega t + 240°)$ V,求每个正弦量的有效值和初相.

解 $i = -10\sin(\omega t + 30°)$ A $= 10\sin(\omega t + 30° \pm 180°)$ A $= 10\sin(\omega t - 150°)$ A

其有效值 $I = \frac{10}{\sqrt{2}}$ A ≈ 7.07 A,初相 $\varphi_i = -150°$.要注意最大值和有效值均为正值,解析式如有负号,要等效变到相位角中.

$u = 220\sin(\omega t + 240°)$ V $= 220\sin(\omega t + 240° - 360°)$ V $= 220\sin(\omega t - 120°)$ V

其有效值 $U = \dfrac{220}{\sqrt{2}}$ V ≈ 155.6 V，初相 $\varphi_u = -120°$.

提示：

对求给定正弦量的三要素，应将正弦量的解析式变为标准形式，即最大值为正值，初相的绝对值不超过 π 或 180° 的形式.

4. 相位差

两个同频率正弦量的相位之差称为相位差，用 φ 表示.例如，某正弦电压和正弦电流分别为

$$u = \sqrt{2} U \sin(\omega t + \varphi_u) \text{ 和 } i = \sqrt{2} I \sin(\omega t + \varphi_i)$$

则它们的相位差为

$$\varphi = (\omega t + \varphi_u) - (\omega t + \varphi_i) = \varphi_u - \varphi_i \tag{2-6}$$

由此可见，两个同频率正弦量的相位差等于它们的初相位之差.相位差也用绝对值小于或等于 180°的角度表示.

如果一个正弦量比另一个正弦量先到达正的最大值（或零点），则称前者为相位超前，后者为相位滞后.在式(2-6)中，若 $\varphi_u > \varphi_i$，则 $\varphi > 0$，称之为电压超前于电流 φ 角，或电流滞后于电压 φ 角.以下介绍几个特例：

① 若 $\varphi = 0$，说明两个正弦量同时到达最大值，称为同相.

② 若 $\varphi = \pm 90°$，则称两个正弦量为相位正交.

③ 若 $\varphi = 180°$，则两个正弦量相位相反，称为反相.对于反相的正弦量，不定义它们的超前或滞后关系.

如图 2-4(a)、(b)、(c)所示波形分别表示了以上三种情况.

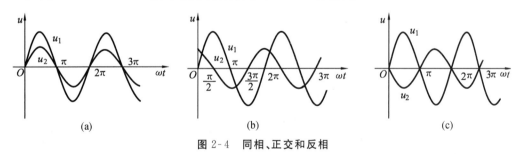

图 2-4 同相、正交和反相

例 2-3 两个正弦交流电流，已知 $i_1 = 28.2 \sin\left(314t - \dfrac{\pi}{4}\right)$ A, $i_2 = 10\sqrt{2} \sin\left(314t - \dfrac{\pi}{2}\right)$ A. 试求它们的有效值、初相位、相位差.问哪一个电流超前？超前的角度是多少？

解

$$I_1 = \dfrac{28.2}{\sqrt{2}} \text{ A} \approx 20 \text{ A}, I_2 = \dfrac{10\sqrt{2}}{\sqrt{2}} = 10 \text{ A}$$

$$\varphi_1 = -\dfrac{\pi}{4}, \varphi_2 = -\dfrac{\pi}{2}$$

$$\varphi = \varphi_1 - \varphi_2 = -\dfrac{\pi}{4} - \left(-\dfrac{\pi}{2}\right) = \dfrac{\pi}{4}$$

因为 $\varphi > 0$，表明 i_1 超前于 i_2，超前的角度为 45°.

例 2-4 已知正弦电压 $u=220\sqrt{2}\sin\left(314t-\dfrac{\pi}{4}\right)$ V,写出该正弦电压的三要素.试计算 $t=0.5$ s 时该正弦电压的相位角和瞬时值.

解
$$U=220 \text{ V}, \omega=314 \text{ rad/s}$$
$$f=\frac{\omega}{2\pi} \text{ Hz}=50 \text{ Hz}, \varphi=-\frac{\pi}{4}$$

当 $t=0.5$ s 时,正弦电压的相位和瞬时值分别为
$$\psi=\omega t+\varphi=\left(314\times 0.5-\frac{\pi}{4}\right)\text{rad}=(157-0.785)\text{rad}\approx 156.2 \text{ rad}$$
$$u=220\sqrt{2}\sin\left(314\times 0.5-\frac{\pi}{4}\right)\text{V}=220\sqrt{2}\times\left(-\frac{\sqrt{2}}{2}\right)\text{V}=-220 \text{ V}$$

2.1.2 正弦量的相量表示

正弦量可以用三角函数式、波形图来表示,这两种方法可以表示正弦量的三要素.在正弦交流电路中,经常需要进行同频率正弦量的运算,若仅借助于三角函数或波形图则是十分不便的.为简化电路的分析和计算,电工技术中常采用相量法.

1. 复数

在数学中 $\sqrt{-1}$ 称为虚单位,并用 i 表示.由于在电工中 i 已代表电流,因此虚单位改用 j 表示,即 $j=\sqrt{-1}$.实数与 j 的乘积称为虚数.由实数和虚数组合而成的数,称为复数.设 A 为一个复数,其实数和虚数分别为 a 和 b,则复数 A 可用代数形式表示为 $A=a+jb$.每一个复常数在复平面上都有一个对应的点,连接这一点到复平面上的原点构成一个有向线段,即复矢量和复数 A 相对应,如图 2-5 所示.矢量 r 在实轴和虚轴上的投影分别为复数 A 的实部和虚部.

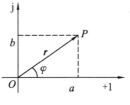

图 2-5 复矢量

矢量 r 的长度 r 为复数 A 的模,矢量 r 和正实轴的夹角 φ 称为复数 A 的幅角.它们之间的对应关系是:
$$a=r\cos\varphi$$
$$b=r\sin\varphi$$
$$r=\sqrt{a^2+b^2}$$
$$\varphi=\arctan\frac{b}{a}$$

这样可得复数 A 的三角式,即 $A=r(\cos\varphi+j\sin\varphi)$.

根据欧拉公式:
$$\cos\varphi=\frac{e^{j\varphi}+e^{-j\varphi}}{2} \text{ 和 } \sin\varphi=\frac{e^{j\varphi}-e^{-j\varphi}}{2j}$$

可得复数 A 的指数形式为
$$A=re^{j\varphi}$$

在电工中为了书写方便,常将指数形式的复数 $A=re^{j\varphi}$ 简写为极坐标形式,即
$$A=r\angle\varphi.$$

(1) 复数的加、减法运算.

复数的相加和相减,常采用复数的代数形式或三角形式进行运算.当两个或两个以上复数相加减时,其和仍为复数,和的实部等于各复数的实部相加减,和的虚部等于各复数的虚部相加减.例如:

$$A_1 = a_1 + jb_1, \quad A_2 = a_2 + jb_2$$

其和为

$$A = A_1 + A_2 = (a_1 + a_2) + j(b_1 + b_2)$$

其差为

$$A' = A_1 - A_2 = (a_1 - a_2) + j(b_1 - b_2)$$

(2) 复数的乘、除法运算.

复数的相乘和相除,常采用指数形式、极坐标形式运算比较简单.运算的规则是几个复数相乘等于各复数的模相乘,幅角相加;几个复数相除等于各复数的模相除,辐角相减.例如:

$$A_1 = a_1 + jb_1 = r_1 e^{j\varphi_1} = r_1 \angle \varphi_1, \quad A_2 = a_2 + jb_2 = r_2 e^{j\varphi_2} = r_2 \angle \varphi_2$$

其积为

$$A = A_1 A_2 = r_1 e^{j\varphi_1} r_2 e^{j\varphi_2} = r_1 r_2 e^{j(\varphi_1 + \varphi_2)} = r_1 r_2 \angle (\varphi_1 + \varphi_2)$$

其商为

$$A' = \frac{A_1}{A_2} = \frac{r_1 e^{j\varphi_1}}{r_2 e^{j\varphi_2}} = \frac{r_1}{r_2} e^{j(\varphi_1 - \varphi_2)} = \frac{r_1}{r_2} \angle (\varphi_1 - \varphi_2)$$

2. 正弦量的相量表示法

在正弦交流电路中,由于各处的电压和电流都是与电源同频率的正弦量,而电源频率一般是已知的,因此,计算正弦交流电路中的电压和电流,可归结为计算其有效值和初相位.即在频率已知的情况下,正弦量由其有效值和初相位所确定.基于这一点,正弦量可以用一个复数来表示,复数的模代表正弦量的有效值,复数的幅角代表正弦量的初相位.用来表示正弦量的复数称为相量,相量用大写字母上面加黑点表示,用以表明该复数是时间的函数,与一般的复数不同.例如,$\dot{I}$、$\dot{U}$ 和 $\dot{E}$ 分别为正弦电流、电压和电动势的相量,正弦交流电流 $i = \sqrt{2} I \sin(\omega t + \varphi_{0i})$ 的相量为

$$\dot{I} = I \angle \varphi_{0i} \tag{2-7}$$

这种用复数表示正弦量的方法叫做相量法.应用相量法可以把同频率的正弦量的运算转化为复数的运算.

3. 相量图

和复数一样,正弦量的相量也可以在复平面上用一有方向的线段表示,并称之为相量图.如图 2-6 所示即为式(2-7)所表示的正弦电流的相量图.

作相量图时实轴和虚轴通常可省略不画,且习惯上选取初相位为零的正弦量为参考正弦量.

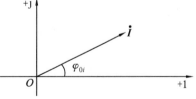

图 2-6 正弦电流的相量图

> **提示:**
>
> ① 相量只是正弦量的一种表示方法,二者并不相等.

② 只有当电路中的各正弦量的频率相同时,才能用相量法进行运算,并可以画在同一个相量图上.

例 2-5 已知 $u=141\sin(\omega t+60°)$ V, $i=70.7\sin(\omega t-60°)$ A. 试写出它们的相量式,画相量图,并说明二者的相位关系.

解 $\dot{U} = \dfrac{141}{\sqrt{2}} \angle 60° \text{V} = 100 \angle 60°$ V

$\dot{I} = \dfrac{70.7}{\sqrt{2}} \angle -60° \text{A} = 50 \angle -60°$ A

相量图见图 2-7. 由相量图可知,二者的相位差即为两相量的夹角,即 $\varphi=120°$,且电压超前.

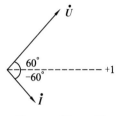

图 2-7 例 2-5 图

4. 相量形式的基尔霍夫定律

(1) 基尔霍夫电流定律.

在正弦交流电路中,基尔霍夫电流定律的表达式仍为 $\sum i = 0$,与其对应的相量式则为

$$\sum \dot{I} = 0 \tag{2-8}$$

式(2-8)说明,在正弦交流电路中,流入或流出任一节点的各支路电流相量的代数和恒等于零.

例 2-6 已知 $i_1 = 5\sqrt{2}\sin(\omega t+60°)$ A, $i_2 = 7\sqrt{2}\sin(\omega t+150°)$ A, 试求 i_1+i_2.

解 两个正弦量所对应的相量分别为

$$\dot{I}_1 = 5\angle 60° \text{ A}, \quad \dot{I}_2 = 7\angle 150° \text{ A}$$

两电流的相量之和为

$\dot{I} = \dot{I}_1 + \dot{I}_2 = (5\angle 60° + 7\angle 150°)$ A

$= [(5\cos 60° + j5\sin 60°) + (7\cos 150° + j7\sin 150°)]$ A

$= [(2.5 + j4.33) + (-6.06 + j3.5)]$ A $= (-3.56 + j7.83)$ A

$= 8.60 \angle 114°$ A

$i = i_1 + i_2 = 8.60\sqrt{2}\sin(\omega t+114°)$ A

(2) 基尔霍夫电压定律.

在正弦交流电路中, KVL 的表达式仍为 $\sum u = 0$, 与其对应的相量式则为

$$\sum \dot{U} = 0 \tag{2-9}$$

式(2-9)说明,在正弦交流电路中,任一回路内各段电压的相量的代数和恒等于零.

例 2-7 已知 $u_{ab} = 10\sqrt{2}\sin(\omega t-30°)$ V, $u_{bc} = 8\sqrt{2}\sin(\omega t+120°)$ V, 试求 u_{ac}.

解 两个正弦电压所对应的相量分别为

$$\dot{U}_{ab} = 10\angle -30° \text{ V}, \quad \dot{U}_{bc} = 8\angle 120° \text{ V}$$

两个正弦电压的相量和为

$\dot{U}_{ac} = \dot{U}_{ab} + \dot{U}_{bc} = (10\angle -30° + 8\angle 120°)$ V

$= [(8.66 - j5) + (-4 + j6.93)]$ V $= (4.66 + j1.93)$ V

$= 5.04\angle 22.5°$ V

由此可得

$$u_{ac} = 5.04\sqrt{2}\sin(\omega t+22.5°) \text{ V}$$

上题中的相量相加还可以采用矢量的平行四边形法则作图进行分析,如图 2-8 所示.

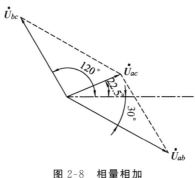

图 2-8　相量相加

2.2　单一参数元件正弦交流电路

最简单的交流电路是由电阻、电感、电容单个元件组成的,这些电路元件仅由 R、L、C 三个参数中的一个表示其特性,故称这种电路为单一参数电路元件的交流电路.较复杂电路可以由单一参数电路元件组合而成,因此掌握单一参数电路元件的正弦交流电路的分析方法是较重要的.本节将介绍电阻、电感和电容元件的电压与电流数值及相位关系,电路元件功率分析.

2.2.1　电阻元件交流电路

正弦交流电路中的电阻器件很多,如白炽灯、电炉、电烙铁等.若忽略其磁场效应,都可以看成是理想电阻元件.下面研究理想电阻元件的电压和电流的关系.

1. 电压与电流的关系

图 2-9(a)所示为理想电阻电路.当有电流通过时,沿着电流方向将产生电压降.实验证明,二者的关系始终符合欧姆定律.在关联参考方向下可表示为

$$i = \frac{u}{R} \tag{2-10}$$

设电流为参考正弦量,则

$$i = I_m \sin\omega t = \sqrt{2} I \sin\omega t$$

则电阻的端电压为

$$u = Ri = RI_m \sin\omega t = \sqrt{2} RI \sin\omega t$$
$$= U_m \sin\omega t = \sqrt{2} U \sin\omega t \tag{2-11}$$

综上所述,可以得到以下结论:

① 在正弦交流电路中,电阻元件上的电压和电流为同频率、同相的正弦量.

② 电压、电流的最大值和有效值均符合欧姆定律,即

$$\begin{cases} I_m = \dfrac{U_m}{R} \\ I = \dfrac{U}{R} \end{cases} \tag{2-12}$$

③ 电阻元件上电压和电流的相量关系为

$$\dot{I} = \frac{\dot{U}}{R} \tag{2-13}$$

式(2-13)也称为相量形式的欧姆定律,它包含两部分内容,一为电压和电流的数值关系,二为两者的相位关系.

图 2-9(b)、(c)分别画出了电阻元件电压和电流的相量图与波形图.

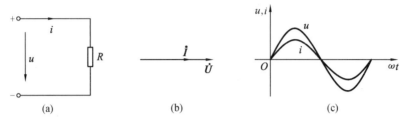

图 2-9 正弦交流电阻电路及电压、电流波形图

例 2-8 某理想电阻元件,已知 $R=10\ \Omega$,$u=220\sqrt{2}\sin(\omega t+45°)$ V,试求 i.

解 电压的相量为 $\dot{U}=220\angle 45°$ V

根据相量形式的欧姆定律,有

$$\dot{I} = \frac{\dot{U}}{R} = \frac{220\angle 45°}{10}\text{A} = 22\angle 45°\ \text{A}$$

由电流的相量形式可得

$$i = 22\sqrt{2}\sin(\omega t+45°)\ \text{A}$$

2. 电阻元件的功率

在交流电路中,在关联方向下,任意瞬间电阻元件上的电压瞬时值与电流瞬时值的乘积称为该元件的瞬时功率,以小写字母 p 表示.即

$$p = ui = \sqrt{2}U\sin\omega t \times \sqrt{2}I\sin\omega t = 2UI\sin^2\omega t = 2UI\frac{1-\cos 2\omega t}{2} = UI - UI\cos 2\omega t \tag{2-14}$$

由图 2-10 可知瞬时功率在变化过程中始终在坐标轴上方,即 $p \geqslant 0$,所以电阻元件吸收功率,是一个耗能元件.

由于瞬时功率时刻在变化,不便计算,通常都是计算一个周期内消耗功率的平均值,即平均功率,又称为有功功率,用大写字母 P 来表示.周期性交流电路中的平均功率就是瞬时功率在一个周期内的平均值,即

$$P = \frac{1}{T}\int_0^T p\,\text{d}t = \frac{1}{T}\int_0^T (UI - UI\cos 2\omega t)\,\text{d}t = UI$$

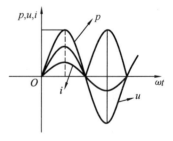

图 2-10 电阻元件的功率

因为 $U = IR$ 或 $I = \frac{U}{R}$,则有

$$P = I^2 R = \frac{U^2}{R} \tag{2-15}$$

功率的单位为瓦[特](W),工程上也常用千瓦(kW).一般用电器上标的功率,如电灯的功率为 25 W,电炉的功率为 1 000 W,电阻的功率为 1 W 等都指的是平均功率.

例 2-9 一电阻 R 为 $100\ \Omega$,通过 R 的电流 $i=14.1\sin(\omega t+30°)$ A.求:

(1) 电阻 R 两端的电压 U 及 u;

(2) 电阻 R 消耗的功率 P.

解 (1) $i=14.1\sin(\omega t+30°)$,其相量 $\dot{I}=10\angle 30°$ A,而 $\dot{U}=\dot{I}R=10\angle 30°\times 100=1\,000\angle 30°$ V,则 $U=1\,000$ V,$u=1\,000\sqrt{2}\sin(\omega t+30°)$ V.

(2) $P=UI=1\,000\times 10$ W$=10\,000$ W 或 $P=I^2R=10^2\times 100$ W$=10\,000$ W

2.2.2 电感元件交流电路

1. 电感元件

电感元件是从实际的电感器(又称电感线圈,如变压器线圈、日光灯镇流器的线圈、收音机中的天线线圈等)抽象出来的理想化模型.实际电感器通常由导线绕制而成,因此总存在电阻,若忽略线圈本身的电阻,可以把线圈看作一理想电感元件.

若线圈匝数为 N,而且绕制得非常紧密,可认为穿过线圈的磁通与各匝线圈像链条一样彼此交链,穿过各匝的磁通的代数和称为磁通链,用 Ψ 表示,单位也是韦伯(Wb).即 $\Psi=N\phi$.

当线圈中间和周围没有铁磁物质时,线圈的磁通链 Ψ 与产生磁场的电流 i 成正比,比例系数称为线圈的自感系数,简称自感或电感,并称为线性电感,其只与线圈的形状、匝数和几何尺寸有关,用符号 L 表示.当线圈中通以电流 i 时,在元件内部将产生磁通,此时穿过线圈的总磁通 Ψ(即磁链)与电流 i 有如下关系:

$$\Psi=Li \tag{2-16}$$

式(2-16)中的 L 称为该电感元件的自感或电感.当 L 为一常数时,该电感为线性元件,否则为非线性电感元件.线性电感元件的电感量只取决于元件的几何形状、大小以及磁介质.

电感的单位是亨利(H),常用的单位有毫亨(mH)或微亨(μH).图 2-11 所示为理想电感元件及其符号.

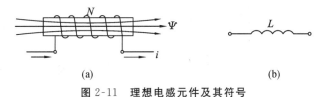

图 2-11 理想电感元件及其符号

2. 电压和电流的关系

根据电磁感应定律,如图 2-12(a)所示,当电感中有交流电流通过时,线圈两端产生的感应电压与通过它的电流对时间的变化率成正比.其数学表达式为

$$\begin{cases} u=L\dfrac{\mathrm{d}i}{\mathrm{d}t} \\ u=-L\dfrac{\mathrm{d}i}{\mathrm{d}t} \end{cases} \tag{2-17}$$

式(2-17)中前者表示通过电感线圈的电流和电压的参考方向关联,后者则表示非关联.式(2-17)表明了电感元件是一个动态元件.

若设线圈中的电流参考正弦量为
$$i = I_m \sin\omega t = \sqrt{2} I \sin\omega t$$
根据式(2-17)可求得其端电压为
$$u = L \frac{di}{dt} = L \frac{d}{dt} \sqrt{2} I \sin\omega t = \omega L \sqrt{2} I \cos\omega t$$
$$= \omega L \sqrt{2} I \sin(\omega t + 90°) = \sqrt{2} U \sin(\omega t + 90°)$$

由电压和电流的表达式可得出以下结论：

① 在正弦交流电路中，电感电压和电流是同频率的正弦量，且电压超前电流 90°.

② 电压和电流有效值之间以及最大值之间的关系符合欧姆定律.

$$\begin{cases} I = \dfrac{U}{\omega L} = \dfrac{U}{X_L} \\ I_m = \dfrac{U_m}{\omega L} = \dfrac{U_m}{X_L} \end{cases} \tag{2-18}$$

式中
$$X_L = \omega L = 2\pi f L \tag{2-19}$$

X_L 与电阻相当，表征了电感线圈对电流的阻力，称之为感抗，单位为 Ω. 感抗和频率成正比，频率越高，电感对电流的阻力越大，因此高频交流电不容易通过电感. 而在直流电路中，由于电源的频率为零，因此感抗和电感的端电压也为零，电感相当于短路. 感抗和频率成正比的特性在工程技术中有着广泛应用. 例如，在日光灯电路中用镇流器限制灯管电流；在收音机电路中，用高频扼流圈分离低频信号等.

③ 电感元件上电压和电流的相量关系为
$$\dot{I} = I \angle 0$$
$$\dot{I} = \frac{\dot{U}}{jX_L} \tag{2-20}$$

式(2-20)叫做电感元件的相量形式的欧姆定律. 式(2-20)包含两部分内容：一为电压和电流的数量关系；二为两者的相位关系.

图 2-12(b)、(c)分别画出了电感电路中电流、电压的相量图和波形图.

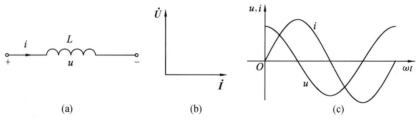

图 2-12 正弦交流电路中电感电路及电压、电流波形图

例 2-10 已知 $L = 31.8$ mH，端电压 $u = 311\sin(314t + 60°)$ V，电压和电流的参考方向相关联.

(1) 试计算感抗 X_L、电路中的电流，并画出相量图.

(2) 如把此线圈接至 220 V、1 000 Hz 的电源上，问通过线圈的电流等于多少？

解 (1) $X_L = \omega L = 2\pi f L = 314 \times 31.8 \times 10^{-3}$ Ω ≈ 10 Ω

$$\dot{I} = \frac{\dot{U}}{jX_L} = \frac{220\angle 60°}{j10} \text{ A} = 22\angle -30° \text{ A}$$

$$i = 22\sqrt{2}\sin(314t - 30°) \text{ A}$$

相量图见图 2-13.

(2) $X_L = \omega L = 2\pi fL = 2\times 3.14\times 1\,000\times 31.8\times 10^{-3}$ Ω ≈ 200 Ω

$$\dot{I} = \frac{\dot{U}}{jX_L} = \frac{220\angle 60°}{j200} \text{ A} = 1.1\angle -30° \text{ A}$$

$$i = 1.1\sqrt{2}\sin(6\,280t - 30°) \text{ A}$$

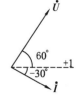

图 2-13 相量图

由上面分析可知,在相同电源电压下,频率越高,感抗越大,电路中电流越小.

3. 电感元件的功率

设经过电感的电流的初相位为零,即为参考相量,则电感元件两端的电压初相位为 90°.其表达式为

$$u = \sqrt{2}U\sin(\omega t + 90°), \quad i = \sqrt{2}I\sin\omega t$$

(1) 瞬时功率.

由电感元件上瞬时电压与瞬时电流相乘所得,用小写 p 表示,即

$$p = ui = \sqrt{2}U\sin(\omega t + 90°)\sqrt{2}I\sin\omega t = UI\sin 2\omega t \tag{2-21}$$

由上式可见,瞬时功率 p 是幅值为 UI,并以频率 2ω 随时间交变的正弦量,其波形图如图 2-14 所示.

图 2-14 表明:在第一个和第三个四分之一周期内,u 和 i 同为正值或同为负值,瞬时功率 p 为正.由于电流 i 是从零增加到最大值,电感元件建立磁场,将从电源吸收的电能转换为磁场能量,储存在磁场中.在第二个和第四个四分之一周期内,u 和 i 一个为正值,另一个为负值,故瞬时功率为负值.在此期间,电流 i 是从最大值下降为零,电感元件中建立的磁场在消失.这期间电感中储存的磁场能量释放出来,转换为电能返送给电源.在以后的每个周期中都重复上述过程.

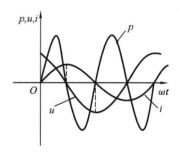

图 2-14 电感电路功率

(2) 平均功率.

平均功率指电感元件瞬时功率在一个周期内的平均值,即

$$P = \frac{1}{T}\int_0^T p\,dt = \frac{1}{T}\int_0^T UI\sin 2\omega t\,dt = 0 \text{ W}$$

电感元件的平均功率为零,即纯电感元件不消耗能量,是储能元件.

(3) 无功功率.

无功功率描述的是电源与电感元件之间的能量交换,为了衡量这种能量交换的规模,取瞬时功率的最大值,即电压和电流有效值的乘积.用大写字母 Q_L 表示,即 $Q_L = UI = I^2X_L = \dfrac{U^2}{X_L}$,单位为乏(var)及千乏(kvar). (2-22)

例 2-11 把一个 0.5 H 的电感元件接到 $u = 220\sqrt{2}\sin(314t + 45°)$ V 的电源上,求通过该元件的电流 i 及电感的无功功率.

解 已知电压对应的相量为

$$\dot{U}=220\angle 45° \text{ V}, \quad X_L=\omega L=314\times 0.5 \text{ Ω}=157 \text{ Ω}$$

$$\dot{I}=\frac{\dot{U}}{jX_L}=\frac{220\text{ e}^{j45°}}{157\text{e}^{j90°}} \text{ A}=1.4\angle -45° \text{ A}$$

则有

$$i=1.4\sqrt{2}\sin(314t-45°) \text{ A}$$

无功功率为

$$Q_L=UI=220\times 1.4 \text{ var}=308 \text{ var}$$

2.2.3 电容元件交流电路

1. 电容元件

电容元件是从实际电容器抽象出来的理想化模型.实际电容器通常由两块中间充以介质(如空气、云母、绝缘纸、塑料薄膜、陶瓷等)的金属极板构成.电容器加上电压后,两块金属极板上分别聚集起等量异号电荷,在介质中建立电场,储存能量.实际电容器的介质不可能是完全绝缘的,总存在一定的电阻.当忽略电容器的漏电电阻时,可将其抽象为只具有储存电场能量的理想电容元件.

实验证明,电容器存储的电荷量 Q 与其端电压 U 成正比,这一性质可表示为

$$Q=CU \tag{2-23}$$

式(2-23)中 C 称为电容器的容量,简称电容.如果电容器的容量为常数,与端电压的大小无关,这样的电容称为线性电容.线性电容的容量与电容器的尺寸、形状以及介质有关.

在国际单位制中,电容的单位为法[拉](F)、微法(μF)、皮法(PF).理想电容元件的符号如图 2-15 所示.

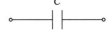

图 2-15 理想电容元件的符号

2. 电压和电流的关系

在直流电路中,由于端电压不变,电容器中没有电流通过,电容相当于开路;而在交流电路中,由于电源电压的大小和方向在不断变化,电容器不断被充电又不断被放电,电路中始终有电流通过.也就是说,变化的电压产生电流.线性电容元件的电流与电容端电压对时间的变化率成正比,其数学表达式为

$$\begin{cases} i=C\dfrac{\mathrm{d}u}{\mathrm{d}t} \\ i=-C\dfrac{\mathrm{d}u}{\mathrm{d}t} \end{cases} \tag{2-24}$$

前者表示通过电容的电流和电容端电压的参考方向关联,后者则表示非关联.电容元件也为动态元件,它表明电容元件的某瞬间的电流取决于该瞬间电容电压的变化率,而不是决定于该瞬间的电压值.当电容电压不变化时,则电流为零,电容元件相当于开路,因此电容元件是动态元件.

若选择电压、电流为关联方向,如图 2-16(a) 所示,并设电容端电压为参考正弦量:

$$u=U_\mathrm{m}\sin\omega t=\sqrt{2}U\sin\omega t$$

由式(2-24)可求得电容中的电流为

$$i = C\frac{\mathrm{d}u}{\mathrm{d}t} = C\frac{\mathrm{d}}{\mathrm{d}t}(U_\mathrm{m}\sin\omega t) = \omega C U_\mathrm{m}\cos\omega t$$
$$= \omega C U_\mathrm{m}\sin(\omega t + 90°) = I_\mathrm{m}\sin(\omega t + 90°)$$

即
$$i = \sqrt{2}\,I\sin(\omega t + 90°)$$

由此可得出以下结论：

① 在正弦交流电路中，电容元件上的电流和电压为同频率的正弦量，且电压滞后电流 90°．

② 电压和电流的有效值之间、最大值之间的关系分别为

$$\begin{cases} I = \dfrac{U}{X_C} = \omega C U \\ I_\mathrm{m} = \dfrac{U_\mathrm{m}}{X_C} = \omega C U_\mathrm{m} \end{cases} \tag{2-25}$$

式中
$$X_C = \frac{1}{\omega C} = \frac{1}{2\pi f C} \tag{2-26}$$

X_C 和 X_L 相似，也表征了电容对电流的阻力，称之为容抗，单位也为 Ω．容抗和频率成反比．当电容一定时，频率越高，容抗越小，通过的电流越大；频率越低，容抗越大，通过的电流越小．可见，电容在高频电路中可被看作短路，而在直流电路中则被看作开路．电容的这种"隔直通交"的特性在电子技术中有着广泛的应用，可作为耦合电容、滤波电容和旁路电容等．

提 示：

电容元件上电压和电流的瞬时值不符合欧姆定律形式，即 $i \neq \dfrac{u}{X_C}$．

③ 电容元件上电压和电流的相量关系为
$$\dot{U} = U\angle 0°$$
$$\dot{I} = \omega C U\angle 90° = \mathrm{j}\frac{\dot{U}}{X_C}$$

即
$$\dot{U} = -\mathrm{j}X_C\dot{I} \tag{2-27}$$

式(2-27)也称为相量形式的欧姆定律，它包含两部分内容：一是电压和电流的数量关系；二是电压和电流的相位关系．

图 2-16(b)、(c)分别为电容电压、电流的相量图和波形图．

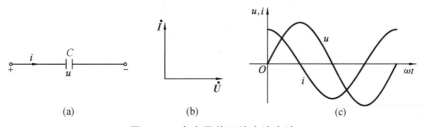

图 2-16 电容元件正弦交流电路

3. 电容元件的功率

纯电容电路的瞬时功率为

$$p = ui = \sqrt{2}U\sin\omega t \sqrt{2}I\sin(\omega t + 90°) = UI\sin 2\omega t$$

图 2-17 也画出了 p 的变化曲线.从图中可以看出,在第一个和第三个四分之一周期内,电容器上的电压分别从零增加到正的最大值和负的最大值,电容器中的电场增强,此时电容器被充电,从电源处吸取电能,并把它储藏在电容器的电场中.在第二个和第四个四分之一周期内,电容器上的电压分别从正的最大值和负的最大值减小到零,电容器中的电场减弱,这时电容器放电,它把储藏在电场中的能量又送回电源.在纯电容电路中,时而储存能量,时而放出能量,在一个周期内纯电容消耗的平均功率等于零,即 $P=0$,因此纯电容也是一种储存能量的器件.

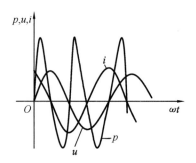

图 2-17 电容电路的功率

同样地,为描述电容元件与电源之间能量转换的大小,纯电容电路的无功功率为

$$Q_C = UI = I^2 X_C = \frac{U^2}{X_C} \tag{2-28}$$

其单位为乏(var).

例 2-12 在 $U=220$ V、$f=50$ Hz 的正弦交流电路中,接入 $C=40\ \mu\text{F}$ 的电容器.
(1) 试计算该电容器的容抗 X_C、电路中的电流 I 以及无功功率.
(2) 若电源改为 220 V,频率为 1 000 Hz,试计算电容的容抗、电路中的电流 I 以及无功功率.

解 (1) 电容的容抗为

$$X_C = \frac{1}{\omega C} = \frac{1}{2\pi \times 50 \times 40 \times 10^{-6}}\ \Omega \approx 79.6\ \Omega$$

电路中的电流为

$$I = \frac{U}{X_C} = \frac{220}{79.6}\ \text{A} \approx 2.76\ \text{A}$$

$$Q_C = I^2 X_C \approx 606.4\ \text{var}$$

(2) $$X_C = \frac{1}{\omega C} = \frac{1}{2\pi \times 1\ 000 \times 40 \times 10^{-6}}\ \Omega \approx 4\ \Omega$$

$$I = \frac{U}{X_C} = \frac{220}{4}\ \text{A} = 55\ \text{A}$$

$$Q_C = I^2 X_C = 12\ 100\ \text{var}$$

可见频率变化时电容的容抗也跟着变化,在相同电源电压时,电流、无功功率也会变化.

2.3 RLC 串联与并联电路

1. RLC 串联电路中电压与电流的关系

如图 2-18 所示为 RLC 串联电路,如图 2-18(b)所示为其相量电路图,各部分电压与电流的参考方向如图所示.

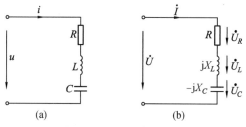

图 2-18 RLC 串联电路

根据基尔霍夫定律,电路的总电压为

$$\dot{U}=\dot{U}_R+\dot{U}_L+\dot{U}_C=R\dot{I}+jX_L\dot{I}-jX_C\dot{I}$$
$$=[R+j(X_L-X_C)]\dot{I}=(R+jX)\dot{I}=Z\dot{I} \quad (2-29)$$

式中

$$Z=R+jX$$
$$X=X_L-X_C$$

由式(2-29)可知 Z 是一个复数,其实部 R 为电路的电阻,虚部系数 X 为感抗和容抗之差,称为电抗,用 X 表示,其值可正可负.此外,Z 也具有阻碍电流的作用,因此称之为复阻抗,复阻抗和电抗的单位都是欧姆.

必须注意的是,复阻抗只是一个复数,而不是正弦函数,因而也不是相量.

式(2-29)表示了复阻抗的电压和电流的相量关系,与电阻电路中欧姆定律的形式相同,称之为相量形式的欧姆定律.复阻抗 Z 综合反映了电阻、电感和电容三个元件对电流的阻力,也可看作一个二端元件,其图形符号如图 2-19 所示.

理想电阻、电感和电容元件都可看成是复阻抗的特例,它们对应的复阻抗分别为 $Z=R$、$Z=j\omega L$、$Z=-j\dfrac{1}{\omega C}$.

复阻抗也可以用复数的极坐标形式表示,即

$$Z=\sqrt{R^2+X^2}\angle\arctan\dfrac{X}{R}=|Z|\angle\varphi \quad (2-30)$$

图 2-19 复阻抗电路

式中 $|Z|=\sqrt{R^2+X^2}$ 为复阻抗的模,称为阻抗;$\varphi=\arctan\dfrac{X}{R}$ 为复阻抗的辐角,称为阻抗角.阻抗角的大小取决于 R、L、C 三个元件的参数以及电源的频率.

由 $|Z|=\sqrt{R^2+X^2}$ 可见,RLC 串联电路中的电阻、电抗和阻抗可构成一个直角三角形,称为阻抗三角形,如图 2-20 所示.阻抗

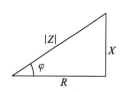

图 2-20 阻抗三角形

三角形在正弦交流电路的分析和计算中有重要的辅助作用.

2. RLC 串联电路的三种情况

在 RLC 串联电路中,由于 $X=X_L-X_C$,$\varphi=\arctan\dfrac{X}{R}$,因此端口电压与电流的相位关系,也即电路负载的性质,有以下三种不同的情况:

(1) 电感性负载.

当 $X>0$,即 $X_L>X_C$ 时,$\varphi>0$.此时 $U_L>U_C$,电感作用大于电容作用,电路呈感性,称之为感性电路.若以电流 $\dot{I}$ 为参考相量,依次画出各部分电压的相量,如图 2-21(a)所示.

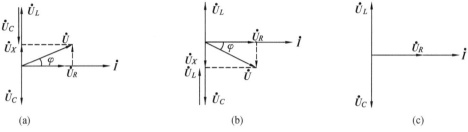

图 2-21 RLC 串联电路的三种情况

由图可知,$\dot{U}$、$\dot{U}_R$、$\dot{U}_X$ 三个电压相量构成一个直角三角形,称为电压三角形.感性电路的电压三角形位于第一象限.$\varphi>0$,表示端电压超前总电流.

(2) 电容性负载.

当 $X<0$,即 $X_L<X_C$ 时,$\varphi<0$.此时 $U_L<U_C$,电容作用大于电感作用,电路呈容性,称之为容性电路.在容性电路中,由 $\dot{U}$、$\dot{U}_R$、$\dot{U}_X$ 三个电压相量构成的电压三角形位于第四象限.$\varphi<0$,表示端电压滞后总电流.相量图如图 2-21(b)所示.

(3) 电路谐振(电阻性负载).

当 $X=0$,即 $X_L=X_C$ 时,$\varphi=0$,表示端电压与总电流同相,电路呈电阻性.这是一种特殊情况,也称谐振,如图 2-21(c)所示.

以上讨论的 RLC 串联电路是一种具有代表性的电路.纯电阻电路、纯电容电路、纯电感电路、RC 串联电路、RL 串联电路以及 LC 串联电路都可以看成是它的特例.这些由不同元件组合而成的电路,均可用 RLC 串联电路的分析方法进行分析和计算.

例 2-13 某 RLC 串联电路,已知 $R=13.7~\Omega$,$L=3$ mH,$C=100~\mu$F,外加电压 $u=220\sqrt{2}\sin(\omega t+60°)$ V,电源频率 $f=1\,000$ Hz.试求电流 i、电压超前电流的相位 φ.

解
$$X_L=\omega L=2\pi\times 1\,000\times 3\times 10^{-3}~\Omega\approx 18.8~\Omega$$

$$X_C=\dfrac{1}{\omega C}=\dfrac{1}{2\pi\times 1\,000\times 100\times 10^{-6}}~\Omega\approx 1.59~\Omega$$

$$X=X_L-X_C=(18.8-1.59)~\Omega=17.2~\Omega$$

则有
$$Z=R+jX=(13.7+j17.2)\Omega=22\angle 51.5°~\Omega$$

$$\dot{I}=\dfrac{\dot{U}}{Z}=\dfrac{220\angle 60°}{22\angle 51.5°}\text{A}=10\angle 8.5°~\text{A}$$

$$\varphi=51.5°$$

例 2-14 如图 2-22 所示,在 RLC 串联电路中,已知 $R=150\ \Omega,U_R=150$ V,$U_{RL}=180$ V,$U_C=150$ V.试求电流 I、电源电压 U 及其它们之间的相位差,并画出电压、电流相量图.

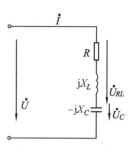

图 2-22 例 2-14 图

解 $$I=\frac{U_R}{R}=\frac{150}{150}\ \text{A}=1\ \text{A}$$

$$X_C=\frac{U_C}{I}=150\ \Omega$$

由 $$|Z_{RL}|=\frac{U_{RL}}{I}=180\ \Omega=\sqrt{R^2+X_L^2}$$

可得 $$X_L=\sqrt{180^2-150^2}\ \Omega\approx 99.5\ \Omega$$

$$X_L-X_C=-50.5\ \Omega$$

$$z=|Z|=\sqrt{R^2+(X_L-X_C)^2}=\sqrt{150^2+50.5^2}\ \Omega\approx 158.3\ \Omega$$

$$U=zI=158.3\ \text{V}$$

电路的阻抗角 $\varphi=\arctan\dfrac{X_L-X_C}{R}=-18.6°$

其相量图如图 2-23 所示,选取电流为参考正弦量,其他电压参照元件性质及计算数值而得.

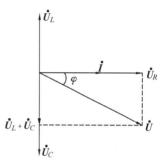

图 2-23 相量图

例 2-15 如图 2-24 所示为日光灯正常工作时的等效电路图.其中 R 为灯管电阻,L 为镇流器电感.若 $R=300\ \Omega$,$L=1.66$ H,电源电压为 220 V,$f=50$ Hz.计算电路中的电流、灯管电压和镇流器电压的有效值以及总电压和电流的相位差.

解 $$Z=R+\text{j}\omega L=(300+\text{j}2\pi\times 50\times 1.66)\ \Omega$$
$$=(300+\text{j}521)\ \Omega=601\angle 60°\ \Omega$$

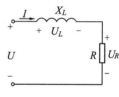

图 2-24 例 2-15 图

$$I=\frac{U}{|Z|}=\frac{220}{601}\ \text{A}\approx 0.366\ \text{A}$$

$$U_R=RI=300\times 0.366\ \text{V}\approx 110\ \text{V}$$

$$U_L=X_L I=521\times 0.366\ \text{V}\approx 191\ \text{V}$$

$$\varphi=60°$$

3. RLC 并联电路

如图 2-25 所示是 RLC 并联电路.并联电路电压相同,一般选取电压为参考正弦量,再根据各支路的负载情况,确定相应支路的电流 i_R、i_L、i_C.设电源电压为

$$u=\sqrt{2}U\sin\omega t$$

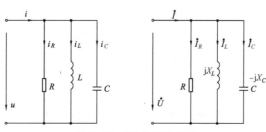

图 2-25 RLC 并联电路

各支路电流对应的相量为

$$\dot{I}_R = \frac{\dot{U}}{R} = \frac{U}{R}\angle 0°, \quad \dot{I}_L = \frac{\dot{U}}{jX_L} = \frac{U}{X_L}\angle -90°, \quad \dot{I}_C = \frac{\dot{U}}{-jX_C} = \frac{U}{X_C}\angle 90°$$

由基尔霍夫电流定律,可得出并联电路的电流相量方程:

$$\dot{I} = \dot{I}_R + \dot{I}_L + \dot{I}_C = \dot{U}\left(\frac{1}{R} - j\frac{1}{X_L} + j\frac{1}{X_C}\right) \tag{2-31}$$

图 2-26 为电压、电流的相量图.

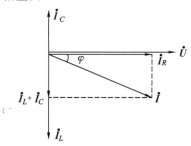

图 2-26 RLC 并联电路相量图

2.4 正弦交流电路的功率及功率因数的提高

2.4.1 正弦交流电路的功率

在分析单一参数电路元件的交流电路时已经确定电阻是耗能元件,而电感和电容是储能元件,只在电感、电容与电源之间进行能量的交换.现分析 RLC 电路的能量消耗及能量交换的情况.

正弦交流电路中的功率主要包括瞬时功率、有功功率、无功功率和视在功率.仍以 RLC 串联电路为例,若选择关联方向,并设电路中的电流和端电压分别为

$$i = \sqrt{2}I\sin\omega t$$

$$u = \sqrt{2}U\sin(\omega t + \varphi)$$

式中,φ 为电压超前电流的相位.

1. 瞬时功率

在关联方向下,电路的瞬时功率为

$$\begin{aligned}p &= ui = \sqrt{2}U\sin(\omega t + \varphi) \times \sqrt{2}I\sin\omega t = 2UI\sin(\omega t + \varphi)\sin\omega t \\ &= UI\cos\varphi - UI\cos(2\omega t + \varphi)\end{aligned} \tag{2-32}$$

分析上式可见,瞬时功率也是时间的函数,时而为正,时而为负.表示电路时而从电源吸收功率,时而向电源返还功率,如图 2-27 所示.

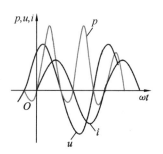

图 2-27 交流电路的功率

2. 有功功率

电路在电流变化的一个周期内,瞬时功率的平均值称为平均功率,即

$$P = \frac{1}{T}\int_0^T p\,dt = \frac{1}{T}\int_0^T [UI\cos\varphi - UI\cos(2\omega t + \varphi)]dt = UI\cos\varphi \qquad (2\text{-}33)$$

对 RLC 串联电路,式(2-33)还可以表示为 $P = UI\cos\varphi = U_R I$;在 RLC 并联电路中电阻 R 是耗能元件,则有 $P = UI_R = \dfrac{U^2}{R}$.显而易见,电路的平均功率也就是电阻元件所消耗的功率,反映了电路实际消耗的功率,因此平均功率也称有功功率.对于电感元件和电容元件,由于 $\cos\varphi = 0$,因此 $P = 0$,表明两元件并未消耗功率.有功功率的单位有瓦[特](W)、千瓦(kW)等.

由式(2-33)还可以看出,正弦交流电路的有功功率不仅取决于电压和电流的大小,还与它们的相位差有关.为此把 $\cos\varphi$ 定义为功率因数,φ 角则称为功率因数角.

3. 无功功率

由以上分析可知,电感和电容虽然不消耗能量,但它们与电源之间仍存在着能量交换.为了衡量这种能量交换的规模,引入无功功率的概念.正弦交流电路的无功功率定义为

$$Q = UI\sin\varphi \qquad (2\text{-}34)$$

无功功率的单位为乏,符号为 var.[①]

对于感性负载电路,由于 $\varphi > 0$,则 $Q > 0$;对于容性负载电路,$\varphi < 0$,则 $Q < 0$.电感与电容的作用不同,进行能量转换的方向相反.这是因为:RLC 串联电路中通过的是同一电流,而 U_L 与 U_C 反相,因此,Q_L 和 Q_C 的作用也相反.即当电感吸收电源能量,磁场增强时,电容释放能量,电场减弱;反之,当电感释放能量,磁场减弱时,电容吸收能量,电场增强.但习惯上常说电感元件"消耗"无功功率,电容元件"产生"无功功率.这样在具有 RLC 电路中,总的无功功率等于二者之差,即

$$Q = Q_L - Q_C \qquad (2\text{-}35)$$

4. 视在功率

由以上分析可知,正弦交流电路中的有功功率和无功功率一般都不等于电压有效值和电流有效值的乘积.实际上,二者的乘积在形式上也符合功率的定义,但却不是电路中实际消耗的功率,为此把它定义为视在功率,用 S 表示,即

$$S = UI \qquad (2\text{-}36)$$

为了和有功功率、无功功率相区别,视在功率用伏安作单位,符号为 V·A.

视在功率通常用来表示设备的容量,一般变压器的额定容量就是以视在功率表示的.例如,某变压器的容量为 500 kV·A.

由式(2-33)、式(2-34)、式(2-36)可知

$$S = \sqrt{P^2 + Q^2} \qquad (2\text{-}37)$$

这样,有功功率 P、无功功率 Q 和视在功率 S 三者也可构成一个直角三角形,称之为功率三角形,如图 2-28 所示.

由功率三角形可知,有功功率和视在功率的比值为功率因数,即

$$\cos\varphi = \frac{P}{S}$$

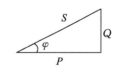

图 2-28 功率三角形

[①] IEC 采用乏(var)作为无功功率的单位名称(符号)。

> **提示:**
> 在 RLC 串联电路中,其电压三角形、阻抗三角形及功率三角形是相似三角形.

例 2-16 某 RLC 串联电路,已知 $R=10\ \Omega$,$X_L=10\ \Omega$,$X_C=20\ \Omega$,电源电压 $\dot{U}=220\sqrt{2}\angle 0°$ V.试计算电路的有功功率、无功功率、视在功率和功率因数.

解 $Z=R+\mathrm{j}(X_L-X_C)$

$$=[10+\mathrm{j}(10-20)]\ \Omega=(10-\mathrm{j}10)\Omega=10\sqrt{2}\angle -45°\ \Omega$$

$$\dot{I}=\frac{\dot{U}}{Z}=\frac{220\sqrt{2}\angle 0°}{10\sqrt{2}\angle -45°}\ \text{A}=22\angle 45°\ \text{A}$$

$$P=UI\cos\varphi=220\sqrt{2}\times 22\cos(-45°)\ \text{W}=4\ 840\ \text{W}$$

$$Q=UI\sin\varphi=220\sqrt{2}\times 22\sin(-45°)\ \text{var}=-4\ 840\ \text{var}$$

$$S=UI=220\sqrt{2}\times 22\ \text{V}\cdot\text{A}\approx 6\ 844\ \text{V}\cdot\text{A}$$

$$\cos\varphi=\frac{P}{S}=\frac{4\ 840}{6\ 845}\approx 0.707$$

或

$$P=I^2R=22^2\times 10\ \text{W}=4\ 840\ \text{W}$$

$$Q=I^2X=22^2\times(10-20)\ \text{var}=-4\ 840\ \text{var}$$

$$S=I^2|Z|=22^2\times 10\sqrt{2}\ \text{V}\cdot\text{A}\approx 6\ 844\ \text{V}\cdot\text{A}$$

例 2-17 设有一台有铁芯的工频加热炉,其额定功率为 100 kW,额定电压为 380 V,功率因数为 0.707.

(1) 设电炉在额定电压和额定功率下工作,求它的额定视在功率和无功功率;

(2) 设负载的等效电路由串联元件组成,求出它的等效 R 和 L.

解 (1) 由 $P_\text{N}=S_\text{N}\cos\varphi$,则 $S_\text{N}=\dfrac{P_\text{N}}{\cos\varphi}=\dfrac{100}{0.707}\ \text{kV}\cdot\text{A}\approx 141.4\ \text{kV}\cdot\text{A}$

$$Q_\text{N}=S_\text{N}\sin\varphi=141.4\times 0.707\ \text{kvar}\approx 100\ \text{kvar}$$

(2) 由 $P_\text{N}=U_\text{N}I_\text{N}\cos\varphi$,则

$$I_\text{N}=\frac{P_\text{N}}{U_\text{N}\cos\varphi}=\frac{100\times 10^3}{380\times 0.707}\ \text{A}\approx 372\ \text{A}$$

因 $P_\text{N}=I_\text{N}^2R$,则

$$R=\frac{P_\text{N}}{I_\text{N}^2}=\frac{100\times 10^3}{372^2}\ \Omega\approx 0.72\ \Omega$$

因 $|Z|=\dfrac{U_\text{N}}{I_\text{N}}\approx 1.02\ \Omega$,$X_L=\sqrt{|Z|^2-R^2}=\sqrt{1.02^2-0.72^2}\ \Omega\approx 0.72\ \Omega$

得

$$L=\frac{X_L}{2\pi f}=\frac{0.72}{314}\ \text{H}\approx 2.3\ \text{mH}$$

2.4.2 感性负载功率因数的提高

实际用电器的功率因数都为 0~1.例如,白炽灯的功率因数接近 1;日光灯的功率因数接近 0.5;交流电动机的功率因数在满载时可达 0.9 左右,而空载时会降到 0.2 左右;交流电

焊机的功率因数只有 0.3~0.4.电路的功率因数低,对设备的运行不利.例如,电源设备的容量得不到充分利用;在电力系统中,当电源电压和输出功率一定时,若功率因数低,则引起线路电流增大,导致线路损耗和压降增大,从而会影响供电质量,降低输电效率.因此,应当设法提高线路的功率因数.提高功率因数的方法很多,目前广泛采用的方法是在感性负载两端并联适当的电容,电路如图 2-29(a)所示.

由图 2-29(b)可见,并联电容前,线路中的总电流 $\dot{I}$(也即负载电流 $\dot{I}_L$)滞后于电压 φ_1 角,电路的功率因数为 $\cos\varphi_1$.并联电容后,负载电流仍为 $\dot{I}_L$,而线路总电流变为 $\dot{I}=\dot{I}_L+\dot{I}_C$,且滞后电压 φ_2 角,电路的功率因数变为 $\cos\varphi_2$.而 $\varphi_2<\varphi_1$,因而 $\cos\varphi_2>\cos\varphi_1$,整个电路的功率因数得到提高.

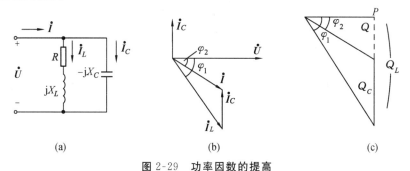

图 2-29 功率因数的提高

由图 2-29(c)所示的功率三角形可得

$$Q_C=Q_L-Q=P\tan\varphi_1-P\tan\varphi_2=P(\tan\varphi_1-\tan\varphi_2) \tag{2-38}$$

式(2-38)中 P 为电路的有功功率,φ_1 和 φ_2 分别为并联电容前、后的功率因数角,Q_C 为提高功率因数所需电容的无功功率.

又因为

$$Q_C=UI_C=U\frac{U}{X_C}=U^2\omega C$$

所以,所需并联电容的容量为

$$C=\frac{P}{\omega U^2}(\tan\varphi_1-\tan\varphi_2) \tag{2-39}$$

式中,ω 为电源的角频率,U 为负载的端电压.

值得注意的是,在实际工程中,并不要求将功率因数提得太高,因为这需要大容量的电容器,显然要增加设备投资.

提示:

供电部门对不同的用电大户,规定功率因数的指标分别为 0.9、0.85 或 0.8.凡功率因数达不到指标的新用户,供电局可拒绝供电.凡用户实际月平均功率因数超过或低于指标的,供电部门可按一定的百分比减收或增收电费.对长期低于指标又不增加无功补偿设备的用户,供电局可停止或限制供电.

例 2-18 某工厂的额定功率为 500 kW,功率因数为 0.8($\varphi>0$),电源电压为 380 V,$f=50$ Hz.现要求将功率因数提高到 0.9,应并联多大电容? 并联电容前后,电路中的电流分别为多少?

解 由 $\cos\varphi_1=0.8$,$\cos\varphi_2=0.9$,可得

$$\varphi_1=36.9°,\ \tan\varphi_1=0.75,\ \varphi_2=25.8°,\ \tan\varphi_2=0.484$$

应并电容的容量为

$$C=\frac{P}{\omega U^2}(\tan\varphi_1-\tan\varphi_2)=\frac{500\times10^3}{314\times380^2}(0.75-0.484)\ \text{F}\approx 2\ 933\ \mu\text{F}$$

并联电容前

$$I_1=\frac{P}{U\cos\varphi_1}=\frac{500\times10^3}{380\times0.8}\ \text{A}\approx 1\ 644.7\ \text{A}$$

并联电容后

$$I_2=\frac{P}{U\cos\varphi_2}=\frac{500\times10^3}{380\times0.9}\ \text{A}\approx 1\ 462\ \text{A}$$

由计算结果可见,并联电容可以减小电路的总电流.这不仅可以降低线路损耗和压降,节约能源,还可以采用线径较小的电源电缆,以节约材料.

例 2-19 已知电动机的功率为 10 kW,电压 U 为 220 V,功率因数 $\cos\varphi_L$ 为 0.6,$f=$ 50 Hz,若在电动机两端并联 250 μF 的电容,试问电路功率因数能提高到多少?

解 由式(2-39)得

$$C=\frac{P}{\omega U^2}(\tan\varphi_L-\tan\varphi),\cos\varphi_L=0.6,\ \tan\varphi_L=1.33$$

$$\tan\varphi=1.33-\frac{314\times220^2\times250\times10^{-6}}{10\times10^3}\approx 0.95$$

则电路功率因数提高之后为 $\cos\varphi=0.72$.

2.5 电路谐振

在具有电感和电容元件的电路中,电路两端的电压与其中的电流一般是不同相的.如果调节电路的参数或电源的频率而使电路呈电阻性,即电路的电压与电流同相,将电路的这种状态称为电路谐振.按发生谐振的电路不同,谐振电路可分为串联谐振和并联谐振.本节分别讨论这两种谐振的条件和特征.

2.5.1 *RLC* 串联电路的谐振

在 *RLC* 串联电路中,当电路的总电流和端电压同相时称电路发生了谐振,如图 2-30 所示.

1. 串联谐振的条件

串联电路发生谐振的条件是电路的电抗为零,即

$$X_L=X_C$$

则

$$\omega L=\frac{1}{\omega C}$$

由此可得

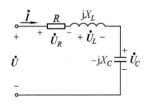

图 2-30 串联谐振电路

$$\begin{cases} \omega_0 = \dfrac{1}{\sqrt{LC}} \\ f_0 = \dfrac{1}{2\pi\sqrt{LC}} \end{cases} \quad (2\text{-}40)$$

式中,ω_0 和 f_0 分别称为串联电路的谐振角频率和谐振频率.

由式(2-40)可见,串联电路的谐振角频率和谐振频率取决于电路本身的参数,是电路所固有的,也称电路的固有角频率和固有频率.因此,当外加信号电压的频率等于电路的固有频率时,电路发生谐振.

在实际工作中,为了使电路对某频率的信号发生谐振,可以通过调节电路参数(L 或 C),使电路的固有频率和该信号频率相同.例如,收音机就是通过改变可变电容的方法,使接收电路对某一电台的发射频率发生谐振,从而接收该电台的广播节目.

2. 串联谐振电路的特性

(1)电路发生谐振时,因为电抗为零,所以阻抗最小,且为纯电阻,即

$$|Z| = \sqrt{R^2 + (X_L - X_C)^2} = R$$

(2)电路发生谐振时,当电源电压不变时,电路中的电流最大,即

$$I_0 = \frac{U}{|Z|} = \frac{U}{R}$$

(3)电路发生谐振时,电感与电容的端电压数值相等、相位相反,二者相互抵消,对整个电路不起作用,电源电压全部加在电阻元件上.

图 2-31 所示为串联谐振电路各部分电压的相量图.

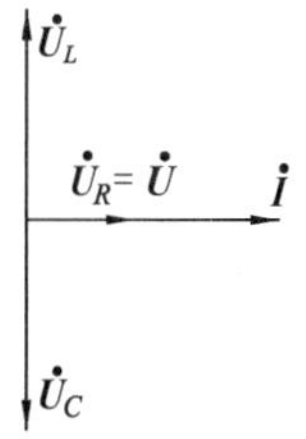

当电路发生谐振时,虽然电抗上的电压为零,但是电感和电容元件各自的电压一般比电源电压高得多,这是串联谐振电路的重要特性.为此,把电感电压或电容电压与电源电压的比值,定义为谐振电路的品质因数,用 Q 表示,即

$$Q = \frac{U_L}{U} = \frac{X_L I}{RI} = \frac{X_L}{R} = \frac{\omega_0 L}{R} = \frac{1}{\omega_0 CR} \quad (2\text{-}41)$$

图 2-31 **串联谐振电路的相量图**

由于一般线圈的电阻较小,因此 Q 值往往很高.质量较好的线圈,Q 值可高达 200~300.这样,即使外加电压不高,谐振时,电感或电容的端电压仍然会很高.因此,串联谐振也称电压谐振.

(4)电路谐振时,因电路呈现纯阻性,所以电路总的无功功率为零,电感与电容不再与电源交换能量,而在两者之间相互转换,电源的能量全部消耗在电阻上.

3. 串联谐振回路在工程技术中的应用

串联谐振回路在无线电工程中应用很广.在广播、电视的接收回路中,常被用来选择信号.这是因为,当调节 L 或 C 使电路与某发射信号发生谐振时,电路呈现低阻抗,回路电流最大,电感或电容的端电压最高.而其他频率的信号,虽然也存在于谐振回路中,但由于偏离了谐振频率,电路呈现高阻抗,其电流很小,电感或电容的端电压就很低.

此外,电路中的谐振也有可能破坏系统的正常工作.例如,在电力系统中,串联谐振产生的高压有可能损坏电感线圈、电容或其他电气设备的绝缘.在这种情况下,应尽量避免电路发生谐振.

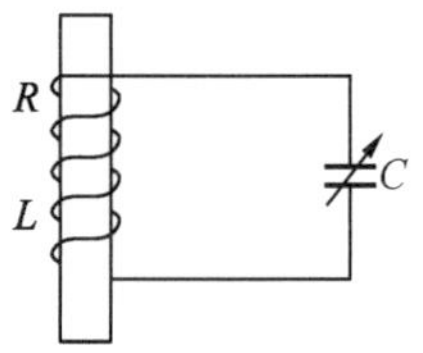

例 2-20 如图 2-32 所示为收音机的接收回路.其中 $R=6\ \Omega$,$L=300\ \mu H$.现欲收听中央台第一套节目,试计算可变电容的调节范围.已知中央台第一套节目的发射频率为 $525 \sim 1\ 605$ kHz.

解 由 $f_0 = \dfrac{1}{2\pi\sqrt{LC}}$ 可得

$$C = \dfrac{1}{(2\pi f_0)^2 L}$$

图 2-32 例 2-20 图

若在 $f_{01} = 525$ kHz 时电路谐振,电容值应为

$$C = \dfrac{1\times 10^{12}}{(2\times 3.14\times 525\times 10^3)^2 \times 300\times 10^{-6}}\ \text{pF} \approx 307\ \text{pF}$$

若在 $f_{02} = 1\ 605$ kHz 时电路谐振,电容值应为

$$C = \dfrac{1\times 10^{12}}{(2\times 3.14\times 1\ 605\times 10^3)^2 \times 300\times 10^{-6}}\ \text{pF} \approx 32.8\ \text{pF}$$

所以可变电容的范围为 $32.8 \sim 307$ pF.

例 2-21 有一 RLC 串联电路,已知 $R=2\ \Omega$,$L=300$ mH,$C=3.38\ \mu F$,电源电压为 10 V.试计算 f_0、I_0、Q 以及谐振时各个元件的电压、电路消耗的功率.

解 $f_0 = \dfrac{1}{2\pi\sqrt{LC}} = \dfrac{1}{2\times 3.14\times \sqrt{300\times 10^{-3}\times 3.38\times 10^{-6}}}\ \text{Hz} = 159.2\ \text{Hz}$

$$I_0 = \dfrac{U}{R} = \dfrac{10}{2}\ \text{A} = 5\ \text{A}$$

$$X_L = \omega_0 L = 2\pi f_0 L = 2\times 3.14\times 159.2\times 300\times 10^{-3}\ \Omega \approx 300\ \Omega$$

$$Q = \dfrac{X_L}{R} = \dfrac{300}{2} = 150$$

$$U_R = U = 10\ \text{V},\ U_L = U_C = QU = 150\times 10\ \text{V} = 1\ 500\ \text{V}$$

$$P = RI_0^2 = 2\times 5^2\ \text{W} = 50\ \text{W}$$

2.5.2 RLC 并联电路的谐振

如图 2-33(a)所示的 RLC 并联电路,在一定条件下也可能发生谐振.由于发生在并联电路中,故称为并联谐振.

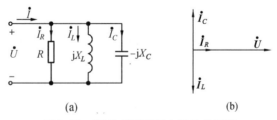

图 2-33 RLC 并联谐振电路及相量图

1. 并联谐振的条件

要想使电路发生谐振,应使电路的端电压和总电流同相,即

$$\dfrac{1}{\omega L} = \omega C$$

可得

$$\begin{cases} \omega_0 = \dfrac{1}{\sqrt{LC}} \\ f_0 = \dfrac{1}{2\pi\sqrt{LC}} \end{cases} \qquad (2-42)$$

式(2-42)为 RLC 并联谐振电路的谐振角频率和谐振频率,和 RLC 串联谐振电路的公式相同.

实际应用中是电感线圈和电容器组成的并联谐振电路,如收音机和电视机的调谐回路.如图 2-34 所示即为 RLC 并联谐振电路,其中 R 为电感线圈自身的电阻.

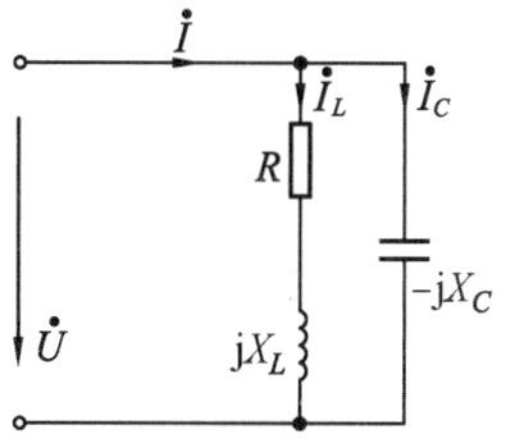

2. 并联谐振电路的特性

当线圈电阻 R 很小,电路谐振时,谐振角频率及谐振频率为

$$\omega_0 = \dfrac{1}{\sqrt{LC}}, \quad f_0 = \dfrac{1}{2\pi\sqrt{LC}}$$

图 2-34 RL 与 C 并联电路

一般情况下,实际电感线圈的电阻很小,在工作频率范围内,总能满足 $R \ll X_L$ 的条件,因此,电阻的作用可以忽略不计.这样,其谐振角频率可近似等于 $\dfrac{1}{\sqrt{LC}}$,其谐振电路的特性和 RLC 并联电路也大致相近.

并联谐振电路具有如下特征:

① 谐振时,电路阻抗为纯电阻性,电路端电压与电流同相.

② 谐振时,电路阻抗为最大值.

③ 谐振阻抗模值为

$$|Z_0| = \dfrac{1}{|Y|} = \dfrac{R^2 + (\omega_0 L)^2}{R} \approx \dfrac{(\omega_0 L)^2}{R} = \dfrac{L}{RC}$$

其值一般为几十至几百千欧.

谐振时,电感支路电流与电容支路电流近似相等并为电路总电流的 Q 倍.

电路在谐振时的端电压为 U_0,电流为 I_0,则

$$U_0 = I_0 Z_0 = I_0 Q \omega_0 L = I_0 Q \dfrac{1}{\omega_0 C}$$

因此,电感支路和电容支路的电流分别为

$$I_C = \dfrac{U_0}{\dfrac{1}{\omega_0 C}} = I_0 Q, \quad I_L = \dfrac{U_0}{\sqrt{R^2 + (\omega_0 L)^2}} \approx \dfrac{U_0}{\omega_0 L} = Q I_0$$

由于 $Q \gg 1$,则 $I_{C0} = I_{L0} \gg I_0$,因此并联谐振又称为电流谐振,其相量图如图 2-35 所示.

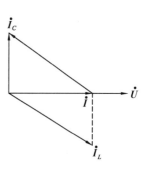

图 2-35 电流相量图

例 2-22 由 $R = 20\ \Omega$, $L = 16\ \text{mH}$ 的电感线圈和 $C = 100\ \text{pF}$ 的电容器组成并联谐振电路.求谐振角频率、电路的品质因数.若电源采用 $\dot{I}_S = 10\angle 0°\ \text{mA}$ 的电流源供电,求通过电容的电流.

解
$$X_L = \sqrt{\frac{L}{C}} = \sqrt{\frac{16 \times 10^{-3}}{100 \times 10^{-12}}} \ \Omega \approx 12.6 \ \text{k}\Omega$$

电路满足 $R \ll X_L$ 的条件,故谐振角频率为

$$\omega_0 \approx \frac{1}{\sqrt{LC}} = \frac{1}{\sqrt{16 \times 10^{-3} \times 100 \times 10^{-12}}} \ \text{rad/s} \approx 790.6 \times 10^3 \ \text{rad/s}$$

$$Q = \frac{\omega_0 L}{R} \approx 632$$

$$I_C = Q I_S = 632 \times 10 \times 10^{-3} \ \text{A} \approx 6.3 \ \text{A}$$

小结

1. 正弦量的概念及表示方法

正弦交流电是大小和方向按正弦规律变化的交流电,在任一时刻的瞬时值 i 或 u 是由幅值、角频率和初相位这三个特征量即正弦量的三要素确定的.可以用瞬时值三角函数式、正弦波形图、相量式及相量图四种方式来表示正弦交流电.四种表达方式各有所长,应按具体情况而定,但最常用的是相量表示法.

由于正弦交流电频率一定,只要确定幅值和初相位,其瞬时值也就确定了.因此用具有幅值和初相位的相量(复数)即可表示正弦量的瞬时值.在电工技术中常用有效值表示正弦量的大小.正弦量有效值的相量形式表示为

$$\dot{I} = I \angle \varphi = I(\cos\varphi + \mathrm{j}\sin\varphi)$$

正弦电学量用相量表示后,就可以根据复数的运算关系来进行运算,即将正弦量的和差运算换成复数的和差运算.

相量还可以用相量图表示.相量图能形象、直观地表示各电学量的大小和相位的关系,并可以应用相量图的几何关系求解电路.只有同频率的正弦量才能画在同一个相量图中.

相量与正弦量之间是一一对应的关系,它们之间是一种表示关系,而不是相等关系.

2. 数值和相位

单一参数的交流电路,是交流电路分析的基础.要重点掌握电阻、电感和电容的交流电路的电压和电流关系.

在分析 RLC 串联电路时,利用 KVL 的相量形式可导出相量形式的欧姆定律,即 $\dot{U} = \dot{I}Z$.阻抗 Z 是推导出的参数,它可表示为

$$Z = \frac{\dot{U}}{\dot{I}} = R + \mathrm{j}X = |Z| \angle \varphi$$

式中,R 为电路的电阻,$X = X_L - X_C$ 为电路的电抗,复阻抗的模 $|Z|$ 称为电路的总阻抗.其辐角 φ 称为阻抗角,也是电路总电压与电流之间的相位差.$|Z|$、φ 与电路参数的关系为

$$|Z| = \sqrt{R^2 + X^2}, \quad \varphi = \arctan \frac{X}{R}$$

它们之间的数值关系可用阻抗三角形来表示.

当 $\varphi > 0$ 时,电路呈电感性;当 $\varphi < 0$ 时,电路呈电容性;当 $\varphi = 0$ 时,电路呈电阻性,此时电路发生串联谐振.

正弦交流电路吸收的有功功率用 P 来表示，$P=UI\cos\varphi$，$\cos\varphi$ 称为功率因数．

反映电路与电源之间能量交换规模的物理量用无功功率 Q 来表示，$Q=UI\sin\varphi$．电感元件的 Q 为正数，电容元件的 Q 为负数．

视在功率 $S=UI=\sqrt{P^2+Q^2}$．P、Q 与 S 可用功率三角形来表示．

功率因数 $\cos\varphi$ 的大小取决于负载本身的性质．提高电路的功率因数对充分发挥电源设备的潜力、减少线路的损耗有重要意义．在感性负载两端并联适当的电容元件可以提高电路的功率因数．并联电容后，负载的端电压和负载吸收的有功功率不变，而电路上电流的无功分量减少了，总电流也减少了．

在含有电感和电容元件的电路中，总电压相量和总电流相量同相时，电路就发生谐振．按发生谐振的电路不同，可分为串联谐振和并联谐振．

RLC 串联谐振时，电路阻抗最小，电流最大，谐振频率 $f_0=\dfrac{1}{2\pi\sqrt{LC}}$，电路呈电阻性，品质因数 $Q=\dfrac{\omega_0 L}{R}=\dfrac{1}{\omega_0 CR}$，$U_L=U_C=QU$，因此串联谐振又称为电压谐振．

感性负载与电容元件并联谐振时，电路阻抗最大，总电流最小，电路呈电阻性，品质因数 $Q=\dfrac{\omega_0 L}{R}=\dfrac{1}{\omega_0 CR}$，$I_{C0}=I_{L0}=QI_0$，因此并联谐振又称为电流谐振．

无论是串联谐振还是并联谐振，电源提供的能量全部是有功功率，并全被电阻所消耗．无功能量互换仅在电感与电容元件之间进行．

习　题

2.1　某正弦交流电流 $i=10\sqrt{2}\sin(314t+30°)$ A．试求：
(1) 最大值、周期、频率、角频率和初相位；
(2) $t=0.01$ s 时电流的瞬时值；
(3) 画出电流的波形图．

2.2　某正弦电压的有效值、频率和初相位分别为 220 V、100 Hz 和 60°．写出它的三角函数式．

2.3　判断下列各组正弦电分量哪个超前，哪个滞后？相位差等于多少？
(1) $i_1=10\sin(\omega t+60°)$ A，$i_2=15\sin(\omega t+30°)$ A；
(2) $u_1=220\sin(\omega t+60°)$ V，$u_2=100\sin(\omega t+120°)$ V；
(3) $u_1=U_{1m}\sin(\omega t+40°)$ V，$u_2=U_{2m}\sin(\omega t+60°)$ V．

2.4　将下列各正弦量用相量形式表示．
(1) $u=110\sin 314t$ V；
(2) $u=20\sqrt{2}\sin(628t-30°)$ V；
(3) $i=5\sin(100\pi t-60°)$ A；
(4) $i=50\sqrt{2}\sin(1\,000t+90°)$ A．

2.5　试求下列两正弦电压之和 $u=u_1+u_2$ 及之差 $u'=u_1-u_2$，画出对应的相量图：

$$u_1 = 220\sqrt{2}\sin\left(\omega t + \frac{\pi}{3}\right) \text{V}, \quad u_2 = 150\sqrt{2}\sin(\omega t - 30°) \text{V}$$

2.6 某正弦交流电路,已知 $u = 220\sqrt{2}\sin(\omega t + 60°)$ V,$i = 14.1\sin(\omega t - 45°)$ A.现用电动系交流电压表和交流电流表分别测量它们的电压和电流.问两电表的读数分别为多少？

2.7 在 100 Ω 的电阻上加上 $u = 100\sqrt{2}\sin(1\,000t + 30°)$ V 的电压.写出通过电阻的电流瞬时值表达式,并求电阻消耗功率的大小,画出电压和电流的相量图.

2.8 已知一线圈通过 50 Hz 电流时,其感抗为 10 Ω,试问电源频率为 10 kHz 时,其感抗为多少？

2.9 电容为 20 μF 的电容器,接在电压 $u = 300\sin 314t$ V 的电源上.写出电流的瞬时值表达式,算出无功功率并画出电压与电流的相量图.

2.10 已知某元件的端电压为 $u = 10\sqrt{2}\sin(314t + 30°)$ V,求流过它的电流.元件的参数分别为：(1) $R = 10$ kΩ；(2) $L = 100$ mH；(3) $C = 5$ μF.

2.11 在如图 2-36 所示的正弦交流电路中,A、B、C 为三个相同的白炽灯.若保持电源电压有效值不变,而频率下降,那么各灯泡的亮度将如何变化？试说明理由.

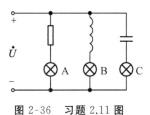

图 2-36 习题 2.11 图

2.12 已知一电阻和电感串联电路,接到 $u = 220\sqrt{2}\sin(314t + 30°)$ V 的电源上,电流 $i = 5\sqrt{2}\sin(314t - 15°)$ A,试求电阻 R、电感 L、有功功率 P.

2.13 在 RLC 串联电路中,已知电路中的电流 $I = 2$ A,各电压为 $U_R = 30$ V,$U_L = 120$ V,$U_C = 160$ V.求：

(1) 电路总电压 U；

(2) 有功功率 P、无功功率 Q 及视在功率 S；

(3) R、X_L、X_C.

2.14 在如图 2-37 所示的电路中,已知 $u_i = 5\sqrt{2}\sin(2\pi \times 1\,000t)$ V,$R = 2$ kΩ,$C = 0.01$ μF.试求：

(1) 输出电压 u_o；

(2) 输出电压较输入电压超前的相位差；

(3) 如果电源频率增高,输出电压较输入电压超前的相位差增大还是减少？

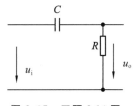

图 2-37 习题 2.14 图

2.15 某一线圈由 24 V 直流电源供电时,电流为 3 A；由 220 V、50 Hz 的交流电源供电时,电流为 22 A.试计算线圈的等效参数 R、L、X_L、$|Z|$、φ.

2.16 电路如图 2-38 所示.现用电磁系电压表测量电压.已知 V_1、V_2 表的读数皆为 220 V.试求 V 的读数.

2.17 如图 2-39 所示为用电磁系仪表测量电流的正弦交流电路,若已知 A_1、A_2 和 A_3 三只电流表的读数都是 10 A.求表 A 的读数.

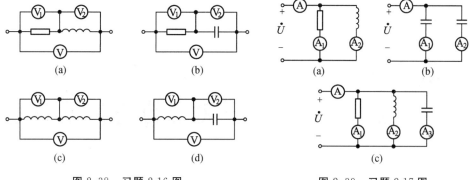

图 2-38 习题 2.16 图 图 2-39 习题 2.17 图

2.18 在 RLC 串联电路中,已知外加电压 $u=100\sqrt{2}\sin 314t$ V,当电流 $I=5$ A 时,电路功率 $P=200$ W,$U_C=80$ V,试求电阻 R、电感 L、电容 C 及功率因数.

2.19 有一台单相异步电动机,输入功率为 1.21 kW,接在 220 V 的交流电源上,通入电动机的电流为 11 A,试计算电动机的功率因数.要把电路的功率因数提高到 0.9,问应该与电动机并联多大电容量的电容器?并联电容器后,电动机的功率因数、电动机中的电流、线路中的电流及电路的有功功率和无功功率有无变化?

2.20 在由电感 $L=0.13$ mH、电容 $C=588$ pF、电阻 $R=10\ \Omega$ 所组成的串联电路中,已知电源电压 $U_S=5$ mV.试求电路谐振时的频率、电路中的电流、元件 L 和 C 上的电压、电路的品质因数.

2.21 某 RLC 串联电路,已知 $R=20\ \Omega$,$L=300\ \mu H$.现欲收听发射频率为 1 625 kHz 的某电台的广播节目,试计算电路的电容、特性阻抗、品质因数.

第3章 三相交流电路及其应用

在第2章所研究的正弦交流电路中为单相交流电路.日常生活和生产中的用电,基本上是由三相交流电源供给的,至于220 V单相交流电,实际上是三相交流发电机发出来的三相交流电中的一相.因此,三相电路可以看成是由三个频率相同但相位不同的单相电源的组合.对本章研究的三相电路而言,前面讨论的单相电流电路的所有分析计算方法完全适用.

本章重点介绍三相电源的连接及三相四线制的概念、对称三相电路的分析与计算方法以及三相电路功率的分析.

3.1 对称三相电源

3.1.1 三相电源的知识

1. 三相电动势的产生

(1) 单相电动势的产生.

如图3-1所示,在两磁极中间放一个线圈(绕组),让线圈以 ω 的速度顺时针旋转.根据右手定则可知,线圈中将产生感应电动势,其方向为 $U_1 \rightarrow U_2$.合理设磁极形状,使磁通按正弦规律分布,线圈两端便可得到单相交流电动势为

$$u(t) = \sqrt{2} U_m \sin \omega t$$

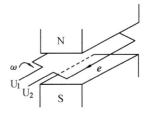

图 3-1 单相电动势的产生

(2) 三相电动势的产生.

如图3-2所示,若定子中放三个线圈(绕组):$U_1 \rightarrow U_2$、$V_1 \rightarrow V_2$、$W_1 \rightarrow W_2$,由首端(起始端、相头)指向末端(相尾),三线圈空间位置各相差120°,转子装有磁极并以 ω 的速度旋转,则在三个线圈中便产生三个单相电动势.

2. 对称三相电动势

振幅相等、频率相同,在相位上彼此相差120°的三个电动势称为对称三相电动势.对称三相电动势瞬时值的数学表达式为

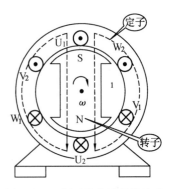

图 3-2 三相对称电动势的产生

$$\begin{cases} u_A = U_m \sin\omega t \\ u_B = U_m \sin(\omega t - 120°) \\ u_C = U_m \sin(\omega t + 120°) \end{cases}$$

式中，U_m 为每相电源电压的最大值．

若以 A 相电压 U_A 作为参考，则三相电压的相量形式为

$$\begin{cases} \dot{U}_A = U_m \angle 0° \\ \dot{U}_B = U_m \angle -120° \\ \dot{U}_C = U_m \angle 120° \end{cases}$$

波形图与相量图如图 3-3 所示．

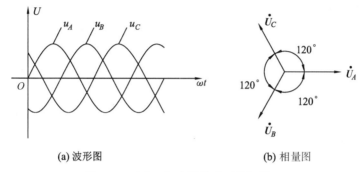

(a) 波形图　　　　　　　(b) 相量图

图 3-3　对称三相电源的波形及相量图

由图 3-3 可以看出：对称三相电压满足 $\dot{U}_A + \dot{U}_B + \dot{U}_C = 0$，即对称三相电压的相量之和为零．通常三相发电机产生的都是对称三相电源，本书今后若无特殊说明，提到三相电源时均指对称三相电源．

提示

对称三相电动势有效值相等，频率相同，各相之间的相位差为 120°．

3. 相序

三相电动势达到最大值（振幅）的先后次序叫做相序．u_A 比 u_B 超前 120°，u_B 比 u_C 超前 120°，这种相序称为正相序或顺相序，即 A—B—C—A…；反之，如果三相电的变化顺序是 A—C—B—A…，称这种相序为负相序或逆相序．

相序是一个十分重要的概念，为使电力系统能够安全可靠地运行，通常统一规定技术标准，一般在配电盘上用黄色标出 A 相，用绿色标出 B 相，用红色标出 C 相．

提示

现在三相电除了用 A、B、C 表示外，还可以用 U、V、W 来表示．

3.1.2　三相电源的连接

三相电源的三相绕组的连接方式有两种：一种是星形（又叫 Y 形）连接，另一种是三角形（又叫 △ 形）连接，如图 3-4 所示．

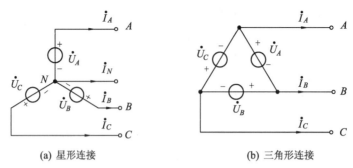

(a) 星形连接　　　　　　　　(b) 三角形连接

图 3-4　三相电源的两种连接方式

1. 三相电源的 Y 形连接

如图 3-4(a)所示的 Y 形连接中,Y 形公共连接点 N 叫做中点,从中点引出的导线称为中线或零线,从端点 A、B、C 引出的三根导线称为端线或相线,俗称火线,这种由三根火线和一根中线向外供电的方式称为三相四线制供电方式(通常在低压配电中采用).除了三相四线制连接方式以外,其他连接方式均属三相三线制.

端线之间的电压称为线电压,分别用 $\dot{U}_{AB}$、$\dot{U}_{BC}$、$\dot{U}_{CA}$ 表示,其值常用 U_L 表示.每一相电源的电压称为相电压,分别为 $\dot{U}_A$、$\dot{U}_B$、$\dot{U}_C$,通常用 U_P 表示.端线中的电流称为线电流,分别为 $\dot{I}_A$、$\dot{I}_B$、$\dot{I}_C$,通常用 I_L 表示.

线电压和相电压的相量关系如图 3-5 所示.

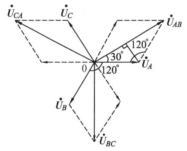

图 3-5　三相电源 Y 形连接时电压相量图

根据分析,Y 形连接中各线电压 U_L 与对应的相电压 U_P 的相量关系为

$$\begin{cases} \dot{U}_{AB} = \dot{U}_A - \dot{U}_B = \sqrt{3}\dot{U}_A \angle 30° \\ \dot{U}_{BC} = \dot{U}_B - \dot{U}_C = \sqrt{3}\dot{U}_B \angle 30° \\ \dot{U}_{CA} = \dot{U}_C - \dot{U}_A = \sqrt{3}\dot{U}_C \angle 30° \end{cases}$$

即各线电压 U_L 相位均超前其对应的相电压 U_P 相位 30°,且满足 $U_L = \sqrt{3}U_P$.

结论:

① 三相四线制的相电压和线电压都是对称的.

② 线电压是相电压的 $\sqrt{3}$ 倍,线电压的相位超前对应的相电压 30°.

> **提示**
>
> 我国低压三相四线制供电系统中,电源相电压有效值为 220 V,线电压有效值为 380 V.

2. 三相电源的△形连接

如图 3-4(b)所示的△形连接中,是把三相电源依次按正负极连接成一个回路,再从端子 A、B、C 引出导线.△形连接的三相电源的相电压和线电压相等,即

$$\dot{U}_{AB}=\dot{U}_A,\dot{U}_{BC}=\dot{U}_B,\dot{U}_{CA}=\dot{U}_C$$

这种没有中线、只有三根相线的输电方式叫做三相三线制.

特别需要注意的是,在工业用电系统中如果只引出三根导线(三相三线制),那么就都是火线(没有中线),这时所说的三相电压大小均指线电压 U_L;而民用电源则需要引出中线,所说的电压大小均指相电压 U_P.

例 3-1 已知发电机三相绕组产生的电动势大小均为 $U=220$ V,试求:

(1) 三相电源为 Y 形接法时的相电压 U_P 与线电压 U_L;

(2) 三相电源为△形接法时的相电压 U_P 与线电压 U_L.

解 (1) 三相电源 Y 形接法:

相电压 $U_P=E=220$ V

线电压 $U_L=\sqrt{3}U_P=380$ V

(2) 三相电源△形接法:

相电压 $U_P=U=220$ V

线电压 $U_L=U_P=220$ V

课堂练习 已知某三相电源的线电压是 3.8 kV,则它的相电压是多大?如果 $u_A=U_m\sin\omega t$ kV,写出所有的相电压和线电压的表达式.

3.2 三相负载的星形连接

三相负载可以是三相电器,如三相交流电动机等,也可以是单向负载的组合,如电灯.对于总线路而言,一般单相负载应该尽量均匀分布在各相上.至于连接在火线与零线之间还是连接在两根火线之间,取决于负载的额定电压要求.三相负载的三个接线端总与三根火线相连,对于三相电动机而言,负载的连接形式由内部结构决定.三相负载的连接方式也有两种:Y 形连接和△形连接.根据三相电源与负载的不同连接方式可以组成 Y-Y[图 3-6(a)]、Y-△[图 3-6(b)]、△-Y、△-△连接的三相电路.本节主要介绍 Y-Y 连接方式.

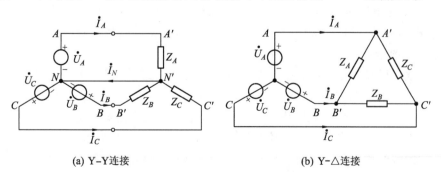

(a) Y-Y 连接   (b) Y-△连接

图 3-6 电源与负载的不同连接方式

三相负载中的相电压和线电压、相电流和线电流的定义为:相电压、相电流是指各相负载阻抗的电压、电流;三相负载的三个端子 $A'、B'、C'$ 向外引出的导线中的电流称为负载的线电流,任意两个端子之间的电压称为负载的线电压.

1. 连接方式

在三相四线制系统中,三相电源的一根相线和零线之间的电压(相电压)为 220 V.负载如果接成图 3-6(a)的形式,则每相负载的电压为 220 V,这种接法称为 Y 形连接.如图 3-6(a)所示,$Z_A、Z_B、Z_C$ 表示三相负载,若 $Z_A=Z_B=Z_C=Z$,称其为对称负载;否则,称其为不对称负载.三相电路中,若电源和负载都对称,称为三相对称电路.

2. 电路计算

在三相四线制 Y 形电路中,负载相电流等于对应的线电流,即

$$\dot{I}_A' = \dot{I}_A, \dot{I}_B' = \dot{I}_B, \dot{I}_C' = \dot{I}_C$$

如果忽略导线阻抗,则各相电流为

$$\begin{cases} \dot{I}_A' = \dfrac{\dot{U}_A'}{Z_A} = \dfrac{\dot{U}_A}{Z_A} \\ \dot{I}_B' = \dfrac{\dot{U}_B'}{Z_B} = \dfrac{\dot{U}_B}{Z_B} \\ \dot{I}_C' = \dfrac{\dot{U}_C'}{Z_C} = \dfrac{\dot{U}_C}{Z_C} \end{cases}$$

如果负载对称,即 $Z_A=Z_B=Z_C=Z$,则在三相对称电路中,有

$$\dot{I}_A + \dot{I}_B + \dot{I}_C = \dot{I}_N = 0$$

提示

由于电流是瞬时值,三相电流瞬时值的代数和也为零.因此对称负载下中性线便可以省去不用,电路变成三相三线制传输.如在发电厂与变电站、变电站与三相电动机等之间,由于负载对称,便采用三相三线制传输.

在三相四线制电路中,负载的相电压与线电压的关系仍为

$$\begin{cases} \dot{U}_{AB} = \dot{U}_A - \dot{U}_B = \sqrt{3}\dot{U}_A \angle 30° \\ \dot{U}_{BC} = \dot{U}_B - \dot{U}_C = \sqrt{3}\dot{U}_B \angle 30° \\ \dot{U}_{CA} = \dot{U}_C - \dot{U}_A = \sqrt{3}\dot{U}_C \angle 30° \end{cases}$$

由此可见,相电压对称时,线电压也一定对称.线电压的有效值是相电压有效值的 $\sqrt{3}$ 倍,相位依次超前对应相电压相位 30°,计算时只要算出 $\dot{U}_{AB}$ 就可依次写出 $\dot{U}_{BC}、\dot{U}_{CA}$.

3. 中性线的作用

三相负载在很多情况下是不对称的,最常见的照明电路就是不对称负载 Y 形连接的三相电路.若无中性线,可能使某一相电压过低,该相用电设备不能正常工作;某一相电压过高,将会烧毁该相用电设备.因此,中性线对于电路的正常工作及安全是非常重要的,它可以保证 Y 形连接的不对称负载的相电压对称,使各用电器都能正常工作,而且互不影响.

在三相四线制供电线路中,规定中性线上不允许安装熔断器、开关等装置.为了增强机械强度,有的还加有钢芯;另外,通常还要把中性线接地,使它与大地电位相同,以保障安全.

负载为Y形连接时有如下结论：

① 电源线电压是负载两端相电压的$\sqrt{3}$倍.
② 每一相相线的线电流等于流过负载的相电流.
③ 对于对称负载,可去掉中性线变为三相三线制传输.
④ 对于不对称负载,则必须加中性线,采用三相四线制传输.

例 3-2 在负载为Y形连接的三相对称电路中,已知每相负载均为$|Z|=50\ \Omega$,设线电压为 380 V.试求各相电流和线电流.

解 在对称Y形负载中,相电压

$$U_{YP}=\frac{U_L}{\sqrt{3}}\approx 220\ V$$

相电流为

$$I_{YP}=\frac{U_{YP}}{|Z|}=\frac{220}{50}\ A=4.4\ A$$

负载为Y形连接时线电流与相电流相等.

3.3 三相负载的三角形连接

1. 电路连接方式

把三相负载分别接到三相交流电源的每两根相线之间,负载的这种连接方法叫做三角形连接,用符号"△"表示,如图 3-6(b)所示.

三角形连接中的各相负载全都接在了两根相线之间,因此,电源的线电压等于负载两端的电压,即负载的相电压,则有:△形连接中,相电压与线电压相等.

$$U_P=U_L$$

2. 电路计算

三相负载的△形连接方式如图 3-7(a)所示,Z_{AB}、Z_{BC}、Z_{CA}分别为三相负载.

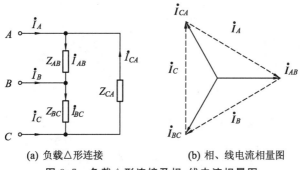

(a) 负载△形连接　　(b) 相、线电流相量图

图 3-7 负载△形连接及相、线电流相量图

显然负载△形连接时,负载相电压与线电压相同,即

$$\begin{cases}\dot{U}_{AB}{'}=\dot{U}_{AB}\\ \dot{U}_{BC}{'}=\dot{U}_{BC}\\ \dot{U}_{CA}{'}=\dot{U}_{CA}\end{cases}$$

设每相负载中的电流分别为 $\dot{I}_{AB}$、$\dot{I}_{BC}$、$\dot{I}_{CA}$，线电流为 $\dot{I}_A$、$\dot{I}_B$、$\dot{I}_C$，则负载相电流为

$$\begin{cases} \dot{I}_{AB} = \dfrac{\dot{U}_{AB}}{Z_{AB}} \\ \dot{I}_{BC} = \dfrac{\dot{U}_{BC}}{Z_{BC}} \\ \dot{I}_{CA} = \dfrac{\dot{U}_{CA}}{Z_{CA}} \end{cases}$$

如果三相负载为对称负载，即 $Z_{AB} = Z_{BC} = Z_{CA} = Z$，则有

$$\begin{cases} \dot{I}_{AB} = \dfrac{\dot{U}_{AB}}{Z} \\ \dot{I}_{BC} = \dfrac{\dot{U}_{BC}}{Z} \\ \dot{I}_{CA} = \dfrac{\dot{U}_{CA}}{Z} \end{cases}$$

△形连接时相电流和线电流的相量图如图 3-7(b)所示，由相量图可知相电流与线电流的关系为

$$\begin{cases} \dot{I}_A = \dot{I}_{AB} - \dot{I}_{CA} = \sqrt{3}\,\dot{I}_{AB}\angle -30° \\ \dot{I}_B = \dot{I}_{BC} - \dot{I}_{AB} = \sqrt{3}\,\dot{I}_{BC}\angle -30° \\ \dot{I}_C = \dot{I}_{CA} - \dot{I}_{BC} = \sqrt{3}\,\dot{I}_{CA}\angle -30° \end{cases}$$

由于相电流是对称的，所以线电流也是对称的，即 $\dot{I}_A + \dot{I}_B + \dot{I}_C = 0$。只要求出一个线电流，其他两个可以依次写出。线电流有效值是相电流有效值的 $\sqrt{3}$ 倍，相位依次滞后对应相电流相位 $30°$。

当三相对称负载△形连接时，有如下结论：

① 相电压等于线电压；

② 当对称三相负载△形连接时，线电流的大小为相电流的 $\sqrt{3}$ 倍。

例 3-3 如图 3-8 所示三相对称电路，电源线电压为 380 V，Y 形连接时的负载阻抗 $Z_Y = 22\angle -30°\ \Omega$，△形连接时的负载阻抗 $Z_\triangle = 38\angle 60°\ \Omega$。求：

(1) Y 形连接时的各相电压 $\dot{U}_A$、$\dot{U}_B$、$\dot{U}_C$；

(2) △形连接时的负载相电流 $\dot{I}_{AB}$、$\dot{I}_{BC}$、$\dot{I}_{CA}$；

(3) 传输线电流 $\dot{I}_A$、$\dot{I}_B$、$\dot{I}_C$。

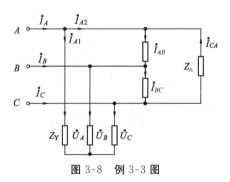

图 3-8 例 3-3 图

解 根据题意，设 $\dot{U}_{AB} = 380\angle 0°$ V.

(1) 由线电压和相电压的关系，可得出 Y 形连接时负载各相电压为

$$\dot{U}_A = \frac{380\angle(0°-30°)}{\sqrt{3}} \text{ V} = 220\angle -30° \text{ V}$$

$$\dot{U}_B = 220\angle -150° \text{ V}$$

$$\dot{U}_C = 220\angle 90° \text{ V}$$

(2) △形连接时负载相电流为

$$\dot{I}_{AB} = \frac{\dot{U}_{AB}}{Z_{\triangle}} = \frac{380\angle 0° \text{ V}}{38\angle 60° \text{ Ω}} = 10\angle -60° \text{ A}$$

因为电路对称，所以

$$\dot{I}_{BC} = 10\angle -180° \text{ A}$$

$$\dot{I}_{CA} = 10\angle 60° \text{ A}$$

(3) 传输线 A 线上的电流为 Y 形负载的线电流 $\dot{I}_{A1}$ 与△形负载的线电流 $\dot{I}_{A2}$ 之和。其中：

$$\dot{I}_{A1} = \frac{\dot{U}_A}{Z_Y} = \frac{220\angle -30° \text{ V}}{22\angle -30° \text{ Ω}} = 10\angle 0° \text{ A}$$

$\dot{I}_{A2}$ 是相电流 $\dot{I}_{AB}$ 的 $\sqrt{3}$ 倍，相位滞后 $\dot{I}_{AB}$ 相位 30°，即

$$\dot{I}_{A2} = \sqrt{3}\dot{I}_{AB}\angle -30° = \sqrt{3}\times 10\angle(-60°-30°) \text{ A} = 10\sqrt{3}\angle -90° \text{ A}$$

$$\dot{I}_A = \dot{I}_{A1} + \dot{I}_{A2} = 10\angle 0° \text{ A} + 10\sqrt{3}\angle -90° \text{ A} = (10-j10\sqrt{3}) \text{ A} = 20\angle -60° \text{ A}$$

因为电路对称，所以

$$\dot{I}_B = 20\angle -180° \text{ A}$$

$$\dot{I}_C = 20\angle 60° \text{ A}$$

3.4 三相电路的功率

1. 有功功率的计算

无论三相负载是否对称，也无论负载是 Y 形连接还是△形连接，一个三相电源发出的总有功功率等于电源每相发出的有功功率之和，一个三相负载接受的总有功功率等于每相负载接受的有功功率之和，即

$$P = P_A + P_B + P_C$$
$$= U_A I_A \cos\varphi_A + U_B I_B \cos\varphi_B + U_C I_C \cos\varphi_C$$

式中，电压 U_A、U_B、U_C 分别为三相负载的相电压；I_A、I_B、I_C 分别为三相负载的相电流；φ_A、φ_B、φ_C 分别为三相负载的阻抗角或该负载所对应的相电压与相电流的夹角。

当负载对称时，各相的有功功率是相等的，所以总的有功功率可表示为

$$P = 3U_P I_P \cos\varphi$$

实际上，三相电路的相电压和相电流有时难以获得，但在三相对称电路中，当负载 Y 形连接时，$U_L = \sqrt{3}U_P$、$I_L = I_P$；当负载△形连接时，$U_L = U_P$、$I_L = \sqrt{3}I_P$。所以，无论负载是哪种接法，都有

$$3U_P I_P = \sqrt{3} U_L I_L$$

所以上式又可表示为

$$P = \sqrt{3} U_L I_L \cos\varphi$$

式中，U_L、I_L 分别是线电压和线电流，$\cos\varphi$ 仍是每相负载的功率因数。因为线电压或线电流便于实际测量，而且三相负载铭牌上标识的额定值也均是指线电压和线电流，所以上式是计算有功功率的常用公式。但需注意的是，该公式只适用于对称三相电路。

2. 无功功率的计算

三相负载的无功功率等于各项无功功率之和，即

$$Q = Q_A + Q_B + Q_C = U_A I_A \sin\varphi_A + U_B I_B \sin\varphi_B + U_C I_C \sin\varphi_C$$

当负载对称时，各相的无功功率是相等的，所以总的无功功率可表示为

$$Q = 3U_P I_P \sin\varphi = \sqrt{3} U_L I_L \sin\varphi$$

3. 视在功率的计算

三相负载的视在功率为

$$S = \sqrt{P^2 + Q^2}$$

对称三相电路的视在功率为

$$S = 3U_P I_P = \sqrt{3} U_L I_L$$

4. 瞬时功率的计算

三相电路的瞬时功率也为三相负载瞬时功率之和，对称三相电路各相的瞬时功率分别为

$$p_A = u_A i_A = \sqrt{2} U_P \sin\omega t \times \sqrt{2} I_P \sin(\omega t - \varphi) = U_P I_P [\cos\varphi - \cos(2\omega t - \varphi)]$$

$$p_B = u_B i_B = \sqrt{2} U_P \sin(\omega t - 120°) \times \sqrt{2} I_P \sin(\omega t - 120° - \varphi)$$
$$= U_P I_P [\cos\varphi - \cos(2\omega t - 240° - \varphi)]$$

$$p_C = u_C i_C = \sqrt{2} U_P \sin(\omega t + 120°) \sqrt{2} I_P \sin(\omega t + 120° - \varphi)$$
$$= U_P I_P [\cos\varphi - \cos(2\omega t + 240° - \varphi)]$$

由于 $\cos(2\omega t - \varphi) + \cos(2\omega t - 240° - \varphi) + \cos(2\omega t + 240° - \varphi) = 0$，所以

$$p = p_A + p_B + p_C = 3U_P I_P \cos\varphi = \sqrt{3} U_L I_L \cos\varphi = P$$

上式表明，对称三相电路的瞬时功率是定值，且等于平均有功功率，这是对称三相电路的一个优越性能。如果三相负载是电动机，由于三相瞬时功率是定值，因而电动机的转矩是恒定的，因为电动机转矩的瞬时值与总瞬时功率成正比，从而避免了由于机械转矩变化引起的机械振动，因此电动机运转非常平稳。

例 3-4 如图 3-9 所示的电路中，已知一组 Y 形连接的对称负载，接在线电压为 380 V 的对称三相电源上，每相负载的复阻抗 $Z = (12 + j16)\,\Omega = 20\angle 53°\,\Omega$。

(1) 求各负载的相电压及相电流；

(2) 计算该三相电路的 P、Q 和 S。

解 (1) 令线电压 $\dot{U}_{AB} = 380\angle 0°$ V，在对称三相三线制电路中，负载电压与电源电压对应相等，且三个相电压也对称，即

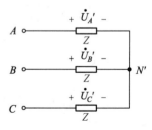

图 3-9 例 3-4 图

$$\dot{U}_A{'} = \frac{380\angle(0°-30°)}{\sqrt{3}} \text{ V} = 220\angle -30° \text{ V}$$

$$\dot{U}_B{'} = 220\angle -150° \text{ V}$$

$$\dot{U}_C{'} = 220\angle 90° \text{ V}$$

负载相电流也对称,即

$$\dot{I}_A = \frac{\dot{U}_A{'}}{Z} = \frac{220\angle -30°}{20\angle 53°} \text{ A} = 11\angle -83° \text{ A}$$

$$\dot{I}_B = \frac{\dot{U}_B{'}}{Z} = 11\angle -203° \text{ A} = 11\angle 157° \text{ A}$$

$$\dot{I}_C = \frac{\dot{U}_C{'}}{Z} = 11\angle 37° \text{ A}$$

(2) 根据有功功率、无功功率和视在功率的计算公式,可得

$$P = 3U_A{'}I_A \times \cos\varphi = 3\times 220\times 11\cos 53° \text{ W} = 4\ 370 \text{ W}$$

$$Q = 3U_A{'}I_A \times \sin\varphi = 3\times 220\times 11\sin 53° \text{ var} = 5\ 800 \text{ var}$$

$$S = \sqrt{P^2+Q^2} \approx 7\ 262 \text{ V}\cdot\text{A}$$

例 3-5 某三相对称负载,每相负载的电阻为 6 Ω,感抗为 8 Ω,电源线电压为 380 V,试求负载 Y 形连接和 △ 形连接时两种接法的三相电功率.

解 每相绕组的阻抗为

$$|Z| = \sqrt{R^2+X_L{}^2} = \sqrt{6^2+8^2} \ \Omega = 10 \ \Omega$$

(1) 负载 Y 形连接时,负载相电压为

$$U_{YP} = \frac{U_L}{\sqrt{3}} = \frac{380}{\sqrt{3}} \text{ V} = 220 \text{ V}$$

流过负载的相电流为

$$I_P = \frac{U_P}{|Z|} = \frac{220}{10} \text{ A} = 22 \text{ A}$$

负载的功率因数为

$$\cos\varphi = \frac{R}{|Z|} = \frac{6}{10} = 0.6$$

负载 Y 形连接时三相总有功功率为

$$P = 3U_P I_P \cos\varphi_P = 3\times 220\times 22\times 0.6 \text{ kW} \approx 8.7 \text{ kW}$$

(2) 负载 △ 形连接时,负载相电压等于电源线电压,即

$$U_P = U_L = 380 \text{ V}$$

负载的相电流为

$$I_P = \frac{U_P}{|Z|} = \frac{380}{10} \text{ A} = 38 \text{ A}$$

负载 △ 形连接时三相总有功功率为

$$P = 3U_P I_P \cos\varphi_P = 3\times 380\times 38\times 0.6 \text{ kW} \approx 26 \text{ kW}$$

结论:

① 对称负载为 Y 形或 △ 形连接时,线电压是相同的,相电流是不相等的. △ 形连接时的

线电流为 Y 形连接时线电流的 3 倍.

② φ 仍然是相电压与相电流之间的相位差,而不是线电压与线电流之间的相位差.也就是说,功率因数是指每相负载的功率因数.

③ 负载△形连接时的功率是相同条件下 Y 形连接时功率的 3 倍.

小　结

三相电源对称时,对应的对称三相正弦量(包括电压、电流或电动势)的特点:最大值相等、频率相同、相位互差 120°,并且有 $\dot{U}_A + \dot{U}_B + \dot{U}_C = 0$ 和 $u_A + u_B + u_C = 0$.

三相电源的连接方式:星形(Y)和三角形(△).

Y 形连接:线电压 U_L 和相电压 U_P 的关系是 $U_L = \sqrt{3} U_P$,线电压在相位上超前相应相电压 30°.

△形连接:线电压等于相电压.

分析和计算三相电路时,一般不需知道电源的连接方式,只要知道电源的线电压.

三相负载的连接方式:星形(Y)和三角形(△).

相电流 I_P:指流过每相负载的电流.

线电流 I_L:指三根端线(电源线)中流过的电流.

负载 Y 形连接:不论负载对称与否,不论有无中性线,线电流恒等于相应的相电流.

负载△形连接:相电流用 $\dot{I}_{AB}$、$\dot{I}_{BC}$、$\dot{I}_{CA}$ 表示,线电流用 $\dot{I}_A$、$\dot{I}_B$、$\dot{I}_C$ 表示.

当三相负载对称时,线电流与相电流的关系 $I_L = \sqrt{3} I_P$,线电流在相位上落后相应相电流 30°.

不对称电路的功率为 $P = P_A + P_B + P_C$,$Q = Q_A + Q_B + Q_C$,$S = \sqrt{P^2 + Q^2}$.

对称电路的功率为 $P = 3 U_P I_P \cos\varphi = \sqrt{3} U_L I_L \cos\varphi$;$Q = 3 U_P I_P \sin\varphi = \sqrt{3} U_L I_L \sin\varphi$;$S = 3 U_P I_P = \sqrt{3} U_L I_L$.

习　题

3.1　在三相四线制电路中,中线在满足什么条件时可省略变为三相三线制电路? 相电压和线电压有什么关系?

3.2　在对称三相四线制电路中,若已知线电压 $\dot{U}_{AB} = 380 \angle 0°$ V,求 $\dot{U}_{BC}$、$\dot{U}_{CA}$ 及相电压 $\dot{U}_A$、$\dot{U}_B$、$\dot{U}_C$.

3.3　对称 Y 形负载接于三相四线制电源上,如图 3-10 所示.若电源线电压为 380 V,当在 D 点断开时,U_1 为　　　　　　　　　　(　　).

(a) 220 V

(b) 380 V

(c) 190 V

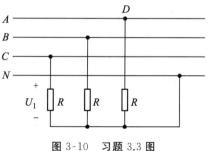

图 3-10　习题 3.3 图

3.4 有一台三相电阻炉,各相负载的额定电压均为 220 V,当电源线电压为 380 V 时,此电阻炉应接成( )形.
(a) Y　　　　　　　　　(b) △　　　　　　　　　(c) Y 或 △

3.5 已知对称三相四线制电源的相电压 $u_B = 10\sin(\omega t - 60°)$ V,相序为 A—B—C,试写出所有相电压和线电压的表达式.

3.6 已知 Y 形连接的对称三相纯电阻负载,每相阻值为 10 Ω;对称三相电源的线电压为 380 V.求负载相电流,并绘出电压、电流的相量图.

3.7 某一对称三相负载,每相的电阻 $R = 8$ Ω,$X_L = 6$ Ω,连成 △ 形,接于线电压为 380 V 的电源上,试求其相电流和线电流的大小.

3.8 如图 3-11 所示电路中,对称三相负载各相的电阻为 80 Ω,感抗为 60 Ω,电源的线电压为 380 V.当开关 S 投向上方和投向下方两种情况时,三相负载消耗的有功功率各为多少?

3.9 如图 3-12 所示,在 △ 形接法的三相对称电路中,已知线电压为 380 V,$R = 24$ Ω,$X_L = 18$ Ω.求线电流 $\dot{I}_A$、$\dot{I}_B$、$\dot{I}_C$,并画出相量图.

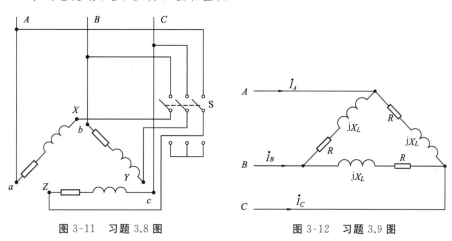

图 3-11　习题 3.8 图　　　　　　图 3-12　习题 3.9 图

3.10 一台三相异步电动机的输出功率为 4 kW,功率因数 $\lambda = 0.85$,效率 $\eta = 0.85$,额定相电压为 380 V,供电线路为三相四线制,线电压为 380 V.
(1) 问电动机应采用何种接法;
(2) 求负载的线电流和相电流;
(3) 求每相负载的等效复阻抗.

3.11 某工厂有三个车间,每一车间装有 10 盏 220 V 100 W 的白炽灯,用 380 V 的三相四线制供电.
(1) 画出合理的配电接线图;
(2) 若各车间的灯同时点燃,求电路的线电流和中线电流;
(3) 若只有两个车间用灯,求电路的线电流和中线电流.

3.12 已知电路如图 3-13 所示.电源电压 $U = 380$ V,每相负载的阻抗为 $R = X_L = X_C = 10$ Ω.
(1) 该三相负载能否称为对称负载? 为什么?
(2) 计算中线电流和各相电流.

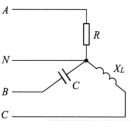

图 3-13　习题 3.12 图

第 4 章 半导体器件及放大电路

半导体器件是电子技术的重要组成部分,因其体积小、重量轻、功耗低等优点而得到广泛应用.本章介绍了与PN结有关的半导体基本知识以及二极管、三极管、稳压管和场效应管的工作原理、伏安特性及主要参数.还介绍了由分立元件组成的各种常用基本放大电路,讨论了它们的电路结构、工作原理、分析方法、电路的特点及应用等.本章是电子学部分的基础.

4.1 半导体基本知识

自然界中的物质,按照它们导电能力的强弱可分为导体、半导体和绝缘体三大类.凡容易导电的物质(如金、银、铜、铝、铁等金属物质)称为导体;不容易导电的物质(如玻璃、橡胶、塑料、陶瓷等)称为绝缘体;导电能力介于导体和绝缘体之间的物质(如硅、锗、硒等)称为半导体.

4.1.1 半导体的特性

半导体之所以得到广泛的应用,是因为它具有热敏性、光敏性、杂敏性等特殊性能.

1. 热敏性

半导体对温度的变化反应灵敏.当温度升高时,其电阻率减小,导电能力显著增强.利用半导体的这种热敏特性,可以制成各种热敏器件,用于温度变化的检测.但是,半导体器件对温度变化的敏感,也常常会影响其正常工作.

2. 光敏性

某些半导体材料受到光照时,其导电能力显著增强.利用半导体的这种光敏特性,可以制成各种光敏器件,如光敏电阻、光电管等.

3. 掺杂性(杂敏性)

在纯净的半导体材料中掺入某些微量元素后,其导电能力将猛增几十万到几百万倍.利用半导体的这种特性,可以制成各种不同的半导体器件,如二极管、三极管、场效应管、晶闸管等.

4.1.2 本征半导体

本征半导体是一种纯净的、具有完整晶体结构的半导体.常用的本征半导体是硅(Si)和锗

(Ge).它们都是 4 价元素,即在原子最外层轨道上各有 4 个价电子.其原子结构如图 4-1 所示.

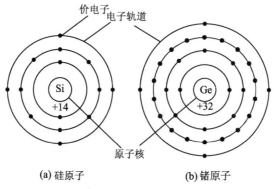

图 4-1　硅原子与锗原子结构图

下面以硅晶体为例来说明半导体的导电特性.

本征半导体硅晶体结构示意图如图 4-2 所示.各原子间整齐而有规则地排列着,使每个原子的最外层的 4 个价电子不仅受所属原子核的吸引,还受相邻 4 个原子核的吸引,每一个价电子都为相邻原子核所共用,形成了共价键结构.每个原子核最外层等效有 8 个价电子,满足了稳定条件.

本征半导体在温度为绝对零度(-273.15 ℃)时,其共价键中的价电子被束缚得很紧,不能成为自由电子,这时的半导体不导电,在导电性能上相当于绝缘体.但在获得一定能量(温度增高或受光照)后,共价键中的有些价电子就会挣脱原子核的束缚,成为自由电子.温度愈高,晶体中产生的自由电子便愈多.自由电子是本征半导体中一种可以参与导电的带电粒子,叫做载流子.

价电子挣脱共价键的束缚而成为自由电子后,在共价键中就留下一个空位,称为"空穴",也称为"载流子"(图 4-3).中性的原子因失去一个电子而带正电,同时形成了一个空穴,故也可以认为空穴带正电.

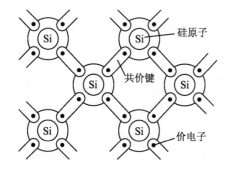 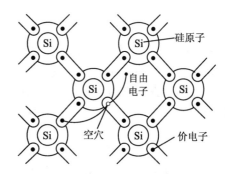

图 4-2　硅晶体共价键结构图　　　　　图 4-3　自由电子与空穴的形成

空穴的出现将吸引相邻原子的价电子离开它所在的共价键来填补这个空穴,因而这个相邻原子也因失去价电子而产生新的空穴.这个空穴又会被相邻的价电子填补而产生新的空穴,这种电子填补空穴的运动相当于带正电荷的空穴在运动,实际上,空穴是不动的,移动的只是价电子.于是空穴就可以被看作带正电荷的载流子.

在有外电场作用时,带负电的自由电子将逆着电场的方向做定向运动,形成电子电流;

带正电的空穴则顺着电场方向做定向运动(实际上是共价键中的价电子在运动),形成空穴电流.两部分电流方向相同,总电流为电子电流和空穴电流之和.

由此可见,半导体中有自由电子和空穴两种载流子,因而存在着电子导电和空穴导电两种导电方式.这是半导体导电的最大特点,也是在导电原理上和金属导电方式的本质区别.

由上述分析,外界的温度和光照变化将影响半导体内部载流子的数量,因此温度越高或光照越强,半导体的导电能力就越强.

在常温时,本征半导体虽然存在着自由电子和空穴两种载流子,但数目很少,因此导电能力很差.但如果在本征半导体中掺入微量的某种杂质后,其导电能力就可以增加几十万乃至几百万倍.

4.1.3 杂质半导体

在本征半导体中掺入微量的杂质元素,就能制成具有特定导电性能的杂质半导体.根据掺入杂质元素性质的不同,杂质半导体可分为 N 型半导体和 P 型半导体两大类.

1．N 型半导体

在本征半导体硅(锗)中掺入微量的五价元素,如磷(P),由于掺入磷的数量相对硅原子数量极少,所以本征半导体晶体结构不会改变,只是晶体结构中某些位置上的硅原子被磷原子取代,在磷原子的五个价电子中,只需四个价电子与相邻的四个硅原子组成共价键结构,多余的一个价电子不参加共价键,只受磷原子核的微弱吸引,很容易脱离磷原子而成为自由电子,磷原子则因失去了一个电子变成了正离子,称为空间电荷,如图 4-4(a)所示.每掺入一个磷原子就增加一个自由电子,由于掺入磷原子的绝对数量很多,因此自由电子的数量很多.这种半导体以自由电子导电为主,因而称为电子导电型半导体,简称 N 型半导体.其中自由电子为多数载流子,空穴为少数载流子.

2．P 型半导体

在本征半导体硅(锗)中掺入微量的三价元素,如硼(B),由于掺入硼的数量相对硅原子数量极少,所以本征半导体晶体结构不会改变,只是晶体结构中某些位置上的硅原子被硼原子取代,而硼原子只能提供三个价电子,它与相邻的四个硅原子组成共价键时,必有一个共价键因缺少一个电子而出现空穴,这个空穴将吸引邻近的价电子来填补,因而使硼原子成为负离子(空间电荷),如图 4-4(b)所示.一个硼原子就增加一个空穴,由于掺入硼原子的绝对数量很多,因此空穴的数量很多,这种半导体以空穴导电为主,因而称为空穴导电型半导体,简称 P 型半导体.其中空穴为多数载流子,自由电子为少数载流子.

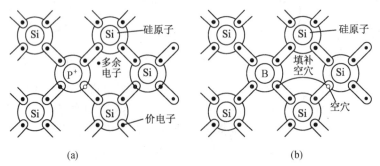

图 4-4 N 型半导体和 P 型半导体

4.1.4 PN 结及特性

N 型或 P 型半导体的导电能力虽然比本征半导体大大增强,但仅用其中一种材料还不能直接制成半导体器件.通常是在一块晶片上,采取一定的掺杂工艺措施,在两边分别形成 P 型半导体和 N 型半导体,在两者的交界处就形成一个特殊的薄层,这个薄层就称为 PN 结.PN 结是构成各种半导体器件的基础.

1. PN 结的形成

如图 4-5 所示是一块晶片(硅或锗),两边分别形成 P 型半导体和 N 型半导体.图中⊖代表得到一个电子的三价杂质(如硼)离子,⊕代表失去一个电子的五价杂质(如磷)离子.由于 P 型半导体有大量的空穴和少量的电子,N 型半导体有大量的电子和少量的空穴,P 型半导体和 N 型半导体交界面两侧的电子和空穴浓度相差很大.因此空穴要向 N 区扩散,自由电子也要向 P 区扩散(所谓扩散运动就是物质从浓度大的地方向浓度小的地方运动).扩散的结果在 P 区中靠近交界面的一边出现一层带负电荷的离子区,在 N 区中靠近交界面的一边出现一层带正电荷的离子区.于是在交界面附近形成一个空间电荷,这个空间电荷区就是 PN 结.

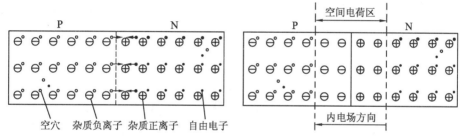

图 4-5 PN 结的形成及内电场

正负电荷在交界面两侧形成一个内电场,方向由 N 区指向 P 区.内电场对多数载流子的扩散运动起阻挡作用,但又可以推动少数载流子(P 区的自由电子和 N 区的空穴)越过空间电荷区进入到另一侧.这种少数载流子在内电场作用下的运动称为漂移运动.PN 结内电场的电位差约为零点几伏,宽度一般为几微米到几十微米.

2. PN 结的单向导电性

PN 结在无外加电压的情况下,扩散运动和漂移运动处于动态平衡.如果在 PN 结两端加上电压,就会打破载流子扩散运动和漂移运动的动态平衡状态.

(1) 外加正向电压——正偏导通.

给 PN 结加上正向电压,即外电源的正极接 P 区,负极接 N 区(称正向连接或正向偏置),如图 4-6(a)所示.由图可见,外电场将推动 P 区多子(空穴)向右扩散,N 区的多子(电子)向左扩散,使空间电荷区变薄,因而削弱了内电场,这将有利于扩散运动的进行,从而使多数载流子顺利通过 PN 结,形成较大的正向电流,由 P 区流向 N 区.这时 PN 结对外呈现较小的阻值,处于正向导通状态.

(2) 外加反向电压——反偏截止.

将 PN 结按如图 4-6(b)所示方式连接,给 PN 结加上反向电压,即外电源的正极接 N 区,负极接 P 区(称 PN 结反向偏置).由图可见,外电场方向与内电场方向一致,它将 N 区的多子(电子)从 PN 结附近拉走,将 P 区的多子(空穴)从 PN 结附近拉走,使 PN 结变厚,内电场增强,多数载流子的扩散运动更难进行,但使少数载流子的漂移运动增强.由于漂移运动是少子运动,因而漂移电流很小,仅能形成很小的反向电流.这时 PN 结对外呈现很大的阻值.若忽略漂移电流,则可以认为 PN 结截止.

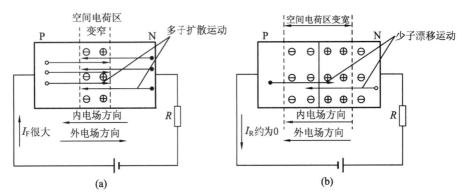

图 4-6 PN 结单向导电性原理

综上所述,PN 结正向偏置时,正向电流很大;PN 结反向偏置时,反向电流很小,这就是 PN 结的单向导电性.理想情况下,可认为 PN 结正向偏置时,电阻为零,PN 结正向导通;PN 结反向偏置时,电阻为无穷大,PN 结反向截止.PN 结所具有的这种特性称为"单向导电性".

4.2 半导体二极管

4.2.1 二极管的结构及符号

半导体二极管又称晶体二极管,简称二极管.在 PN 结两端接上相应的电极引线,外面用金属(或玻璃、塑料)管壳封装起来,就成为半导体二极管.常用的半导体二极管外形如图 4-7 所示.

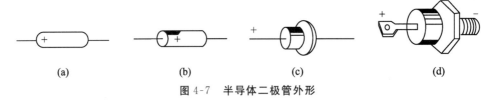

图 4-7 半导体二极管外形

二极管按结构可分为点接触型和面接触型两类.点接触型二极管的结构如图 4-8(a)所示.这类管的 PN 结面积和极间电容均很小,不能承受高的反向电压和大电流,因而适用于制作高频检波和脉冲数字电路里的开关元件,以及作为小电流的整流管.

面接触型二极管的结构如图 4-8(b)所示.这种二极管的 PN 结面积大,可承受较大的电流,其极间电容大,因而适用于整流电路,而不宜用于高频电路中.

二极管的图形符号如图 4-8(c)所示.

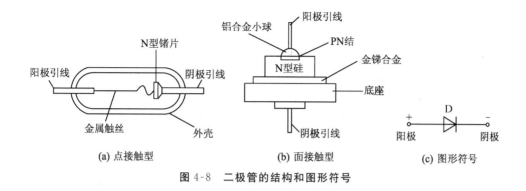

图 4-8 二极管的结构和图形符号

4.2.2 二极管的伏安特性

二极管的伏安特性就是加在二极管两端的电压与流过二极管的电流之间的关系,也就是 PN 结的伏安特性,是非线性的,如图 4-9 所示.

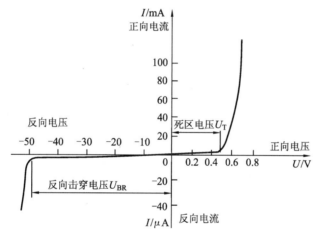

图 4-9 二极管的伏安特性曲线

1. 正向特性

当外加正向电压很低时,由于外电场还不能克服 PN 结内电场对多数载流子扩散运动的阻力,故正向电流很小,几乎为零.当正向电压超过一定值后,电流急剧上升,二极管处于正向导通.这个定值正向电压叫做死区电压 U_T.一般硅管的死区电压约为 0.5 V,锗管的死区电压约为 0.2 V.对理想二极管,认为 $U_T=0$.二极管正向导通后,二极管的阻值变得很小,其压降很小,一般硅管的正向压降约为 0.6~0.7 V,锗管的正向压降约为 0.2~0.3 V.对理想二极管,认为正向压降为 0.

2. 反向特性

当二极管加反向电压时,由少数载流子漂移而形成的反向电流很小,且在一定电压范围内基本上不随反向电压的变化而变化,处于饱和状态,故这一段的电流称为反向饱和电流.对理想二极管,认为反向饱和电流为零,二极管处于反向截止状态.

3. 反向击穿特性

当反向电压增加到一定值时,反向电流突然急剧增加,二极管失去单向导电性,这种现象称为击穿.产生反向击穿时加在二极管上的反向电压称为反向击穿电压U_{BR}.反向击穿包括电击穿和热击穿:电击穿指反向电压去除后,二极管能恢复原来的性能;热击穿指反向电压去除后,二极管不能恢复原来的性能,即烧坏.

4.2.3 二极管的主要参数

二极管的参数是表征二极管的性能及其适用范围的数据,是选择和使用二极管的重要参考依据.二极管的主要参数有下面几个.

1. 最大整流电流 I_{OM}

它是指二极管长时间使用时,允许通过二极管的最大正向平均电流.

2. 最高反向工作电压 U_{RWM}

它是指二极管不被击穿所允许的最高反向电压,一般是反向击穿电压的 $\frac{1}{2}$ 或 $\frac{2}{3}$.

3. 最大反向电流 I_{RM}

它是指二极管加最高反向工作电压时的反向电流.反向电流越小,管子的单向导电性越好.硅管的反向电流较小,一般只有几微安;锗管的反向电流较大,一般在几十至几百微安之间.

理想二极管是指当二极管正向导通时,二极管两极间的电压为零,即管压降为零,二极管的正向电阻为零;当二极管加上反向电压时,二极管的反向电流为零,二极管的反向电阻为无穷大.

使用理想二极管的概念,在对某些电路进行分析和计算时,有简单与方便的优点,并且分析和计算的结果与实际情况相差甚小.

例 4-1 二极管电路如图 4-10 所示,设二极管是理想二极管.试判断电路中的二极管是导通还是截止,计算电压 U_{ab}.已知 $E_1=10$ V,$E_2=15$ V.

解 在图 4-10 中,如以 b 点为电位参考点,$V_b=0$,则二极管的阳极电位为 -10 V,而阴极电位低于 -10 V,所以二极管导通.因为是理想二极管,不计二极管的管压降,所以 $U_{ab}=-E_1=-10$ V.

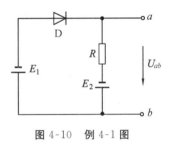

图 4-10 例 4-1 图

4.2.4 特殊用途二极管——稳压管

稳压管是一种特殊的半导体二极管,其结构和普通二极管一样,实质上也是一个 PN 结.特殊之处在于它工作在反向击穿状态.应用时它在电路中与适当数值的电阻配合[图 4-11(a)]后能起稳定电压的作用,故称为稳压管.其符号如图 4-11(b)所示.

1. 稳压管的伏安特性

稳压二极管的伏安特性与普通二极管类似,其主要差别是稳压管的反向特性曲线比较陡,如图 4-11(c)所示.

由反向特性曲线可以看出,反向电压在一定范围内变化时,反向电流很小.当反向电压增高到击穿电压时,反向电流突然剧增,稳压管反向击穿.此时,反向电流虽然在很大范围内变化,但稳压管两端的电压变化很小,利用这一特性,稳压管在电路中能起稳压作用.

稳压管与一般二极管不一样,它的反向击穿是可逆的.当去掉反向电压后,稳压管又恢复到未击穿时的状态.但是,如果反向电流超过允许范围,稳压管将损坏.

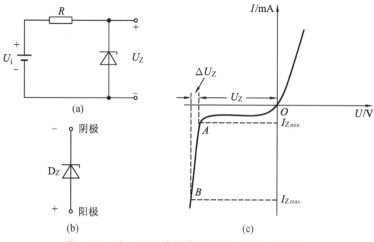

图 4-11　稳压二极管的伏安特性曲线及图形符号

2. 稳压管的主要参数

(1) 稳定电压 U_Z.

稳定电压 U_Z 就是稳压管的反向击穿电压,也就是稳压管在正常的反向击穿工作状态下管子两端的电压.由于制造工艺的原因,同一型号稳压管的 U_Z 并不完全相同,具有一定的分散性.所以在手册中给出的是某一型号管子的稳定电压范围,使用时要进行测试,按需要挑选.例如,2CW18 稳压管的稳压值为 10~12 V.

(2) 稳定电流 I_Z.

稳定电流 I_Z 是指稳压管在稳定电压时的工作电流,其范围为 $I_{Zmin} \sim I_{Zmax}$.最小稳定电流 I_{Zmin} 是指稳压管进入反向击穿区时的转折点电流.最大稳定电流 I_{Zmax} 是指稳压管长期工作时允许通过的最大反向电流.

(3) 最大耗散功率 P_{Zmax}.

最大耗散功率 P_{Zmax} 是指稳压管工作时允许承受的最大功率,其值为 $P_{Zmax}=U_Z I_{Zmax}$.

(4) 动态电阻 r_Z.

动态电阻 r_Z 是指稳压管在正常工作时其电压的变化量与相应的电流变化量的比值,即

$$r_Z = \frac{\Delta U_Z}{\Delta I_Z}.$$

稳压管的反向特性曲线愈陡,则动态电阻 r_Z 就愈小,稳压性能就愈好.

(5) 温度系数 α_U.

α_U 表明稳压管的稳定电压 U_Z 受温度变化影响的大小.

例 4-2　在图 4-12 中稳压管的稳定电压为 12 V,允许最大稳定电流为 18 mA,求通过稳压管的 I_Z 为多少?限流电阻 $R=1.6$ kΩ是否合适?

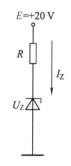

图 4-12　例 4-2 图

解 $$I_Z = \frac{E - U_Z}{R} = \frac{20-12}{1.6} \text{ mA} = 5 \text{ mA}$$

$I_Z < I_{Zmax}$，电阻合适.

4.3 半导体三极管

半导体三极管常简称为晶体管或三极管，是一种重要的半导体器件.常见三极管的外形如图 4-13 所示.

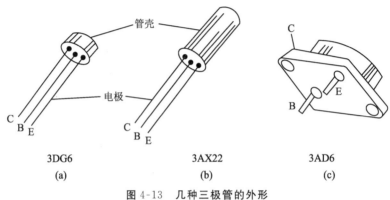

图 4-13 几种三极管的外形

4.3.1 三极管的结构及符号

三极管的结构，最常见的有平面型和合金型两种.图 4-14(a)为平面型(主要为硅管)、图 4-14(b)为合金型(主要为锗管)，都是通过一定的工艺在一块半导体基片上制成两个 PN 结，再引出三个电极，然后用管壳封装而成.

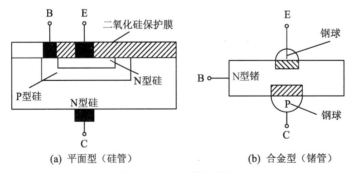

图 4-14 三极管芯结构

不论是平面型还是合金型，内部都是由 NPN 或 PNP 三层半导体材料构成的，因此又把晶体管分为 NPN 型和 PNP 型两类.其结构示意图如图 4-15 所示.图 4-15(a)为 NPN 型，图 4-15(b)为 PNP 型.

NPN 型和 PNP 型两类三极管都由基区、发射区、集电区组成，每个区分别引出一个电极，即基极 B、发射极 E、集电极 C，每个管子有两个 PN 结，基区和集电区之间的结称为集电结,基区和发射区之间的结称为发射结.

晶体管各区的主要特点是:基区掺杂浓度低且很薄,发射区的掺杂浓度高,集电区掺杂浓度较低但体积较大,因此发射区与集电区不能互换.

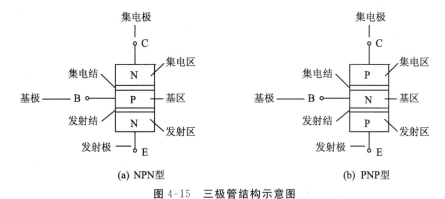

图 4-15　三极管结构示意图

NPN 型和 PNP 型的电路图形符号如图 4-16 所示.图中箭头方向表示发射结导通时的电流方向.

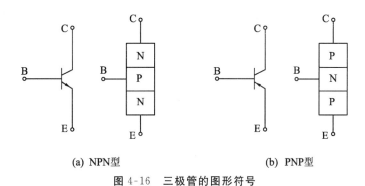

图 4-16　三极管的图形符号

4.3.2　三极管的电流分配关系

三极管的主要作用是电流放大作用和开关作用.

三极管的基本放大电路如图 4-17 所示.

基极电源 E_B、基极电阻 R_B、基极 B 和发射极 E 组成输入回路.

集电极电源 E_C、集电极电阻 R_C、集电极 C 和发射极 E 组成输出回路,发射极 E 是公共电极.这种电路称为共发射极电路.

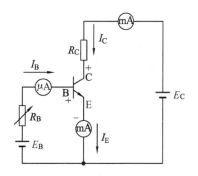

图 4-17　三极管的基本放大电路

电路中 $E_B < E_C$,电源极性如图所示,这样就保证了发射结加的是正向电压(正向偏置),集电结加的是反向电压(反向偏置),这是三极管实现电流放大作用的外部条件.

调整基极电阻 R_B,则基极电流 I_B、集电极电流 I_C 和发射极电流 I_E 都会发生变化.通过实验可得出如下结论.

① $I_E = I_B + I_C$.

三个电流之间的关系符合基尔霍夫电流定律.

② $I_C = \beta I_B$.

β 为电流放大倍数,一般为几十至几百.

由此可以看出,较小的基极电流 I_B 可以得到较大的集电极电流 I_C,这就是三极管的电流放大作用.

下面用载流子的运动来解释上述结论(以 NPN 型为例),如图 4-18 所示.

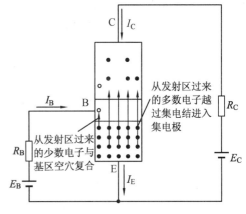

图 4-18 三极管中电流的分配

1. 发射区向基区扩散电子

由于发射结加了正向电压,发射区的多数载流子(自由电子)很容易越过发射结扩散到基区,并不断从电源补充进电子,形成发射极电流 I_E.

2. 电子在基区的扩散与复合

从发射区扩散到基区的自由电子在发射结附近与集电结附近由于浓度上的差别,将向集电结方向继续扩散.在扩散过程中,一部分自由电子将与基区中的空穴相遇而复合,形成基极电流 I_B.

3. 集电区收集从发射区扩散过来的电子

从发射区扩散到基区的自由电子在基区属于少数载流子,但数量很多,在集电结反向电压的作用下,很容易漂移过集电结被集电区收集,形成较大的集电极电流 I_C.

由上述分析可见,由发射区扩散到基区的自由电子,少部分与基区中的空穴相遇而复合,形成基极电流 I_B,绝大部分将越过集电结形成集电极电流 I_C.故 $I_E = I_B + I_C$.

4.3.3 三极管的伏安特性

三极管的特性曲线是指各极电压与电流之间的关系曲线,它是三极管内部载流子运动的外部表现.它反映三极管的性能,是分析放大电路的重要依据.因为三极管的共发射极接法应用最广,故以 NPN 管共发射极接法为例来分析三极管的特性曲线,图 4-19 所示为测量三极管特性的实验电路.

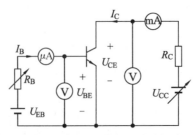

图 4-19 测量三极管特性的实验电路

由于三极管有三个电极,它的伏安特性曲线比二极管更复杂一些,工程上常用到的是它的输入特性和输出特性.

1. 输入特性曲线

当 U_{CE} 不变时,输入回路中的基极电流 I_B 与基极-发射极电压 U_{BE} 之间的关系曲线被称为输入特性曲线,即

$$I_B = f(U_{BE})\big|_{U_{CE}=常数}$$

当 $U_{CE} \geqslant 1$ V 时,在一定的 U_{BE} 条件下,集电结已反向偏置,且内电场已足够大,可以把从发射区扩散到基区的电子中的绝大多数拉到集电区.此时 U_{CE} 再继续增大,I_B 也就基本不变.因此 $U_{CE} \geqslant 1$ V 以后,不同 U_{CE} 值的各条输入特性曲线几乎重叠在一起.所以通常只画 $U_{CE} \geqslant 1$ V 的一条输入特性曲线,如图 4-20 所示.

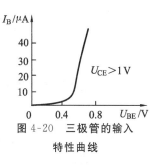

图 4-20 三极管的输入特性曲线

由三极管的输入特性曲线可看出:三极管的输入特性曲线是非线性的,当输入电压小于某一开启值时,三极管不导通,基极电流 I_B 为零,这个开启电压又叫做阈值电压或死区电压.只有当 U_{BE} 电压大于死区电压时,三极管才会出现 I_B.对于硅管,其死区电压约为 0.5 V;对于锗管,其死区电压约为 0.2 V.当管子正常工作时,发射结压降变化不大,对于硅管为 0.6~0.7 V,对于锗管为 0.2~0.3 V.

2. 输出特性曲线

当 I_B 不变时,输出回路中的电流 I_C 与电压 U_{CE} 之间的关系曲线称为输出特性曲线,即

$$I_C = f(U_{CE})\big|_{I_B=常数}$$

给定一个基极电流 I_B,就对应一条特性曲线,所以三极管的输出特性曲线是个曲线族,如图 4-21 所示.

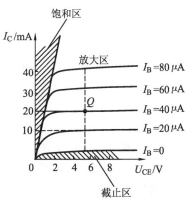

图 4-21 三极管的输出特性曲线

从输出特性曲线可以看出,它可以划分三个区:放大区、截止区、饱和区.

(1) 放大区.

输出特性曲线的近于水平部分是放大区.在放大区,I_B 与 I_C 成正比关系,满足 $I_C = \beta I_B$,与 U_{CE} 变化无关.三极管工作在放大区时,发射结正向偏置,集电结反向偏置.

(2) 截止区.

$I_B = 0$ 曲线以下的 I_C 约为零的区域称为截止区.当 $I_B = 0$ 时,$I_C = I_{CEO}$,由于穿透电流 I_{CEO} 很小,即 I_C 很小,输出特性曲线是一条几乎与横轴重合的直线.对 NPN 硅管而言,

$U_{BE}<0.5$ V 时即已开始截止,但为了可靠截止,常使 $U_{BE}<0$.因此,三极管工作在截止区的外部条件是发射结反向偏置,集电结也反向偏置.

(3) 饱和区.

当 $U_{CE}>0$、$U_{BE}>0$ 且 $|U_{CE}|<|U_{BE}|$ 时,集电结和发射结均处于正向偏置,I_B 的变化对 I_C 的影响较小,两者不成比例,这一区域称为饱和区.饱和时,集电极电流 I_C 基本恒定,$I_C \approx \dfrac{U_{CC}}{R_C}$.三极管工作在饱和区的外部条件是发射结正向偏置,集电结也正向偏置.

4.3.4 三极管的主要参数

三极管的参数是表征管子性能和安全运用范围的物理量,是正确使用和合理选择三极管的依据.三极管的参数较多,这里只介绍主要的几个参数.

1. 电流放大倍数

电流放大倍数的大小反映了三极管放大能力的强弱.

(1) 共发射极直流电流放大倍数 $\bar{\beta}$.

$\bar{\beta}$ 为三极管集电极电流 I_C 与基极电流 I_B 之比,即 $\bar{\beta}=\dfrac{I_C}{I_B}$.

(2) 共发射极交流电流放大倍数 β.

β 指集电极电流变化量与基极电流变化量之比,其大小体现了共发射极接法时三极管的放大能力,即

$$\beta = \dfrac{\Delta I_C}{\Delta I_B}\bigg|_{U_{CE}=\text{常数}}$$

因 $\bar{\beta}$ 与 β 的值几乎相等,故在应用中不再区分,均用 β 表示.

2. 极间反向电流

(1) 集电极-基极间的反向电流 I_{CBO}.

I_{CBO} 是指发射极开路时集电极-基极间的反向电流,也称为集电结反向饱和电流.温度升高时,I_{CBO} 急剧增大,温度每升高 10 ℃,I_{CBO} 增大一倍.选管时应选 I_{CBO} 小且 I_{CBO} 受温度影响小的三极管.

(2) 集电极-发射极间的反向电流 I_{CEO}.

I_{CEO} 是指基极开路时集电极-发射极间的反向电流,也称为集电结穿透电流.它反映了三极管的稳定性,其值越小,受温度影响也越小,三极管的工作就越稳定.它与集电结反向饱和电流 I_{CBO} 的关系为

$$I_{CEO}=(\bar{\beta}+1)I_{CBO}$$

3. 极限参数

三极管的极限参数是指在使用时不得超过的极限值,以此保证三极管的安全工作.

(1) 集电极最大允许电流 I_{Cmax}.

集电极电流 I_C 过大时,β 将明显下降,I_{Cmax} 为 β 下降到规定允许值(一般为额定值的 $\dfrac{2}{3}$)时的集电极电流.使用中若 $I_C>I_{Cmax}$,三极管不一定会损坏,但 β 明显下降.

(2) 反向击穿电压 $U_{(BR)CEO}$.

集电极-发射极 $U_{(BR)CEO}$ 是指基极开路时集电结不至于击穿,施加在集电极-发射极之间允许的最高反向电压.

(3) 集电极最大允许功率损耗 P_{Cmax}.

当集电极电流通过集电结时,要消耗功率而使集电结发热,若集电结温度过高,则会引起三极管参数变化,甚至烧坏三极管.因此,规定当三极管因受热而引起参数变化不超过允许值时集电极所消耗的最大功率为集电极最大允许功率损耗 P_{Cmax}.

根据管子的 P_{Cmax} 值,由 $P_{Cmax}=I_C U_{CE}$,可在三极管的输出特性曲线上作出 P_{Cmax} 曲线,称为集电极功耗曲线,如图 4-22 所示.

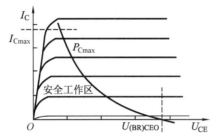

图 4-22 三极管集电极功耗曲线和安全工作区

由三个极限参数 I_{Cmax}、$U_{(BR)CEO}$、P_{Cmax} 可共同确定三极管的安全工作区,如图 4-22 所示.三极管必须保证在安全区内工作,并留有一定的余量.

4.4 场效应管

场效应管是一种较新型的半导体器件,其外形与普通晶体管相似,但两者的控制特性截然不同.普通晶体管是电流控制元件,通过控制基极电流达到控制集电极电流或发射极电流的目的,即信号源必须提供一定的电流才能工作,因此它的输入电阻较低,仅有 $10^2 \sim 10^4 \Omega$.场效应管则是电压控制元件,它的输出电流决定于输入端电压的大小,基本上不需要信号源提供电流,所以它的输入电阻很高,可高达 $10^9 \sim 10^{14} \Omega$.这是它的突出特点.此外,场效应管还具有热稳定性好、耗电少、易集成等优点,现在已被广泛应用于放大电路和数字电路中.

场效应管按其结构的不同可分为结型场效应管和绝缘栅型场效应管两种类型.绝缘栅型场效应管按其工作状态可以分为增强型与耗尽型两类,每类又有 N 沟道和 P 沟道之分.本节只介绍绝缘栅型场效应管,下面简单说明它们的结构、工作原理.

1. 增强型绝缘栅型场效应管

图 4-23 是 N 沟道增强型绝缘栅型场效应管的结构示意图.用一块杂质浓度较低的 P 型薄硅片作为衬底,其上扩散两个相距很近的高掺杂浓度的 N^+ 区,并在硅片表面生成一层薄薄的二氧化硅绝缘层.再在两个 N^+ 区之间的二氧化硅的表面及两个 N^+ 区表面分别安置三个电极:栅极 G、源极 S 和漏极 D.由此可见,栅极和其他电极及硅片之间是绝缘的,所以称为绝缘栅型场效应管,或称为金属-氧化物-半导体场效应管,简称 MOS 场效应管.由于栅极是绝缘的,栅极电流几乎为零,栅源电阻(输入电阻)R_{GS} 很高,最高可达 $10^{14}\Omega$.

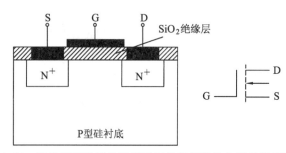

图 4-23　N 沟道增强型绝缘栅型场效应管的结构及其表示符号

从图 4-23 可见，N^+ 型漏区和 N^+ 型源区之间被 P 型衬底隔开，漏极和源极之间是两个背靠背的 PN 结，当栅-源电压 $U_{GS}=0$ 时，不管漏极和源极之间所加电压的极性如何，其中总有一个 PN 结是反向偏置，反向电阻很高，漏极电流 I_D 近似为零.

如果在栅极和源极之间加正向电压 U_{GS}，产生垂直于衬底表面的电场.由于二氧化硅绝缘层很薄，因此即使 U_{GS} 很小(如只有几伏)，也能产生很强的电场强度(可达 $10^5 \sim 10^6$ V/cm). P 型衬底中的电子受到电场力的吸引到达表层，除填补空穴形成负离子的耗尽层外，还在表面形成一个 N 型层，通常称它为反型层.它就是沟通源区和漏区的 N 型导电沟道(与 P 型衬底间被耗尽层绝缘). U_{GS} 正值越高，导电沟道越宽.形成导电沟道后，在漏极电源 E_D 的作用下，将产生漏极电流 I_D，管子导通，如图 4-25 所示.

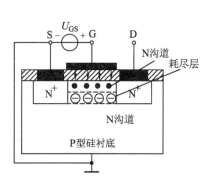
图 4-24　N 沟道增强型绝缘栅型场效应管导电沟道的形成

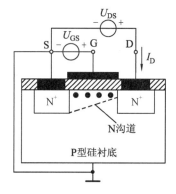
图 4-25　N 沟道增强型绝缘栅型场效应管的导通

在一定的漏-源电压 U_{DS} 下，使管子由不导通变为导通的临界栅-源电压称为开启电压，用 $U_{GS(th)}$ 表示.很明显，在 $0<U_{GS}<U_{GS(th)}$ 的范围内，漏、源极间沟道尚未联通，$I_D \approx 0$.只有当 $U_{GS}>U_{GS(th)}$ 时，随栅极电位的变化 I_D 也随之变化，这就是 N 沟道增强型绝缘栅型场效应管的栅极控制作用.图 4-26 和图 4-27 分别称为增强型绝缘栅型场效应管的转移特性曲线和漏极特性曲线.所谓转移特性，就是输入电压对输出电流的控制特性.MOS 管的特性曲线可分为可变电阻区、恒流区和夹断区，相当于三极管输出特性曲线的饱和区、放大区和截止区.

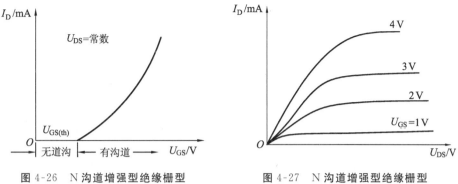

图 4-26　N 沟道增强型绝缘栅型
　　　　场效应管的转移特性曲线

图 4-27　N 沟道增强型绝缘栅型
　　　　场效应管的漏极特性曲线

图 4-28 为 P 沟道增强型绝缘栅型场效应管的结构示意图.它的工作原理与前一种相似,只是要调换电源的极性,电流的方向也相反.

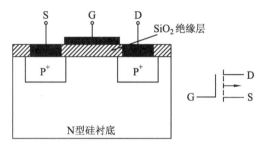

图 4-28　P 沟道增强型绝缘栅型场效应管的结构及其表示符号

2. 耗尽型绝缘栅型场效应管

上述的增强型绝缘栅型场效应管只有当 $U_{GS} > U_{GS(th)}$ 时才形成导电沟道,如果在制造管子时就使它具有一个原始导电沟道,这种绝缘栅型场效应管就属于耗尽型,以与增强型区别.图 4-29 是 N 沟道耗尽型绝缘栅型场效应管的结构示意图.在

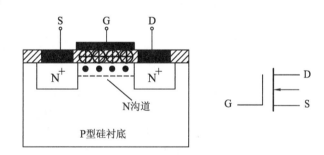

图 4-29　N 沟道耗尽型绝缘栅型场效应管的结构及其表示符号

制造时,在二氧化硅绝缘层中掺入大量的正离子,因而在两个 N^+ 区之间便感应出较多电子,形成原始导电沟道.与增强型相比,它的结构变化不大,但其控制特性却有明显改进.在 U_{DS} 为常数的条件下,当 $U_{GS}=0$ 时,漏、源极间已可导通,流过的是原始导电沟道的漏极电流 I_{DSS}.当 $U_{GS}>0$ 时,在 N 沟道内感应出更多的电子,使沟道变宽,所以 I_D 随 U_{GS} 的增大而增大.当加反向电压时,在沟道内感应出一些正电荷与电子复合,使沟道变窄,I_D 减小;U_{GS} 负值愈高,沟道愈窄,I_D 也就愈小.当 U_{GS} 达到一定负值时,导电沟道内的载流子(电子)因复合而耗尽,沟道被夹断,$I_D \approx 0$,这时的 U_{GS} 称为夹断电压,用 $U_{GS(off)}$ 表示.图 4-30 和图 4-31 分别为 N 沟道耗尽型绝缘栅型场效应管的转移特性曲线和漏极特性曲线.可见,耗尽型绝缘栅型场效应管不论栅-源电压 U_{GS} 是正、是负、还是零,都能控制漏极电流 I_D,这个特点使它

的应用具有较大的灵活性.一般情况下,这类管子还是工作在负栅-源电压的状态.

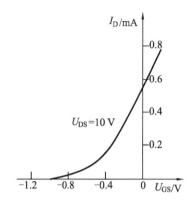

图 4-30 N 沟道耗尽型绝缘栅型
场效应管的转移特性曲线

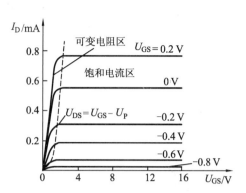

图 4-31 N 沟道耗尽型绝缘栅型
场效应管的漏极特性曲线

实验表明,在 $U_{GS(off)} \leqslant U_{GS} \leqslant 0$ 范围内,耗尽型绝缘栅型场效应管的转移特性可近似用下式表示:

$$I_D = I_{DSS} \left(1 - \frac{U_{GS}}{U_{GS(off)}}\right)^2$$

以上分别介绍了 N 沟道增强型和耗尽型绝缘栅型场效应管,它们的主要区别就在于是否有原始导电沟道.所以,如果要判别一个没有型号的绝缘栅型场效应管是增强型还是耗尽型,只要检查它在 $U_{GS}=0$ 时,在漏、源极间加电压是否能导通,就可作出判别.

实际上,不但 N 沟道绝缘栅型场效应管有增强型与耗尽型之分,而且 P 沟道绝缘栅型场效应管也有增强型和耗尽型之分.所以绝缘栅型场效应管可分为下列四种:

$$\text{绝缘栅型场效应管}\begin{cases}\text{N 沟道}\begin{cases}\text{增强型(如 3DO6)}\\\text{耗尽型(如 3DO1)}\end{cases}\\\text{P 沟道}\begin{cases}\text{增强型(如 3CO1)}\\\text{耗尽型(如 CS1)}\end{cases}\end{cases}$$

对于不同类型的绝缘栅型场效应管必须注意所加电压的极性.

绝缘栅型场效应管的主要参数除上述的 I_{DSS}、$U_{GS(off)}$、U_{GS}、R_{GS} 等外,还有一个表示场效应管放大能力的参数,它是跨导,用符号 g_m 表示.跨导是当漏-源电压 U_{DS} 为常数时,漏极电流的增量 ΔI_D 对引起这一变化的栅-源电压 ΔU_{GS} 的增量的比值,即

$$g_m = \frac{\Delta I_D}{\Delta U_{GS}}\Big|_{U_{DS}}$$

跨导是衡量场效应管栅-源电压对漏极电流控制能力的一个重要参数,相当于三极管的电流放大系数 β,它的单位是西门子(S).

使用绝缘栅型场效应管时除注意不超过漏-源击穿电压 $U_{DS(BR)}$、栅-源击穿电压 $U_{GS(BR)}$ 等极限值外,还需要特别注意可能出现栅极感应电压过高而造成绝缘层的击穿问题.为了避免这种损坏,在保存时必须将三个电极短接;在电路中栅、源间应有直流通路;焊接时应使电烙铁有良好的接地.

4.5 基本放大电路

在电子技术中,放大电路的应用是非常广泛的,利用三极管的电流放大作用可以组成放大电路.放大电路能将微弱的信号放大,在放大电路的输出端获得一定电压或功率的输出.例如,常用的扩音机就是一个电压和功率放大电路.人们的说话声经过拾音器转变成很微弱的电信号,这个微弱的电信号通过扩音机内的放大电路得到放大,推动扬声器发出音量很强的声音.

4.5.1 共发射极基本放大电路

1. 基本组成

图 4-32 是单管共发射极接法的基本交流放大电路.图中 AO 端子是放大电路的输入端,EO 为放大电路的输出端,E_S 为信号源的等效电动势,R_S 为信号源的等效内阻.放大电路的实际输入电压为 u_i,R_L 为放大电路输出端的负载电阻.放大电路的负载如扬声器、继电器或下一级放大电路等,这些负载一般可用一个等效电阻 R_L 来代表.电路中各元件作用如下:

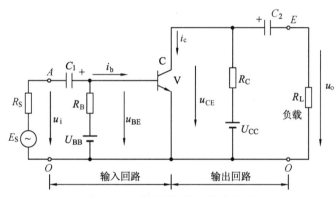

图 4-32 共发射极基本放大电路

(1) 半导体三极管 V.

三极管是放大电路的核心元件,它在电路中起电流放大以及能量控制作用.因为放大电路输入能量很小,而输出能量是较大的,输出的能量来自直流电源.能量较小的输入信号通过三极管的控制作用去控制电源所供给的能量,在输出端就能获得一个能量较大的信号.所以三极管也是一个能量转换控制元件.

(2) 集电极电源 U_{CC}.

电源 U_{CC} 为输出信号提供能量,同时它还使得三极管的集电结处于反向偏置,使三极管能起到放大的作用.U_{CC} 一般为几伏到几十伏.

(3) 集电极负载电阻 R_C.

集电极负载电阻简称集电极电阻.R_C 的作用是将集电极电流的变化转换为电压的变化,以实现电压的放大.R_C 的值一般为几千欧到几十千欧.

(4) 基极直流电源 U_{BB} 和基极电阻 R_B.

U_{BB} 和 R_B 的作用是使发射结处于正向偏置并向三极管提供大小适当的基极电流,使放大电路有合适的静态工作点. U_{BB} 一般为几伏, R_B 一般为几十至几百千欧. R_B 又称基极偏置电阻.

(5) 耦合电容 C_1 和 C_2.

C_1 和 C_2 有隔断直流和沟通交流的作用. C_1 隔断信号源和放大电路之间的直流通路,但能使交流信号输入放大电路. 这种交流的沟通称为耦合. C_2 隔断放大电路的输出与负载间的直流通路,同时放大电路的交流输出信号可以通过 C_2 输出到负载 R_L 上.

C_1、C_2 一般采用电解电容器. 电解电容器电容量较大, 使 C_1、C_2 对交流信号的容抗很小, 近似为零. C_1 和 C_2 的电容值一般为几微法到几十微法. 电解电容器有极性, 连接时要注意.

2. 放大电路的工作过程

需要放大的交流信号电压 u_i 接在放大电路的输入端 AO, 由于 C_1 的容抗很小, 在 C_1 上交流电压降可以不计, 相当于 u_i 直接加在三极管 V 的基极和发射极之间. 由三极管的输入特性可知, u_i 的瞬时值变化(以下简称 u_i 的变化)引起基极电流 i_b 作相应的变化, 通过 V 的放大作用, 三极管集电极电流 i_c 也随之变化, i_c 的变化在 R_C 上产生电压变化, 从而使集电极-发射极之间的电压 u_{ce} 发生变化, u_{ce} 的变化通过电容 C_2 送到放大电路的负载电阻 R_L 上, 从而实现信号电压的放大.

3. 放大电路的简化及放大电路的习惯画法

在图 4-32 中, 电源 U_{CC} 和 U_{BB} 的负极是接在一起的, 若使 $U_{CC} = U_{BB}$, 则两个电源的正极也可接在一起, U_{CC}、U_{BB} 合并成一个电源, 如图 4-33(a) 所示.

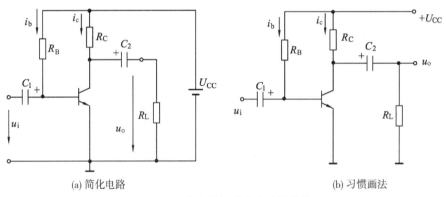

(a) 简化电路　　　　　　　　　　　　　(b) 习惯画法

图 4-33　共发射极放大电路的简化

放大电路的习惯画法如图 4-33(b) 所示. 放大电路的输入电压、输出电压及直流电源有一个公共端, 三极管发射极也接在这个公共端上, 这个公共端用符号"⊥"表示, 作为电位的参考点. 电路中点的电位是相对这个公共端而言的. 对于直流电源的习惯画法是在与电源正极相连的一端标写电源电压值并标出电源的极性.

4.5.2　放大电路中各电分量表示方法

在放大电路中有直流分量、交流分量、瞬时值、有效值及最大值等参数, 各符号表示如下:

1. 直流分量

用大写字母和大写下标表示. 如 I_B 表示基极的直流电流.

2. 交流分量

用小写字母和小写下标表示. 如 i_b 表示基极的交流电流.

3. 交直流分量

表示直流分量和交流分量之和,即交流叠加在直流上,用小写字母和大写下标表示.如 $i_B = I_B + i_b$ 表示基极电流总的瞬时值.

4. 交流有效值

用大写字母和小写下标表示.如 I_b 表示基极的正弦交流电流的有效值.

5. 交流最大值

用交流有效值符号再增加小写 m 下标表示.如 I_{bm} 表示基极交流电流的最大值.

4.5.3 静态分析

放大电路中没有交流输入信号,即 $u_i = 0$ 时的工作状态,称为静态工作状态,简称静态.这时电路中仅有直流电源作用,电路中的电流和电压值均为直流,叫做静态值.

静态时电路中的 I_B、I_C、U_{CE} 的数值称为放大电路的静态工作点.静态分析的目的就是确定放大电路的静态工作点.静态工作点可用放大电路的直流通路来计算.

图 4-34 是如图 4-33 所示放大电路的直流通路.由于电容在直流电源的作用下相当于开路,它包含有两个回路:由直流电源 U_{CC}、基极电阻 R_B、三极管组成的基-射极基极回路;由直流电源 U_{CC}、集电极电阻 R_C、三极管组成的集-射极集电极回路.

由如图 4-34 所示的基极回路,根据 KVL 定律,可求出静态时的基极电流 I_B.

$$U_{CC} = R_B I_B + U_{BE}$$

$$I_B = \frac{U_{CC} - U_{BE}}{R_B} \approx \frac{U_{CC}}{R_B} \quad (4-1)$$

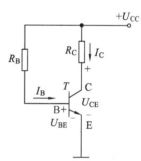

图 4-34 放大电路的直流通路

由式(4-1)可知,基极电流 I_B 主要由 U_{CC} 和 R_B 决定.显然,当 U_{CC} 和 R_B 确定后,基极电流 I_B 就近似为一固定值,因此,常把这种电路称为固定式偏置放大电路,I_B 称为固定偏置电流,R_B 称为固定偏置电阻.

在式(4-1)中,U_{BE} 为三极管发射结的正向压降,硅管约为 0.6 V,比 U_{CC}(一般为几伏至几十伏)小得多,故一般可忽略不计.

由 I_B 得出静态时的集电极电流

$$I_C = \beta I_B \quad (4-2)$$

由图 4-34 的集电极回路,根据 KVL 定律,得出静态时的集-射极电压 U_{CE} 为

$$U_{CE} = U_{CC} - I_C R_C \quad (4-3)$$

根据式(4-1)、式(4-2)和式(4-3),就可以求出放大电路的静态工作点 I_B、I_C、U_{CE}.

另外,静态工作点还可以通过图解法来确定,关于图解法的相关内容读者可参考相关书籍.

例 4-3 在图 4-35 中,已知 $U_{CC} = 12$ V,$R_B = 300$ kΩ,$R_C = 4$ kΩ,$\beta = 37.5$,试求放大电路的静态工作点.

解 根据图 4-34 所示的直流通路图可得出

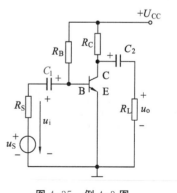

图 4-35 例 4-3 图

$$I_B = \frac{U_{CC}}{R_B} = \frac{12}{300 \times 10^3} \text{ A} = 0.04 \times 10^{-3} \text{ A} = 0.04 \text{ mA}$$

$$I_C = \beta I_B = 37.5 \times 0.04 \text{ mA} = 1.5 \text{ mA}$$

$$U_{CE} = U_{CC} - I_C R_C = (12 - 1.5 \times 4) \text{ V} = 6 \text{ V}$$

4.5.4 动态分析

1. 放大电路的动态工作情况

在上述静态的基础上,放大电路接入交流输入信号 u_i,这时放大电路的工作状态称为动态.

动态分析就是在静态值确定后,分析交流信号在放大电路中的传输情况,即分析电路中各个电压、电流随输入信号变化的情况.

交流信号在放大电路中的传输通道称为交流通路.

画交流通路的原则是:在交流信号频率范围内,电路中耦合电容的容抗很小,对交流电可视为短路;直流电源的内阻很小,可以忽略,视为短路.按此原则画出如图 4-36(a)所示电路的交流通路,如图 4-36(b)所示.

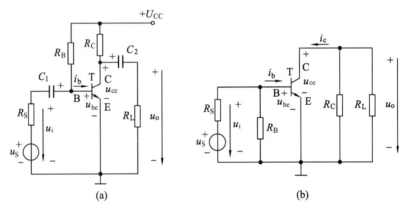

图 4-36 放大电路的交流通路

设输入信号电压是正弦交流电压 $u_i = U_{im}\sin\omega t$,如图 4-37(a)所示.这时用示波器可观察到放大电路各个电压、电流的波形,如图 4-37 所示.

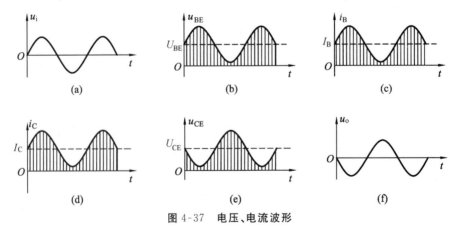

图 4-37 电压、电流波形

$$u_{BE}=U_{BE}+u_{be}=U_{BE}+U_{im}\sin\omega t \tag{4-4}$$

$$i_B=I_B+i_b=I_B+I_{bm}\sin\omega t \tag{4-5}$$

$$i_C=I_C+i_c=I_C+I_{cm}\sin\omega t \tag{4-6}$$

$$u_{CE}=U_{CE}+u_{ce}=U_{CE}+U_{cem}\sin(\omega t+\pi) \tag{4-7}$$

由于耦合电容的隔直作用,放大电路的输出电压为

$$u_o=u_{ce}=U_{cem}\sin(\omega t+\pi) \tag{4-8}$$

综上所述可知:

① 放大电路在动态时各个总电流和电压是直流分量和交流分量的线性叠加.

② 电路中的 i_b、i_c、u_{be} 与 u_i 同相位,而 u_o 的波形与 u_i 反相.输出电压 u_o 与输入电压 u_i 相位相反,这是单管共发射极放大电路的重要特点.

需要说明的是:第一,输入电压 u_i 与输出电压 u_o 也是存在一定大小关系的,这可以通过下面的微变等效电路法或图解法求出,本书中主要讲解微变等效电路法,对于图解法读者请自行参考相关资料;第二,在放大过程中可能会引起输出电压波形与输入信号波形不同,这种情况称为放大电路的非线性失真,引起失真的原因主要是静态工作点选择不合理,由于静态工作点不合适造成的失真可分为饱和失真和截止失真.

在图 4-38 中,静态工作点 Q_2 的位置太低,放大电路进入截止区,i_{C1} 的负半周电流不随 i_{b1} 而变化,形成放大电路的截止失真.消除截止失真的方法是减小偏置电阻 R_B,将 I_B 增大,使静态工作点上移.

在图 4-38 中,静态工作点 Q_1 的位置太高,放大电路进入饱和区,i_{C2} 的正半周电流不随 i_{b2} 而变化,形成放大电路的饱和失真.消除饱和失真的方法是适当增大偏置电阻 R_B,将 I_B 减小,使静态工作点下移.

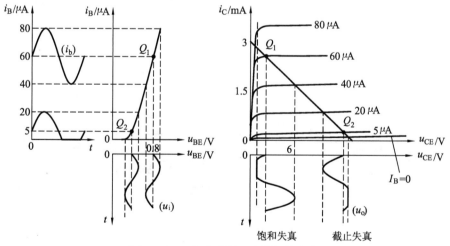

图 4-38 工作点选择不当引起的失真

此外,如果输入信号 u_i 的幅值太大,虽然静态工作点的位置合适,放大电路也会因工作范围超过特性曲线的放大区而同时产生截止失真和饱和失真.

因此,为了避免非线性失真,放大电路必须有一个合适的静态工作点,输入信号的幅值也不能过大.

2. 微变等效电路

放大电路的主要作用是将微弱的输入信号放大到较大的输出信号.有时要计算输出电压与输入电压的比值,即放大倍数 A_u,这时用微变等效电路求解比较方便.

所谓微变等效电路,就是把由非线性元件晶体管组成的放大电路等效为线性电路,其中主要是把晶体管用一个线性元件的组合来等效,即晶体管的线性化.

只有在小输入信号的情况下才能采用微变等效电路.微变等效电路是在交流通路的基础上建立的,只能用来分析交流动态、计算交流分量.

(1) 晶体管微变等效电路.

① 输入端等效.

图 4-39(a)是三极管的输入特性曲线,是非线性的.如果输入信号很小,在静态工作点 Q 附近的工作段可近似地认为是直线,即是线性的.当 u_{BE} 有一微小变化 ΔU_{BE} 时,基极电流变化 ΔI_B,两者的比值称为三极管的动态输入电阻,用 r_{be} 表示.即

$$r_{be} = \frac{\Delta U_{BE}}{\Delta I_B} \qquad (4-9)$$

也可认为,在小输入信号时,基-射极间的电压与电流成正比,这个比值称为晶体管的输入电阻,即

$$r_{be} = \frac{u_{be}}{i_b}$$

同一个晶体管,静态工作点不同,r_{be} 值也不同.低频小功率管的输入电阻常用下式估算:

$$r_{be} = \left[300 + (1+\beta)\frac{26}{I_E}\right]\Omega \qquad (4-10)$$

式中,I_E 为发射极静态电流,单位为 mA,r_{be} 的值一般为几百欧到几千欧.它是一个动态电阻.

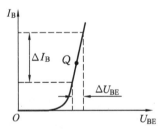
(a) 三极管的输入特性曲线

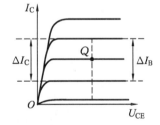
(b) 三极管的输出特性曲线

图 4-39　三极管线性化变换

② 输出端等效.

图 4-39(b)是三极管的输出特性曲线族,当输入信号很小时,输出特性曲线在放大区域内可认为呈水平线,集电极电流的微小变化 ΔI_C 仅与基极电流的微小变化 ΔI_B 有关,而与电压 U_{CE} 无关,故集电极和发射极之间可等效为一个受 i_b 控制的电流源,即

$$\beta = \frac{\Delta I_C}{\Delta I_B} \approx \frac{i_c}{i_b}$$

即可认为,i_c 的大小主要与 i_b 的大小有关,二者呈线性关系,即 $i_c = \beta i_b$.

因此晶体管的输出回路可用一个受控电流源 $i_c = \beta i_b$ 来等效代替.

由上述方法得到的如图 4-40(a)所示的晶体管的微变等效电路如图 4-40(b)所示.

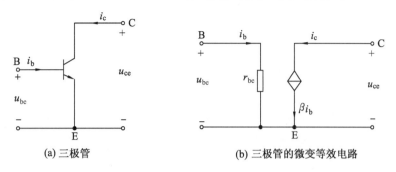

图 4-40　晶体管的微变等效电路

(2) 放大电路微变等效电路的画法.

对小信号输入放大电路进行动态分析时,要画出放大电路的微变等效电路.方法是:首先画出放大电路的交流通路图,再将晶体管用其微变等效电路代替,即得到放大电路微变等效电路.图 4-41(a)是固定偏置放大电路,图 4-41(b)是放大电路的微变等效电路图(电流、电压为相量形式).

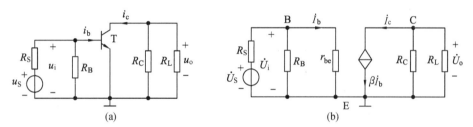

图 4-41　放大电路的微变等效电路

(3) 电压放大倍数的计算.

下面以图 4-36(a)所示交流放大电路为例,用它的微变等效电路图 4-41(b)来进行电压放大倍数、输入电阻、输出电阻的计算.

放大电路的电压放大倍数 A_u 是输出电压与输入电压的相量之比,即

$$A_u = \frac{\dot{U}_o}{\dot{U}_i} \tag{4-11}$$

由图 4-41(b)输入回路可得

$$U_i = I_b r_{be} \quad 或 \quad U_i = \frac{U_S \cdot r_i}{R_S + r_i}$$

$$U_o = -I_c R_L' = -\beta I_b R_L'$$

其中 $R_L' = \dfrac{R_C R_L}{R_C + R_L}$.

所以电压放大倍数

$$A_u = \frac{\dot{U}_o}{\dot{U}_i} = -\beta \frac{R_L'}{r_{be}} \tag{4-12}$$

式中,R_L' 称为等效负载电阻,r_{be} 为晶体管的输入电阻.式中负号表示输入电压与输出电压

相位相反.

若 $R_L = \infty$,即不接 R_L 时,$R_L' = R_C$,此时电压放大倍数

$$A_u = -\beta \frac{R_C}{r_{be}} \tag{4-13}$$

不接 R_L 比接 R_L 时的电压放大倍数要高,R_L 愈小,电压放大倍数 A_u 愈低.

(4) 放大电路输入电阻的计算.

放大电路对信号源来说,是一个负载,故可用一个等效电阻来代替.这个电阻就是从放大电路输入端看过去的放大电路本身的电阻,称为放大电路的输入电阻 r_i,即

$$r_i = \frac{\dot{U}_i}{\dot{I}_i} = \frac{R_B \cdot r_{be}}{R_B + r_{be}} \tag{4-14}$$

一般 R_B 为几十到几百千欧,r_{be} 为几百到几千欧,故 $R_B \gg r_{be}$,所以 r_i 近似等于 r_{be},即 $r_i \approx r_{be}$.

(5) 放大电路输出电阻的计算.

放大电路总是要带负载的,对负载而言,放大电路可看成一个信号源(实际电压源或实际电流源),其内阻即为放大电路的输出电阻 r_o.(从输出端看过去的等效电阻).

$$r_o = R_C // r_{ce} = \frac{R_C \cdot r_{ce}}{R_C + r_{ce}} \approx R_C \tag{4-15}$$

例 4-4 在如图 4-42 所示放大电路中,已知 $U_{CC} = 12\ V$,$R_C = 4\ k\Omega$,$R_B = 300\ k\Omega$,$\beta = 37.5$,$R_L = 4\ k\Omega$,试求放大电路的电压放大倍数.

解 $I_B \approx \dfrac{U_{CC}}{R_B} = \dfrac{12}{300}\ \text{mA} = 40\ \mu A$

$I_C = \beta I_B = 37.5 \times 40\ \mu A = 1.5\ \text{mA}$

$I_E \approx I_C = 1.5\ \text{mA}$

由式(4-10)可知:

$r_{be} = \left[300 + (1+\beta)\dfrac{26}{I_E}\right]\Omega$

$= \left[300 + (1+37.5) \times \dfrac{26}{1.5}\right]\Omega \approx 0.967\ k\Omega$

$R_L' = R_C // R_L = \dfrac{R_C \cdot R_L}{R_C + R_L} = \dfrac{4 \times 4}{4+4}\ k\Omega = 2\ k\Omega$

$A_u = \dfrac{\dot{U}_o}{\dot{U}_i} = -\beta \dfrac{R_L'}{r_{be}} = -37.5 \times \dfrac{2}{0.967} \approx -77.6$

故放大电路的电压放大倍数为 77.6 倍.

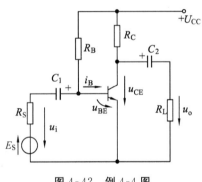

图 4-42 例 4-4 图

例 4-5 试计算如图 4-43 所示放大电路的输入电压、输入电流及输入电阻.元件参数已在图中标明.

解 根据图中给出的参数,可计算静态基极电流为

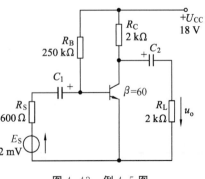

图 4-43 例 4-5 图

$$I_B \approx \frac{U_{CC}}{R_B} = \frac{18}{250} \text{ mA} = 0.072 \text{ mA}$$

静态发射极电流为

$$I_E = (1+\beta)I_B = [(1+60) \times 0.072] \text{ mA} \approx 4.39 \text{ mA}$$

三极管输入电阻为

$$r_{be} = \left[300 + (1+\beta)\frac{26}{I_E}\right] \Omega \approx \left[300 + (1+60) \times \frac{26}{4.39}\right] \Omega = 661.27 \text{ } \Omega$$

放大电路的输入电阻为

$$r_i = \frac{\dot{U}_i}{\dot{I}_i} = R_B // r_{be} \approx 661.27 \Omega$$

放大电路的输入电压为

$$U_i = \frac{E_s \cdot r_i}{R_s + r_i} = \frac{2 \times 661.27}{600 + 661.27} \text{ mV} \approx 1.05 \text{ mV}$$

放大电路的输入电流为

$$I_i = \frac{U_i}{r_i} = \frac{1.05}{661.27} \text{ mA} \approx 1.59 \text{ } \mu\text{A}$$

注意:本例中虽然放大电路的输入电阻近似等于三极管的输入电阻,但是两个电阻的概念是不同的,不能混淆.

4.6 静态工作点的稳定

4.6.1 静态工作点的设置与稳定

1. 晶体管输出特性曲线上的静态工作点

晶体管的输出特性曲线如图 4-44 所示.
由前面的放大电路直流通路可知,

$$U_{CE} = U_{CC} - I_C R_C, \quad I_C = -\frac{1}{R_C} U_{CE} + \frac{U_{CC}}{R_C}$$

这是一个直线方程,$I_C = 0$ 时,在图 4-44 的横轴上的截距为 U_{CC},得 M 点;$U_{CE} = 0$ 时,在图 4-44 纵轴上的截距为 $I_C = \frac{U_{CE}}{R_C}$,得 N 点,连接这两点即为一直线,该直

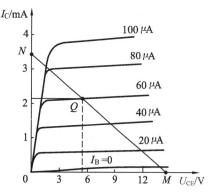

图 4-44 晶体管的输出特性曲线

线称为直流负载线,斜率为 $-\frac{1}{R_C}$.直流负载线与晶体管的某条输出特性曲线(由 I_B 确定)的交点 Q,即为放大电路的静态工作点(I_B、I_C、U_{CE}).Q 点所对应的电流、电压值即为晶体管静态工作时的电流(I_B、I_C)和电压值(U_{CE}).

2. 温度对静态工作点的影响

对固定偏置放大电路,静态工作点是由基极电流和直流负载线共同确定的.因为电阻 R_B

和 R_C 阻值受温度的影响很小,显然偏流 I_B($I_B \approx \dfrac{U_{CC}}{R_B}$)与直流负载线的斜率($-\dfrac{1}{R_C}$)受温度的影响很小,可忽略不计,但是集电极电流 I_C 是随温度变化的,当温度上升时 I_C 增大.温度升高使整个输出特性曲线向上平移,如图4-45虚线所示.在这种情况下,如果负载线和偏流 I_B 均未变化,则静态工作点将沿负载线向左上移动,进入饱和区,这时电流 i_c 不随 i_b 的变化而变化,引起饱和失真,严重时放大电路将无法正常工作.

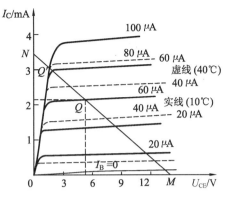

图4-45 温度对静态工作点的影响

4.6.2 分压式偏置电路

图4-46(a)为分压式偏置放大电路,它能提供合适的偏流 I_B,又能自动稳定静态工作点,即温度变化时,I_C 不变,输出特性曲线不会向上平移,静态工作点不变.

1. 分压式偏置放大电路基本特点

与固定式偏置放大电路相比,该电路有两个基极电阻 R_{B1}、R_{B2},多了射极电阻 R_E 及电容 C_E.

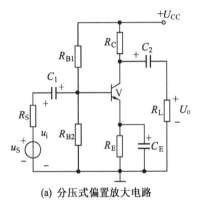 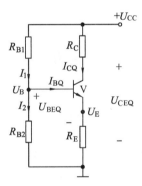

(a) 分压式偏置放大电路　　　　(b) 分压式偏置放大电路的直流通路图

图4-46 分压式偏置放大电路

2. 静态工作点的计算

先画出分压式偏置放大电路的直流通路图,如图4-46(b)所示,由直流通路图可见,

$$I_1 = I_B + I_2$$

若使 $I_2 \gg I_B$,则

$$I_1 \approx I_2 = \dfrac{U_{CC}}{R_{B1}+R_{B2}}$$

基极电位为

$$U_B = I_2 R_{B2} = \dfrac{R_{B2} U_{CC}}{R_{B1}+R_{B2}} \qquad (4-16)$$

由此可认为,U_B 与晶体管参数无关,即与温度无关,而仅由分压电路 R_{B1}、R_{B2} 的阻值决定.

由图 4-46(b)可知发射极电位为

$$U_E = I_E R_E \tag{4-17}$$

所以 $U_{BE} = U_B - U_E = U_B - I_E R_E$，得

$$I_E = \frac{U_B - U_{BE}}{R_E} \tag{4-18}$$

$$I_C \approx I_E$$

当 R_E 固定不变时，I_C、I_E 也稳定不变。

由上可知，当满足 $I_2 \gg I_B$，则 U_B、I_E、I_C 均与晶体管参数无关，不受温度变化的影响，从而静态工作点保持不变。

归纳起来，分压式偏置放大电路静态工作点的计算过程如下：

$$U_B = \frac{R_{B2} U_{CC}}{R_{B1} + R_{B2}}$$

$$I_C \approx I_E = \frac{U_B - U_{BE}}{R_E} \approx \frac{U_B}{R_E}$$

$$I_B = I_C / \beta \tag{4-19}$$

$$U_{CE} = U_{CC} - I_C R_C - I_E R_E \approx U_{CC} - I_C (R_C + R_E) \tag{4-20}$$

3. 放大电路动态分析

与固定偏置放大电路的情况一样，分压式偏置放大电路也要计算电压放大倍数 A_u、输入电阻 r_i、输出电阻 r_o，这也可用它的微变等效电路来求解。图 4-47(a)和图 4-47(b)分别是图 4-46(a)的动态电路图(交流通路)和微变等效电路图。

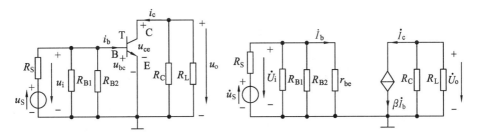

(a) 分压式偏置放大电路的交流通路图　　(b) 分压式偏置放大电路的微变等效电路图

图 4-47　分压式偏置放大电路的交流通路图和微变等效电路图

参考前面的推导过程，得

电压放大倍数　　　　　　　　$A_u = -\dfrac{\beta R_L'}{r_{be}}$

输入电阻　　　　　　　　　　$r_i = R_{B1} // R_{B2} // r_{be}$ （4-21）

输出电阻　　　　　　　　　　$r_o = R_C$

式中，R_L' 称为等效负载电阻，其值为 $R_C // R_L$，r_{be} 为晶体管的输入电阻。

若 $R_L = \infty$，即不接 R_L 时，$R_L' = R_C$，此时电压放大倍数为

$$A_u = -\beta \frac{R_C}{r_{be}}$$

例 4-6　在图 4-46(a)分压式偏置放大电路中，已知 $U_{CC} = 18$ V，$R_C = 3$ kΩ，$R_E = $

$1.5\text{ k}\Omega$, $R_{B1}=33\text{ k}\Omega$, $R_{B2}=12\text{ k}\Omega$. 晶体管的放大倍数 $\beta=60$，试求放大电路的静态值．

解
$$U_B = I_2 R_{B2} = \frac{R_{B2} U_{CC}}{R_{B1}+R_{B2}} = \frac{12}{33+12} \times 18 \text{ V} = 4.8 \text{ V}$$

集电极电流为
$$I_C \approx I_E \approx \frac{U_B}{R_E} = \frac{4.8}{1.5} \text{ mA} = 3.2 \text{ mA}$$

基极电流为
$$I_B = \frac{I_C}{\beta} = \frac{3.2}{60} \text{ mA} \approx 0.053 \text{ mA} = 53 \text{ }\mu\text{A}$$

集-射极压降为
$$U_{CE} = U_{CC} - I_C R_C - I_E R_E = (18 - 3.2 \times 3 - 3.2 \times 1.5) \text{ V} = 3.6 \text{ V}$$

4.7 共集电极放大电路

1. 电路的组成

射极输出器的电路如图 4-48(a)所示．它与共射极放大电路的差别在于：三极管的集电极直接与电源 U_{CC} 连接，无集电极电阻 R_C，输出电压取自发射极，故称它为射极输出器．由于直流电源 U_{CC} 对交流信号而言相当于短路，输入电压加在基极与地(集电极)之间，输出电压加在射极与地(集电极)之间，故集电极成为交流输入与输出回路的公共端，因此射极输出器是一个共集电极电路．

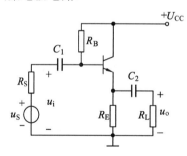
(a) 射极输出器

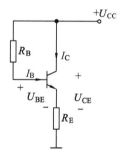
(b) 射极输出器的直流通路图

图 4-48 射极输出器

2. 静态分析

由图 4-48(b)射极输出器的直流通路图，可确定静态工作点．
$$U_{CC} = U_{R_B} + U_{BE} + U_{R_E} = R_B I_B + U_{BE} + R_E I_E = R_B I_B + U_{BE} + (1+\beta) R_E I_B$$

$$I_B = \frac{U_{CC} - U_{BE}}{R_B + (1+\beta) R_E} \tag{4-22}$$

$$I_C = \beta I_B$$

$$I_E = I_B + I_C = (1+\beta) I_B$$

$$U_{CE} = U_{CC} - I_E R_E = U_{CC} - (1+\beta) I_B R_E \tag{4-23}$$

为了使射极输出器有最大的不失真输出电压，U_{CE} 应当为电源电压 U_{CC} 的一半，即 $U_{CE} =$

$\frac{1}{2}U_{CC}$，调节 R_B，可使 $U_{CE} = \frac{1}{2}U_{CC}$．

3. 动态分析

图 4-49 为图 4-48(a)射极输出器的微变等效电路图．

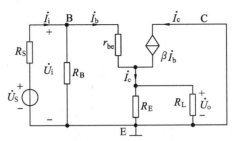

图 4-49　射极输出器的微变等效电路图

由微变等效电路可知
$$\dot{U}_i = \dot{I}_b r_{be} + \dot{I}_e R_L' = \dot{I}_b r_{be} + (1+\beta)\dot{I}_b R_L' \text{（其中 } R_L' = R_E /\!/ R_L\text{）}$$
$$\dot{U}_o = \dot{I}_e R_L' = (1+\beta)\dot{I}_b R_L'$$

电压放大倍数为
$$\dot{A}_u = \frac{\dot{U}_o}{\dot{U}_i} = \frac{(1+\beta)\dot{I}_b R_L'}{\dot{I}_b [r_{be} + (1+\beta)R_L']} = \frac{(1+\beta)R_L'}{r_{be} + (1+\beta)R_L'} \tag{4-24}$$

由式(4-24)可知：

① 射极输出器的电压放大倍数小于1．一般情况下，$(1+\beta)R_L'$ 为几十千欧，而 r_{be} 为几百到几千欧，所以 $(1+\beta)R_L' \gg r_{be}$，$A_u \approx 1$．即射极输出器的电压放大倍数近似等于1．因此 $\dot{U}_o \approx \dot{U}_i$，但 $\dot{U}_o$ 总是略小于 $\dot{U}_i$．虽然没有电压放大作用，但存在着 $I_e = (1+\beta)I_b$，有一定的电流放大作用．

② 输出电压与输入电压同相位，射极输出器具有电压跟随作用．由 $\dot{U}_o \approx \dot{U}_i$ 可知，输出电压与输入电压相同，且大小基本相等，因而输出端的电压跟随着输入端的电压，这就是射极输出器的跟随作用，故射极输出器又称射极跟随器．

③ 输入电阻．射极输出器的输入电阻 r_i 也可由它的微变等效电路求得．由微变等效电路可得电路输入电压为
$$\dot{U}_i = \dot{I}_b r_{be} + \dot{I}_e R_L' = \dot{I}_b r_{be} + (1+\beta)\dot{I}_b R_L'$$

由上式得
$$r_i = \frac{\dot{U}_i}{\dot{I}_i} = \left[\frac{1}{r_{be} + (1+\beta)R_L'} + \frac{1}{R_B}\right]^{-1} = [r_{be} + (1+\beta)R_L'] /\!/ R_B \tag{4-25}$$

④ 输出电阻．射极输出器的输出电阻 r_o 可用如下表达式计算：
$$r_o = R_E /\!/ \frac{r_{be} + R_B /\!/ R_S}{1+\beta} \tag{4-26}$$

$$r_o \approx \frac{r_{be} + R_S'}{\beta} \tag{4-27}$$

式(4-27)中的 $R_S' = R_S /\!/ R_B$，R_S 是信号源电压的内阻．

例如，$r_{be} = 0.8 \text{ k}\Omega$，$R_S = 100 \text{ }\Omega$，$R_B = 100 \text{ k}\Omega$，$\beta = 50$，则
$$R_S' = R_S /\!/ R_B \approx 100 \text{ }\Omega$$

$$r_o \approx \frac{r_{be}+R_S'}{\beta} = \frac{0.8+0.1}{50} \text{ k}\Omega = 18 \text{ }\Omega$$

例 4-7 如图 4-48(a)所示电路,已知 $U_{CC}=12$ V,$R_B=200$ kΩ,$R_E=2$ kΩ,$R_L=3$ kΩ,$R_S=100$ Ω,$\beta=50$,试估算静态工作点,计算电压放大倍数、输入电阻和输出电阻.

解 (1) 用估算法计算静态工作点:

$$I_B = \frac{U_{CC}-U_{BE}}{R_B+(1+\beta)R_E} = \frac{12-0.7}{200+(1+50)\times 2} \text{ mA}$$

$$\approx 0.0374 \text{ mA} = 37.4 \text{ }\mu\text{A}$$

$$I_C = \beta I_B = 50 \times 0.0374 \text{ mA} = 1.87 \text{ mA}$$

$$U_{CE} \approx U_{CC} - I_C R_E = (12-1.87\times 2) \text{ V} = 8.26 \text{ V}$$

(2) 求电压放大倍数 A_u、输入电阻 r_i 和输出电阻 r_o.

$$r_{be} = \left[300+(1+\beta)\frac{26}{I_E}\right]\Omega \approx \left[300+(1+50)\frac{26}{1.87}\right]\Omega \approx 1009 \text{ }\Omega \approx 1 \text{ k}\Omega$$

$$A_u = \frac{(1+\beta)R_L'}{r_{be}+(1+\beta)R_L'} = \frac{(1+50)\times 1.2}{1+(1+50)\times 1.2} \approx 0.98$$

式中

$$R_L' = R_E // R_L = (2//3)\Omega = 1.2 \text{ k}\Omega$$

$$r_i = R_B // [r_{be}+(1+\beta)R_L'] = \{200//[1+(1+50)\times 1.2]\} \text{ k}\Omega \approx 47.4 \text{ k}\Omega$$

$$r_o \approx \frac{r_{be}+R_S'}{\beta} = \frac{1000+100}{50} \Omega = 22 \text{ }\Omega$$

式中,

$$R_S' = R_B // R_S = (200\times 10^3 // 100)\Omega \approx 100 \text{ }\Omega$$

与共发射极电路相比,一方面,射极输出器的输入电阻要比共发射极放大电路的输入电阻高得多;输出电阻要比共发射极放大电路的输出电阻小得多;另一方面,射极输出器的输出电压只受输入电压的控制,与负载大小基本无关,因此射极输出器的输出电压具有恒压特性.

综上所述,射极输出器具有电压放大倍数接近为1,输入电压与输出电压同相,输入电阻高及输出电阻低的特点.射极输出器主要用于多级放大电路中的前置级和输出级.

4.8 多级放大电路

4.8.1 多级放大电路的耦合方式

几乎在所有情况下,放大器的输入信号都很微弱,一般为毫伏或微伏级,输入功率常在 1 mW 以下.为推动负载工作,必须由多级放大电路对微弱信号进行连续放大,方可在输出端获得必要的电压幅值或足够的功率.图 4-50 为多级放大电路的组成方框图,其中前面若干级(称为前置级)主要用做电压放大,以将微弱的输入电压放到足够的幅度,然后推动功率放大级(末前级及末级)工作,以输出负载所需要的功率.

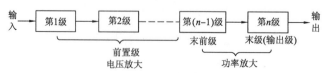

图 4-50 多级放大电路的方框图

在多级放大电路中,每两个单级放大电路之间的连接方式称为耦合方式.常用的级间耦合方式有阻容耦合、直接耦合和变压器耦合三种方式.由于变压器耦合在放大电路中的应用逐渐减少,所以本节只讨论前两种耦合方式.

4.8.2 阻容耦合多级放大电路的分析

图 4-51 为两级阻容耦合放大电路,两级之间通过耦合电容 C_2 及下级输入电阻连接,故称为阻容耦合.由于电容有隔直作用,它可使前、后级的直流工作状态相互之间无影响,故各级放大电路的静态工作点可以单独考虑.耦合电容对交流信号的容抗必须很小,其交流分压作用可以忽略不计,以使前级输出信号电压差不多无损失地传送到后级输入端.信号频率愈小,电容值应愈大,该种耦合方式不能传输低频或直流信号.耦合电容通常取几微法到几十微法.图 4-51 所示电路中,C_1 为信号源与第一级放大电路之间的耦合电容,C_3 是第二级放大电路与负载(或下一级放大)之间的耦合电容.信号源或前级放大电路的输出信号在耦合电阻上产生压降,作为后级放大电路的输入信号.

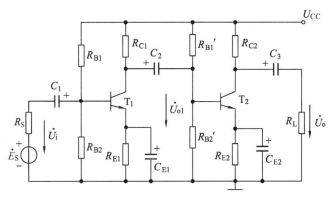

图 4-51 两级阻容耦合放大电路

阻容耦合在一般多级分立元件交流放大电路中得到广泛应用.但在集成电路中,由于难于制造容量较大的电容,因而这种耦合方式几乎无法采用即不易集成.

在单级放大电路中,输入信号电压与输出电压的相位相反.在两级放大电路中,由于两次反相,因此输入电压 $\dot{U}_i$ 与输出电压 $\dot{U}_o$ 的相位相同.

至于两级放大电路的电压放大倍数,从图 4-51 可以看出,第一级的输出电压 $\dot{U}_{o1}$ 即为第二级的输入电压 $\dot{U}_{i2}$,所以两级放大电路的电压放大倍数为

$$A_u = \frac{\dot{U}_o}{\dot{U}_i} = \frac{\dot{U}_{o1}}{\dot{U}_i} \cdot \frac{\dot{U}_o}{\dot{U}_{i2}} = A_{u1} \cdot A_{u2}$$

下面举例说明两级阻容耦合放大电路的静态分析和动态分析.

例 4-8 在图 4-51 的两级阻容耦合放大电路中,已知 $R_{B1}=30$ kΩ,$R_{B2}=15$ kΩ,$R_{B1}'=20$ kΩ,$R_{B2}'=10$ kΩ,$R_{C1}=3$ kΩ,$R_{C2}=2.5$ kΩ,$R_{E1}=3$ kΩ,$R_{E2}=2$ kΩ,$R_L=5$ kΩ,$C_1=C_2=C_3=50$ μF,$C_{E1}=C_{E2}=100$ μF.如果晶体管的 $\beta_1=\beta_2=40$,集电极电源电压 $U_{CC}=12$ V,试求:

(1) 各级的静态值;
(2) 两级放大电路的电压放大倍数.

解 (1) 求各级的静态值(可根据分压式偏置电路的放大电路的方法计算).

第一级：

$$U_{B1}=\frac{U_{CC}}{R_{B1}+R_{B2}}R_{B2}=\frac{12}{30+15}\times 15 \text{ V}=4 \text{ V}$$

$$R_B=\frac{R_{B1}R_{B2}}{R_{B1}+R_{B2}}=\frac{30\times 15}{30+15}\text{ k}\Omega=10\text{ k}\Omega$$

$$I_{B1}=\frac{U_{B1}-U_{BE1}}{R_B+(1+\beta_1)R_{E1}}=\frac{4-0.6}{10+(1+40)\times 3}\text{ mA}\approx 0.026\text{ mA}$$

$$I_{C1}=\beta_1 I_{B1}=40\times 0.026\approx 1\text{ mA}$$

$$U_{CE1}=U_{CC}-I_{C1}(R_{C1}+R_{E1})=[12-1\times(3+3)]\text{ V}=6\text{ V}$$

第二级：

$$U_{B2}=\frac{U_{CC}}{R'_{B1}+R'_{B2}}R'_{B2}=\frac{12}{20+10}\times 10\text{ V}=4\text{ V}$$

$$R'_B=\frac{R'_{B1}R'_{B2}}{R'_{B1}+R'_{B2}}=\frac{20\times 10}{20+10}\text{ k}\Omega\approx 6.7\text{ k}\Omega$$

$$I_{B2}=\frac{U_{B2}-U_{BE2}}{R'_B+(1+\beta_2)R_{E2}}=\frac{4-0.6}{6.7+(1+40)\times 2}\text{ mA}\approx 0.038\text{ mA}$$

$$I_{C2}=\beta_2 I_{B2}=40\times 0.038\text{ mA}=1.52\text{ mA}$$

$$U_{CE2}=U_{CC}-I_{C2}(R_{C2}+R_{E2})=[12-1.52\times(2.5+2)]\text{ V}\approx 5.2\text{ V}$$

(2) 求电压放大倍数.

先画出图 4-51 的微变等效电路,如图 4-52 所示.

晶体管 T_1 的输入电阻为

$$r_{be1}=\left[300+(1+\beta_1)\frac{26}{I_{E1}}\right]\Omega=\left[300+(1+40)\frac{26}{1}\right]\Omega\approx 1.4\text{ k}\Omega$$

晶体管 T_2 的输入电阻为

$$r_{be2}=\left[300+(1+\beta_2)\frac{26}{I_{E2}}\right]\Omega=\left[300+(1+40)\frac{26}{1.52}\right]\Omega=1\text{ k}\Omega$$

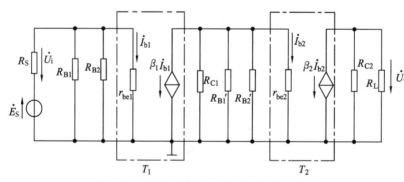

图 4-52 两级阻容放大电路的微变等效电路

第二级输入电阻为

$$r_{i2}=R'_{B1}/\!/R'_{B2}/\!/r_{be2}=0.87\text{ k}\Omega$$

第一级负载电阻为

$$R'_{L1}=R_{C1}/\!/r_{i2}\approx 0.7\text{ k}\Omega$$

第二级负载电阻为

$$R'_{L2}=R_{C2}/\!/R_L\approx 1.7\text{ k}\Omega$$

第一级电压放大倍数为

$$A_{u1}=-\frac{\beta_1 R'_{L1}}{r_{be1}}=-\frac{40\times 0.7}{1.4}=-20$$

第二级电压放大倍数为

$$A_{u2}=-\frac{\beta_2 R'_{L2}}{r_{be2}}=-\frac{40\times 1.7}{1.1}\approx -62$$

两级电压放大倍数为

$$A_u=A_{u1}\cdot A_{u2}=(-20)\times(-62)=1\,240$$

A_u 是一个正实数,这表明输入电压 $\dot{U}_i$ 经过两次反相后,输出电压 $\dot{U}_o$ 和它同相.

下面我们讨论阻容耦合放大电路的频率特性.

在阻容耦合放大电路中,由于存在级间耦合电容、发射极旁路电容及晶体管的结电容等,它们的容抗将随频率的变化而变化,故当信号频率不同时,放大电路的输出电压会发生变化,因而电压放大倍数也发生变化.放大电路的电压放大倍数的模与频率的关系称为幅频特性.图 4-53 所示的是阻容耦合放大电路单级的幅频特性.在阻容耦合放大电路的某一段频率范围内,电压放大倍数 $|A_{uo}|$ 与频率无关.随着频率的增高或降低,电压放大倍数要减小.当放大倍数下降为 $\dfrac{|A_{uo}|}{\sqrt{2}}$ 时所对应的两个频率,分别为下限频率 f_1 和上限频率 f_2.在这两个频率之间的频率范围,称为放大电路的通频带,它是表明放大电路频率特性的一个重要指标.下面对幅频特性作一简单说明.

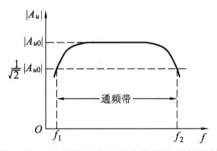

图 4-53 阻容耦合放大电路单级的幅频特性

在工业电子技术中,最常用的是低频放大电路,其频率范围约为低、中、高三个频段.

在中频段,由于级间耦合电路和发射极旁路电容的容量较大,故对中频段信号的容抗很小,可视作短路.此外,尚有晶体管的结电容和导线分布电容等,这些电容都很小,约为几皮法到几百皮法.它对中频段信号的容抗很大,可视作开路.所以,在中频段,可认为电容不影响交流信号的传送,放大电路的放大倍数与信号频率无关.

在低频段,耦合电容的容抗较大,其分压作用不能忽略,以致实际送到晶体管输入端的电压 U_{be} 比输入信号 U_i 要小,故放大倍数要降低,同样,发射极旁路电容的容抗不能忽略,就有交流负反馈,也使放大倍数降低.

在高频段,由于信号频率较高,耦合电容和发射极旁路电容的容抗比中频段更小,故皆可视作短路.但三极管的极间电容的容抗将减小,它与输出端的电阻并联后,使总阻抗减小,因而使输出电压减小,电压放大倍数降低.

只有在中频段,可认为电压放大倍数与频率无关,而且单极放大电路的输出电压与输入电压反相,前面所讨论的,都是指放大电路在中频段的情况.在本书的习题和例题中计算交流放大电路的电压放大倍数,也都是指中频段的电压放大倍数.

4.8.3 差动放大电路

为了放大缓慢变化的信号或直流量变化不大的信号,不能采用阻容耦合,而只能采用直接耦合的方式,即把前级的输出端直接接到后级的输入端.

直接耦合主要存在两个问题:一个是前、后级的静态工作点互相影响的问题;一个是所谓零点漂移的问题.零点漂移是输入变化为零输出变化不为零,其会造成输出偏差,严重会造成输出无效,产生的主要原因是温度变化.零点漂移又称温漂.

在直接耦合放大电路中抑制零点漂移最有效的电路是差动放大电路.因此,要求较高的多级直接耦合放大电路的前置级广泛采用这种电路.

如图 4-54 所示是典型的差动放大电路.在电路结构上,电路左右两边的元件是对称的.三极管 V_1、V_2 的输入特性、输出特性以及放大倍数 β 等参数是完全相同的.电路的两个输入端,输入信号 u_{i1}、u_{i2} 分别通过基极电阻加到 V_1、V_2 的基极.输出电压 u_o 是从两管的集电极取出,即 $u_o = u_{C1} - u_{C2}$.两管的发射极连接在一起,并通过电阻 R_E 与电压为 U_{EE} 的电源负极相连.电阻 R_E 称为发射极电阻,它的作用是稳定静态工作点.电压为 U_{EE} 的电源作用是补偿两管集电极电流在 R_E 上的压降,使两个三极管有足够的管压降 u_{CE1}、u_{CE2},以扩大输出电压的范围.

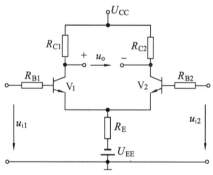

图 4-54 差动放大电路

1. 差动放大电路的静态分析

电路在无信号输入时,$u_{i1} = u_{i2} = 0$.由于 $R_{C1} = R_{C2}$,$I_{C1} = I_{C2}$,所以每个三极管的集电极电位相等,即 $V_{C1} = V_{C2}$.输出电压 $U_o = V_{C1} - V_{C2} = 0$.

当环境温度变化时,将会引起每个三极管的集电极电流的变化.因为电路是对称的,每管的集电极电流的变化量 ΔI_C 是相等的,因此每管集电极电位的变化量 ΔV_C 也是相等的,输出电压的变化量 $\Delta U_o = \Delta V_{C1} - \Delta V_{C2} = 0$,因此输出电压仍为零.这种特点称为零点漂移的抑制.另外,电阻 R_E 也有这种零点漂移抑制作用,当两管的集电极电流变化时,R_E 上的电压也发生变化,在两管基极电位不变的情况下,两管的基极与发射极的电压 u_{BE} 将与集电极电流作相反的变化,起到零点漂移抑制的作用.差动放大电路的优点就是具有抑制零点漂移作用.差动放大电路中两边的元件对称性越好,R_E 值越大,抑制零点漂移的效果越好.

在静态时,两管的基极电位 V_{B1}、V_{B2} 为零,R_E 上的电压 U_{RE} 等于 U_{EE}.每管集电极电流为

$$I_{C1}=I_{C2}=\frac{1}{2}\cdot\frac{U_{EE}-U_{BE}}{R_E}\approx\frac{1}{2}\cdot\frac{U_{EE}}{R_E}$$

每管的管压降为

$$U_{CE1}=U_{CE2}=U_{CC}-I_{C1}\cdot R_{C1}+U_{BE1}\approx U_{CC}-I_{C1}\cdot R_{C1}$$

每管的基极电流为

$$I_{B1}=I_{B2}=\frac{1}{\beta}I_{C1}$$

2. 差动放大电路输入信号电压的分析

差动放大电路的输入信号有以下三种情况:

(1) 共模输入信号.

差动放大电路的两个输入端的输入信号电压大小相等,且极性相同,即 $u_{i1}=u_{i2}$,这种输入信号称为共模输入信号.对于共模输入信号,两管的集电极电流变化量相等,两管的集电极电位变化也相等,且电位升高或下降是一致的,因此输出电压的变化等于零,即输出电压与静态时一样,为零.也就是差动放大电路对共模输入信号没有放大作用.差动放大电路的共模电压放大倍数等于零,也称差动放大电路对共模信号的抑制.

外界干扰信号在差动放大电路的两个输入端产生的干扰电压可以看成两输入端接受了一对大小相等、相位相同的共模信号,因此干扰信号在差动放大电路中得不到放大,差动放大电路具有抑制外界干扰信号的能力.

(2) 差模输入信号.

若差动放大电路的两个输入端的信号电压大小相等,但极性相反,即 $u_{i1}=-u_{i2}$,这种信号称为差模输入信号.差模输入信号输入放大电路后,两管的集电极电流的变化量是相等的,但是变化是相反的.例如,V_1 管的集电极电流增加,V_2 管的集电极电流则减少,因此造成 V_1 管的集电极电位 V_{C1} 下降,而 V_2 管的集电极电位 V_{C2} 上升,即 $\Delta V_{C1}=-\Delta V_{C2}$,输出电压 U_o 的变化为

$$\Delta U_o=\Delta V_{C1}-\Delta V_{C2}=2\Delta V_{C1}$$

因此在差模输入电压作用下,差动放大电路的输出电压变化量为两管各自集电极电压变化量的两倍.

设单管 V_1 的电压放大倍数为 A_{u1},V_2 的电压放大倍数也为 A_{u1},则 $\Delta U_{C1}=A_{u1}\cdot u_{i1}$、$\Delta U_{C2}=A_{u1}\cdot u_{i2}=-A_{u1}\cdot u_{i1}$,差动放大电路两集电极间输出的电压为

$$\Delta U_o=\Delta U_{C1}-\Delta U_{C2}=2A_{u1}u_{i1}$$

(3) 差动输入信号.

若输入差动放大电路的两个输入端的电压大小不相等,极性也是任意的,这种信号称为差动输入信号.对于差动输入信号,可以分解成共模分量和差模分量两部分.共模分量是两个输入信号的平均值,差模分量为两个输入信号差值的一半.例如,信号 $u_{i1}=8$ mV、$u_{i2}=-6$ mV,则 u_{i1}、u_{i2} 为差动输入信号,它们的共模分量 U_C 和差模分量 U_d 分别为

$$U_C=\frac{1}{2}(u_{i1}+u_{i2})=1\text{ mV}$$

$$U_\mathrm{d} = \frac{1}{2}(u_\mathrm{i1} - u_\mathrm{i2}) = 7 \text{ mV}$$

$$U_\mathrm{C} + U_\mathrm{d} = 8 \text{ mV}$$

$$U_\mathrm{C} - U_\mathrm{d} = -6 \text{ mV}$$

即 $u_\mathrm{i1} = U_\mathrm{C} + U_\mathrm{d}$、$u_\mathrm{i2} = U_\mathrm{C} - U_\mathrm{d}$. 因此输入差动放大电路的差动信号可以看成是一对共模信号和一对差模信号之和.

在实际情况下,差动放大电路的元件很难做到完全对称,对共模输入电压仍有一定的放大作用. 共模信号电压的电压放大倍数 A_C 不为零. 对于由温度变化而引起两三极管的集电极电流变化产生的影响相当于在差动放大电路的输入端输入一个共模信号电压,对于一些干扰电压也可认为是共模信号. 因此希望能尽量抑制这些共模信号,即要求差动放大电路的共模电压放大倍数 A_C 尽量小. 差模信号是有用信号,希望差动放大电路的差模电压放大倍数 A_d 尽量大. 为了平衡差动放大电路对两种不同模式电压放大的能力,常用 A_d 与 A_C 两者的比值作为衡量差动放大电路性能的一个指标,即共模抑制比,用符号 K_CMRR 表示,即

$$K_\mathrm{CMRR} = \left| \frac{A_\mathrm{d}}{A_\mathrm{C}} \right|$$

共模抑制比也有用对数形式表示的,即

$$K_\mathrm{CMRR} = 20 \lg \left| \frac{A_\mathrm{d}}{A_\mathrm{C}} \right| \text{ (dB)}$$

单位为 dB(分贝).

共模抑制比越大,差动放大电路的性能越好.

3. 差动放大电路信号的输入和输出方式

差动放大电路信号的输入和输出除了双端输入(由两管的基极输入)和双端输出(由两管的集电极输出)外,还可以有单端输入(一管的基极与公共端间输入)和单端输出(一管的集电极与公共端间输出)、单端输入和双端输出、双端输入和单端输出等方式,不同的输入/输出方式是为了放大电路之间的连接需要. 不同输入/输出方式其电路的电压放大倍数不同.

4.9 功率放大电路

多级放大电路的末级或末前级一般都是功率放大级,以将前置电压放大级送来的低频信号进行功率放大,去推动负载工作. 例如,驱动仪表,使指针偏转;驱动扬声器,使之发声;或驱动自动控制系统中的执行机构;等等. 总之,要求放大电路有足够大的输出功率. 这样的放大电路统称为功率放大电路.

4.9.1 功率放大电路的特点及分类

电压放大电路工作在小信号状态,而功率放大电路主要是要求输出最大的功率,所以工作在大信号状态,两者对放大电路的考虑有各自的侧重点.

1. 功率放大电路的特点和基本要求

(1) 要求足够大的输出功率.

功率放大电路的输出功率大,则三极管的电压、电流均大,三极管常工作于极限状态,这是功放管的工作特点.

(2) 要求有较高的电源转换效率.

功率放大电路实质上也是能量转换电路,输出功率大.放大电路的效率是指负载得到的交流功率和电源提供的直流功率的比值,比值越大,效率越高.

(3) 非线性失真要小.

功率放大电路是工作在大信号下的,动态范围大,非线性失真则难以避免,同时,功放管功率越大,非线性失真越严重.输出功率和非线性失真是一对矛盾.

(4) 功放管的散热要好.

功放电路中相当大的功率消耗在功放管上,使得集电结结温、管温升高,牵涉到散热问题.

2. 功率放大电路的分类

根据分类依据的不同,功率放大电路的分类方式有多种,常见的分类方式有:

(1) 按处理信号的频率分.

低频功率放大电路:音频范围从几十赫到几万赫.

高频功率放大电路:音频范围从几十万赫到几十兆赫.

(2) 按功率放大电路中晶体管的导能时间分.

① 甲类(A类)功率放大电路:输入信号的整个周期内,晶体管均导通,有电流流过,波形失真小.

② 乙类(B类)功率放大电路:输入信号的整个周期内,晶体管仅在半个周期内导通,波形只有半波输出.

③ 甲乙类(AB类)功率放大电路:输入信号的整个周期内,晶体管导通时间大于半个周期而小于全周期.

4.9.2 互补对称功率放大电路

1. 无输出变压器(OTL)的互补对称放大电路

图4-55(a)是无输出变压器互补对称放大电路的原理图,V_1(NPN型)和V_2(PNP型)是两个不同类型的晶体管,两管特性基本上相同.

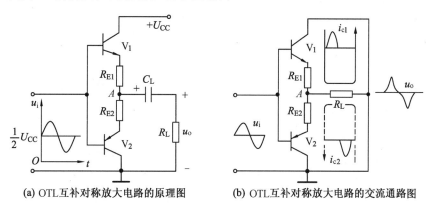

(a) OTL互补对称放大电路的原理图　　(b) OTL互补对称放大电路的交流通路图

图4-55　OTL互补对称放大电路原理图及其交流通路图

(1) 静态分析.

在静态时,A 点的电位为 $\dfrac{U_{CC}}{2}$,输出耦合电容 C_L 上的电压即为 A 点和"地"之间的电位差,也等于 $\dfrac{U_{CC}}{2}$.这时输入端 $u_i=0$,但有 $\dfrac{U_{CC}}{2}$ 的直流电压,所以两管工作于乙类,都处于截止状态,仅有很小的穿透电流 I_{CEO} 通过.

(2) 动态分析.

当有信号输入时,对交流信号而言,输出耦合电容的容抗及电源内阻均甚小,可略去不计,于是得出如图 4-55(b)所示的交流通路图.在输入交流信号 u_i 的正半周(输入电压以 $\dfrac{U_{CC}}{2}$ 为基准上下变化),V_1 的基极电位大于 $\dfrac{U_{CC}}{2}$,其发射结处于正向偏置,故导通,集电极电流 i_{c1} 如图中实线所示.但 V_2 的发射结处于反向偏置,故截止.同理,在 u_i 的负半周,V_1 截止,V_2 导通,电流 i_{c2} 如图中虚线所示.

由图 4-55(a)可见,当 V_1 导通时,电容 C_L 被充电,其上电压为 $\dfrac{U_{CC}}{2}$.当 V_2 导通时,C_L 代替电源向 V_2 供电,C_L 要放电.但是,要使输出波形对称,即 $i_{c1}=i_{c2}$(大小相等,方向相反),必须保持 C_L 上的电压为 $\dfrac{U_{CC}}{2}$,在 C_L 放电过程中,其电压会下降很多,因此 C_L 的容量必须足够大.

由此可见,在输入信号 u_i 的一个周期内,电流 i_{c1} 和 i_{c2} 以正、反不同的方向交替流过负载电阻 R_L,在 R_L 上合成而得出一个输出信号电压 u_o.

这样,在输出信号的一个周期内,两只特性相同的管子交替导通,它们互相补足,故称为互补对称放大电路.由图可见,互补对称放大电路实际上是由两组射极输出器组成的.所以,它还有输入电阻高和输出电阻低的特点.

图 4-55 的电路存在一缺点,就是输出电压 u_o 有失真.因为晶体管的输入特性曲线上有一段死区电压(硅管约 0.5 V),而该电路工作于乙类状态,当输入电压 u_i 尚小而不足以克服死区电压时,晶体管基本上截止,因此在这段区域内输出为零.这种失真称为交越失真.为了避免交越失真,可采用各种电路以产生不大的偏流,使静态工作点稍高于截止点(避开死区段),即工作于甲乙类工作状态.

为了使互补对称放大电路具有尽可能大的输出功率,一般要加推动级,以保证有足够的功率推动输出管.图 4-56 是一种具有推动级的互补对称放大电路.V_3 是工作于甲类状态的推动管,R_1 和 R_2 组成它的分压式偏置电路,调节 R_3 即可调整 I_{C3} 的数值.R_3 和 R_4 是 V_3 的集电极电阻,又是 V_1 和 V_2 偏置电路的一部分.为了避免信号产生交越失真,常使 V_1 和 V_2 工作于甲乙类.在 V_1 和 V_2 的基极之间接入电阻 R_4 就是为了调整 V_1 和 V_2 的静态工作点.一般应使 V_3 的静态集电极电流 I_{C3} 在 R_4 上的压降恰好等于 V_1 和 V_2 处于甲乙类工作状态下的两管基极电位之差(两管的发射结都处于正向偏置).电阻 R_4 上并联旁路电容 C_2 的目的,是在动态时使 V_1 和 V_2 的基极交流电位相等,否则将会造成输出波形正、负半周不对称的现象.

V_3 的偏置电阻 R_1 不接到电源 U_{CC} 的正端而接到 A 点,是为了取得电压负反馈,以保

证静态时 A 点的电位稳定在 $\dfrac{U_{CC}}{2}$.

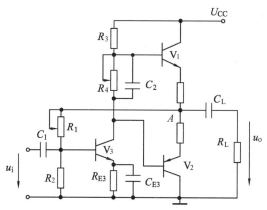

图 4-56　具有推动级的互补对称放大电路

当有输入信号 u_i 时,由于 C_1 和 C_{E3} 都可视作对交流短路,故 u_i 直接加到 V_3 的发射结,放大后从 V_3 的集电极取出的信号就是输出管的输入信号,其工作情况与图 4-55 所示电路一样.

上述互补对称放大电路要求有一对特性相同的 NPN 和 PNP 型功率输出管,在输出功率较小时,可以选配这对晶体管,但在要求输出功率较大时,就难以配对,因此通常采用复合管.图 4-57 列举出了两类复合管.

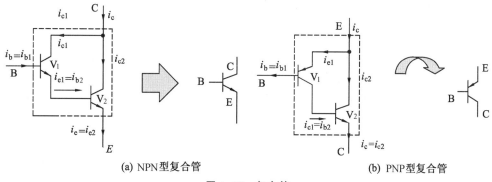

(a) NPN型复合管　　　　　　　　(b) PNP型复合管

图 4-57　复合管

首先,讨论复合管的电流放大系数.今以图 4-57(a) 的复合管为例.
$$i_c = i_{c1} + i_{c2} = \beta_1 i_{b1} + \beta_2 i_{b2} = \beta_1 i_{b1} + \beta_2 i_{e1} = \beta_1 i_{b1} + \beta_2 (1+\beta_1) i_{b1}$$
$$= (\beta_1 + \beta_2 + \beta_1 \beta_2) i_{b1} \approx \beta_1 \beta_2 i_{b1}$$

可见复合管的电流放大系数近似为两管电流放大系数的乘积,即
$$\beta = \dfrac{i_c}{i_b} \approx \beta_1 \beta_2$$

其次,从图 4-57 可以看出,复合管的类型与第一个晶体管(即 V_1)相同,而与后接晶体管(即 V_2)无关.图 4-57(a) 的复合管可等效为一个 NPN 型管;图 4-57(b) 的复合管可等效为一个 PNP 型管.因此,图 4-56 中的 V_1 管和 V_2 管可以分别用图 4-57 中的两个复合管替代,如图 4-58 所示.

采用复合管不仅提高了电流放大系数,而且解决了大功率管的配对问题.在图 4-58 的

两个复合管中,V_3 和 V_4 是同类型(同是 NPN 型或 PNP 型)的功率较大的管子,比较容易选配,而后分别与一对 NPN 型和 PNP 型小功率管(即图 4-58 中的 V_1 和 V_2)组成复合管.

在图 4-58 中,接入 R_6 和 R_7 的作用是将复合管第一个管(V_1 和 V_2)的穿透电流 I_{CEO} 分流,不让其全部流入后接晶体管(V_3 和 V_4)的基极,以减小总的穿透电流,提高温度稳定性.R_8 和 R_9 是用来得到电流负反馈,使电路更加稳定.R_4 和正向连接二极管 D_1、D_2 的串联电路是避免产生交越失真的另一种电路.由于二极管的动态电阻很小,R_4 的阻值也不大,其上交流压降也就不大,因此不一定再接旁路电容.

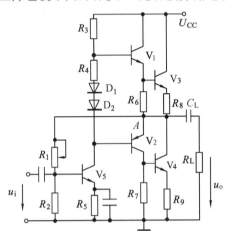 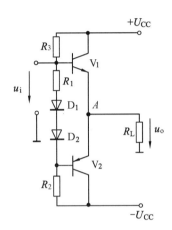

图 4-58　由复合管组成的互补对称放大电路　　图 4-59　OCL 互补对称放大电路

2. 无输出电容(OCL)的互补对称放大电路

上述 OTL 互补对称放大电路中,是采用大容量的极性电容器 C_L 与负载耦合的,因而影响低频性能和无法实现集成化,为此可将电容 C_L 除去而采用 OCL 电路,如图 4-59 所示.但 OCL 电路需用正、负两路电源.

为了避免产生交越失真,图 4-59 的电路工作于甲乙类状态.由于电路对称,静态时两管的电流相等,负载电阻 R_L 中无电流通过,两管的发射极电位 $V_A=0$.

当互补对称放大电路工作在乙类,输入信号足够大和忽略管子饱和压降的情况下,效率可达到 78.5%,实际效率比这个数值要低些.

4.9.3　集成功率放大器

自 1967 年研制成功第一块音频功率放大器集成电路以来在短短的几十年时间内,其发展速度和应用是惊人的.目前利用集成电路工艺已经能够生产出品种繁多的集成功率放大器,约 95% 以上的音响设备上的音频功率放大器都采用了集成电路.

集成功率放大器除了具有一般集成电路的共同特点外,还有一些突出的优点,主要有温度稳定性好,电源利用率高,功耗较低,非线性失真较小等,还可以将各种保护电路也集成在芯片内部,使用更加安全.

集成功率放大器根据用途划分,有通用型和专用型;从芯片内部的构成划分,有单通道型和双通道型;从输出功率上划分,有小功率型和大功率型.

1. LM386 集成功率放大器

(1) 特点.

LM386 是小功率音频集成功放,采用 8 脚双列直插式塑料封装,如图 4-60 所示.4 脚为接"地"端;6 脚为电源端;2 脚为反相输入端;3 脚为同相输入端;5 脚为输出端;7 脚为去耦端;1、8 脚为增益调节端.外特性:额定工作电压为 4~16 V,当电源电压为 6 V 时,静态工作电流为 4 mA,适合用电池供电.频响范围可达数百千赫.最大允许功耗为 660 mW(25℃),无须散热片.工作电压为 4 V,负载电阻为 4 Ω 时,输出功率(失真为 10%)为 300 mW;工作电压为 6 V,负载电阻为 4 Ω、8 Ω、16 Ω 时,输出功率分别为 340 mW、325 mW、180 mW.该集成放大器同时还提供电压增益放大,其电压增益通过外部连接的变化可在 20~200 范围内调节.内部没有过载保护电路.输入阻抗为 50 kΩ,频带宽度为 300 kHz.

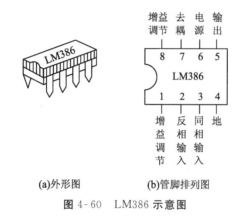

(a)外形图　　(b)管脚排列图

图 4-60　LM386 示意图

(2) 应用.

如图 4-61 所示为由功率放大器 LM368 组成的电路,4 脚接"地",6 脚接电源(6~9 V),2 脚接地,信号从同相输入端 3 脚输入,5 脚通过 220 μF 电容向扬声器 R_L 提供信号功率,7 脚接 20 μF 去耦电容,1、8 脚之间接 10 μF 电容和 20 kΩ 电位器,用来调节增益.

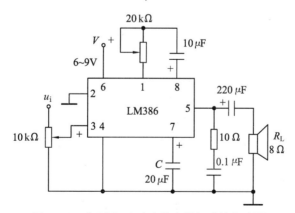

图 4-61　由 LM368 功率放大器组成的电路图

2. TDA2030 集成功率放大器

(1) 特点.

TDA2030 是一种超小型 5 引脚单列直插塑封集成功放,如图 4-62 所示.1 脚为同相输入端,2 脚为反相输入端,4 脚为输出端,3 脚接负电源,5 脚接正电源.电路特点是引脚和外接元件少.

电源电压范围为 $\pm 6 \sim \pm 18$ V,静态电流小于 60 μA,频响为 10 Hz~140 kHz,谐波失真小于 0.5%,在 $U_{CC}=\pm 14$ V,$R_L=4$ Ω 时,输出功率为 14 W.

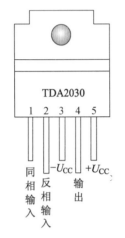

图 4-62 TDA2030 外形图

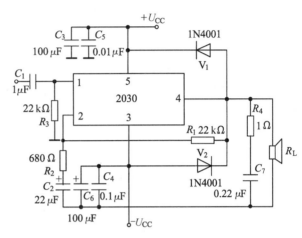

图 4-63 TDA2030 应用电路

(2) 应用.

TDA2030 由于具有低瞬态失真、较宽频响和完善的内部保护措施,因此,常用在高保真组合音响中,如图 4-63 所示.

V_1、V_2 组成电源极性保护电路,防止电源极性接反损坏集成功放.C_3、C_5 与 C_4、C_6 为电源滤波电容,100 μF 电容并联 0.1 μF 电容的原因是 100 μF 电解电容具有电感效应,影响高频信号滤波.信号从 1 脚同相端输入,4 脚输出端向负载扬声器提供信号功率,使其发出声响.

 小 结

1. 半导体

半导体分为本征半导体和杂质半导体两种,杂质半导体又根据掺入杂质的不同分为 P 型和 N 型两种.

自由电子和空穴都称为载流子,在 N 型半导体中,自由电子是多数载流子,而空穴是少数载流子;相反地,在 P 型半导体中,自由电子是少数载流子,而空穴是多数载流子.

PN 结是由扩散运动和漂移运动形成的,扩散运动是多数载流子的浓度差异引起的运动,漂移运动是少数载流子在内电场作用下有规则的运动.

PN 结具有单向导电性,即在 PN 结上加正向电压时,PN 结电阻很低,正向电流较大,处于导通状态;加反向电压时,PN 结电阻很高,反向电流很小,处于截止状态.

2. 半导体二极管

二极管分为点接触型和面接触型.二极管的伏安特性是非线性的,当外加正向电压大于死区电压时,二极管处于正向导通状态;当外加反向电压时,二极管处于反向截止状态.二极管的主要参数包括:最大整流电流、最高反向工作电压、最大反向电流.理想二极管正向导通

时电阻为零、压降为零,反向截止时电阻为无穷大.

稳压管是工作在反向击穿状态的特殊二极管,它的反向击穿是可逆的.稳压管反向电流的变化虽然很大,但两端电压变化很小,故能达到稳压的效果.稳压管的主要参数有:稳定电压、稳定电流、最大耗散功率、动态电阻和温度系数.

3. 半导体三极管

三极管分为 PNP 型和 NPN 型两类,每类都分成基区、发射区和集电区.每类都有两个 PN 结,基区和发射区之间的结为发射结,基区和集电区之间的结为集电结.三极管具有电流放大作用,条件是发射结必须正向偏置,而集电结必须反向偏置.

三极管的输出特性曲线分为三个工作区即放大区、截止区和饱和区.工作在放大区的外部条件是发射结必须正向偏置,而集电结必须反向偏置;工作在截止区的外部条件是发射结和集电结均反向偏置;工作在饱和区的外部条件是发射结和集电结均正向偏置.

4. 场效应管

场效应管是一种电压控制元件,按其结构的不同分为结型场效应管和绝缘栅型场效应管两种类型.绝缘栅型场效应管按工作状态又分为增强型和耗尽型两类.

绝缘栅型场效应管每类又有 N 沟道和 P 沟道之分,其表面分别安置三个电极:栅极、源极和漏极.

5. 基本放大电路

分立元件基本放大电路的组成:晶体管——放大元件;集电极电源——为输出提供能量并保证集电结处于反向偏置,使晶体管工作于放大区;集电极负载电阻——将集电极电流的变化变换为电压的变化,以实现电压放大;基极电源——使发射结处于正向偏置;耦合电容——起到隔直流、通交流的作用.

放大电路的静态分析包括 I_B、I_C 和 U_{CE} 三个基本参数;动态分析包括 A_u、r_i 和 r_o.固定偏置放大电路、分压偏置放大电路、射极输出器的分析.

多级放大电路的耦合方式常用的有阻容耦合、直接耦合和变压器耦合三种.

功率放大电路的基本特点,互补对称功率放大电路的分析以及集成功率放大器的简单介绍.

习 题

4.1 某人用测电位的方法测出晶体管三个管脚的对地电位分别为管脚 1 为 12 V、管脚 2 为 3 V、管脚 3 为 3.7 V,试判断管子的类型以及各管脚所属电极.

4.2 在如图 4-64 所示电路中,$E=5\text{ V}$,$u_i=10\sin\omega t\text{ V}$,二极管为理想元件,试画出 u_o 的波形.

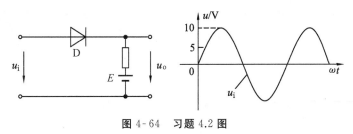

图 4-64 习题 4.2 图

4.3 计算如图 4-65 所示电路的电位 U_Y(设 D 为理想二极管).

(1) $U_A = U_B = 0$ 时;

(2) $U_A = E, U_B = 0$ 时;

(3) $U_A = U_B = E$ 时.

4.4 在如图 4-66 所示电路中,设 D 为理想二极管,已知输入电压 u_i 的波形.试画出输出电压 u_o 的波形图.

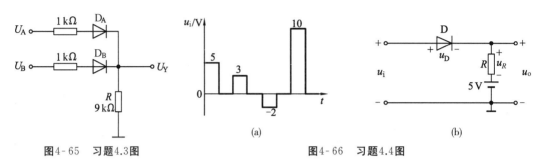

图 4-65 习题 4.3 图　　　　　　图 4-66 习题 4.4 图

4.5 如图 4-67 所示的各电路能否放大交流电压信号？为什么？

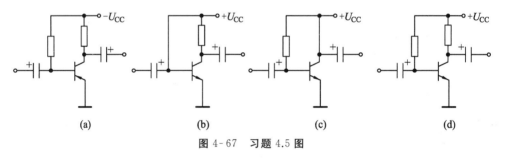

图 4-67 习题 4.5 图

4.6 已知如图 4-68 所示电路中,三极管均为硅管,且 $\beta = 50$,试估算静态值 I_B、I_C、U_{CE}.

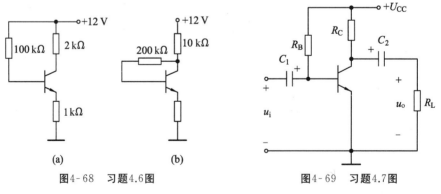

图 4-68 习题 4.6 图　　　　　　图 4-69 习题 4.7 图

4.7 晶体管放大电路如图 4-69 所示,已知 $U_{CC} = 15 \text{ V}, R_B = 500 \text{ k}\Omega, R_C = 5 \text{ k}\Omega, R_L = 5 \text{ k}\Omega, \beta = 50$.

(1) 求静态工作点;

(2) 画出微变等效电路;

(3) 求放大倍数、输入电阻和输出电阻.

4.8 在上题如图 4-69 所示的电路中,已知 $I_C=1.5$ mA,$U_{CC}=12$ V,$\beta=37.5$,$r_{be}=1$ kΩ,输出端开路,若要求 $A_u=-150$,求该电路的 R_B 和 R_C 值.

4.9 实验时,用示波器测得由 NPN 管组成的共射放大电路的输出波形,如图 4-70 所示.

(1) 说明它们各属于什么性质的失真(饱和、截止);
(2) 怎样调节电路参数,才能消除失真?

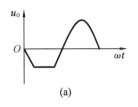
(a)

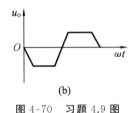
(b)

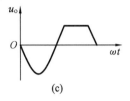
(c)

图 4-70 习题 4.9 图

4.10 如图 4-71 所示放大电路中,已知 $U_{CC}=24$ V,$R_{B1}=33$ kΩ,$R_{B2}=10$ kΩ,$R_C=3.3$ kΩ,$R_E=1.5$ kΩ,$R_L=5.1$ kΩ,$\beta=66$.

(1) 试估算静态工作点,若换上一只 $\beta=100$ 的管子,放大器能否正常工作?
(2) 画出微变等效电路;
(3) 求放大倍数、输入电阻和输出电阻;
(4) 求开路时的电压放大倍数 A_u.

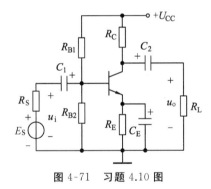

图 4-71 习题 4.10 图

4.11 在上题的图 4-71 中,若将图中的发射极交流旁路电容 C_E 除去.

(1) 试问静态工作点有无变化?
(2) 画出微变等效电路;
(3) 求放大倍数、输入电阻和输出电阻,并说明发射极电阻 R_E 对电压放大倍数的影响.

4.12 如图 4-72 所示放大电路中,已知 $U_{CC}=12$ V,$R_B=240$ kΩ,$R_C=3$ kΩ,$R_{E1}=200$ Ω,$R_{E2}=800$ Ω,硅三极管的 $\beta=40$.

(1) 试估算静态工作点;
(2) 画出微变等效电路;
(3) 求放大倍数、输入电阻和输出电阻.

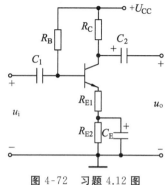

图 4-72 习题 4.12 图

4.13 已知某放大电路的输出电阻为 3.3 kΩ，输出端的开路电压的有效值 $U_o=2$ V，试问该放大电路接有负载电阻 $R_L=5.1$ kΩ 时，输出电压将下降到多少？

4.14 如图 4-73 所示为两级交流放大电路，已知 $U_{CC}=12$ V，$R_{B1}=30$ kΩ，$R_{B2}=15$ kΩ，$R_{B3}=20$ kΩ，$R_{B4}=10$ kΩ，$R_{C1}=3$ kΩ，$R_{C2}=2.5$ kΩ，$R_{E1}=3$ kΩ，$R_{E2}=2$ kΩ，$R_L=5$ kΩ，晶体管的 $\beta_1=\beta_2=40$，$r_{be1}=1.4$ kΩ，$r_{be2}=1$ kΩ。

(1) 画出微变等效电路；

(2) 求各级电压放大倍数和总电压放大倍数。

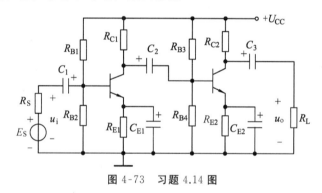

图 4-73 习题 4.14 图

4.15 如图 4-74 所示放大电路中，图中 $R_C=R_E$。

(1) 画出微变等效电路；

(2) 求 1、2 两个端分别作输出时各输出端的输出电阻。

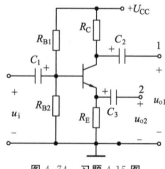

图 4-74 习题 4.15 图

第 5 章 集成运算放大器及其应用

本章主要介绍了负反馈的概念及判别方法、集成运算放大器的组成与主要参数、理想运算放大器的条件,讲解了用集成运算放大器组成的比例、加减、微分和积分等运算电路的工作原理与计算方法,同时还阐述了使用集成运算放大器构成电压比较器、非正弦波发生电路的工作原理,以及使用集成运算放大器的注意点.

5.1 负反馈放大电路

在放大电路中,负反馈的应用是极为广泛的,采用负反馈的目的是改善放大电路的性能.

5.1.1 反馈的基本概念

所谓反馈,就是将放大电路(或某一系统)输出端的电压(或电流)信号的一部分或全部,通过某种电路引回到放大电路的输入回路.

反馈有正反馈和负反馈两种类型.若引回的反馈信号削弱原输入信号,则为负反馈;若引回的反馈信号增强了原输入信号,则为正反馈.

图 5-1 为反馈放大电路的方框图.它主要包括两部分:其中标有 A 的方框为放大电路,它可以是单级或多级的;标有 F 的方框为反馈电路,它是联系输出和输入端的环节,多数由电阻、电容元件组成.符号 ⊗ 表示比较环节,$\dot{X}_i$ 为输入信号,$\dot{X}_o$ 为输出信号,$\dot{X}_f$ 为反馈信号.

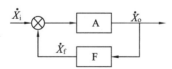

图 5-1 反馈放大电路的方框图

5.1.2 正反馈和负反馈的判别方法

一个具有反馈环节的放大电路,判别它是正反馈还是负反馈,常用的一种简便而实用的方法叫做瞬时极性法.其步骤如下:

① 假设并标出输入端(基极)信号瞬时极性为"＋";
② 集电极瞬时极性为"－",发射极瞬时极性为"＋",并逐级在图中标出;
③ 找到反馈线路,若反馈信号使净输入信号削弱则为负反馈,相反则为正反馈.对三极管放大电路,净输入信号可以是 U_{be} 或 I_b.

5.1.3 负反馈的基本类型及判别方法

从放大电路输出端看,反馈可分为电压反馈和电流反馈.

若反馈信号取自输出电压的正极,则为电压反馈,如图 5-2(a)所示.

若反馈信号取自输出电压的负极,则为电流反馈,如图 5-2(b)所示.

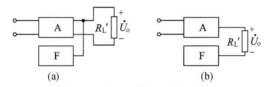

图 5-2 电压反馈和电流反馈

从放大电路输入端看,反馈可分为串联反馈和并联反馈.

若反馈信号引回到输入电压的负极,则为串联反馈,如图 5-3(a)所示.

若反馈信号引回到输入电压的正极,则为并联反馈,如图 5-3(b)所示.

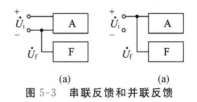

图 5-3 串联反馈和并联反馈

下面通过具体实例,用以上方法判别具体放大电路的反馈类型.

例 5-1 如图 5-4 所示,试判断反馈的类型.

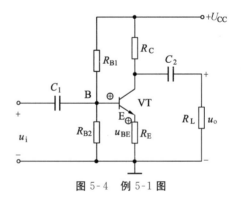

图 5-4 例 5-1 图

解 假定输入信号对地瞬时极性为⊕,电阻 R_E 上的电压也为⊕,净输入信号 u_{BE} 减小,因此电路为负反馈.

由于反馈信号取自发射极电阻 R_E 的电压,并没有接在输出端,或将输出端接的 R_L 短接,反馈信号依然存在,因此为电流反馈;在输入端由于输入信号与反馈信号分别接在不同节点基极、发射极两端,故为串联反馈.综上所述,该电路为电流串联负反馈.

例 5-2 电路如图 5-5 所示,试判断反馈类型.

解 假定输入信号对地瞬时极性为⊕,经两级共射放大电路反相后,u_o 为⊕,反馈电压 u_f 为⊕.因净输入量 $u_{id}=u_{be}=u_i-u_f$ 减少,电路为负反馈.

在输入端,输入信号与反馈信号分别加在三极管的基极、发射极两端,故为串联反馈.在输出端,若将负载电阻处(即该电路的输出端正极)短路,则输出信号接地,反馈信号随之消失,故为电压反馈.

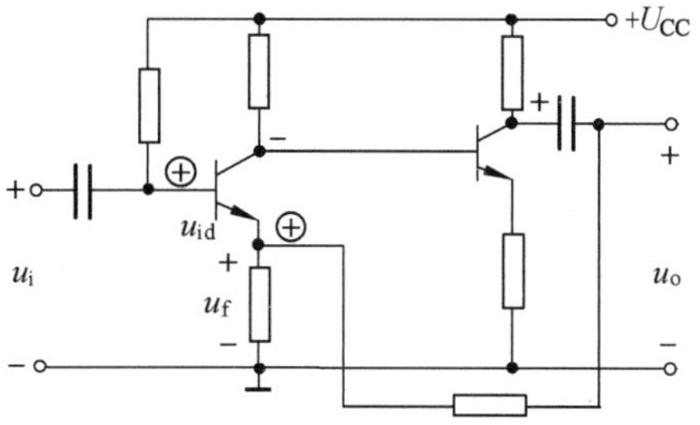

图 5-5 例 5-2 图

综上所述,该电路为电压串联负反馈.

5.1.4 负反馈对放大电路的影响

1. 降低放大倍数

指引入负反馈后,输出电压与输入电压之比降低了.

2. 提高放大倍数稳定性

指引入负反馈后,即使出现电路参数变化(例如,环境温度的改变引起三极管参数和电路元件参数的变化)和电源电压波动,放大电路的放大倍数也能稳定不变.

3. 改善波形失真

有负反馈的放大电路,输出信号波形与输入信号波形更接近.

4. 改变放大电路的输入、输出电阻

不同类型的负反馈对放大电路的输入、输出电阻影响不同.串联负反馈使输入电阻增大,并联负反馈使输入电阻减小,就如同电阻的串并联结论一样;电压负反馈能稳定输出电压,使输出电阻减小,电流负反馈能稳定输出电流,使输出电阻增大,就如同实际电压源和电流源结论一样.

5.2 集成运算放大器概述

5.2.1 集成电路的分类与封装

集成电路的英文缩写为 IC(Integrate Circuit),电路中的表示符号为 U,它是一种微型电子器件或部件.集成电路采用一定的工艺,把一个电路中所需的晶体管、二极管、电阻、电容和电感等元件及布线互连一起,制作在一小块或几小块半导体晶片或介质基片上,然后封装在一个管壳内,成为具有所需电路功能的微型结构.它还具有体积小、重量轻、引出线和焊接点少、寿命长、可靠性高、性能好等优点,同时成本低,便于大规模生产.

1. 集成电路的分类

(1) 按功能分.

数字集成电路:以电平高(1)、低(0)两个二进制数字进行数字运算、存储、传输及转换,基本形式有门电路和触发电路,主要有计数器、译码器、存储器等.

模拟集成电路是处理模拟信号的电路,分为线性与非线性两类:线性集成电路又叫运算放大器,用于家电、自控及医疗设备上;非线性集成电路用于信号发生器、变频器、检波器上.

(2) 按集成度分.

小规模集成电路(SSI):10~100 个元件/片,如各种逻辑门电路、集成触发器.

中规模集成电路(MSI):100~1 000 个元件/片,如译码器、编码器、寄存器、计数器.

大规模集成电路(LSI):1 000~100 000 个元件/片,如中央处理器、存储器.

超大规模集成电路(VLSI):>100 000 个元件/片,如 CPU(Pentium)每片含有元件 310 万~330 万个.

2. 集成电路的封装

DIP(Dual In-Line Package):双列直插式封装.插装型封装之一,引脚从封装两侧引出,封装材料有塑料和陶瓷两种.DIP 是最普及的插装型封装.

SOP(Small Outline Package):1968—1969 年菲利浦公司就开发出小外形封装(SOP).以后逐渐派生出 SOJ(J 型引脚小外形封装)、TSOP(薄小外形封装)、VSOP(甚小外形封装)、SSOP(缩小型 SOP)、TSSOP(薄的缩小型 SOP)及 SOT(小外形晶体管)、SOIC(小外形集成电路)等.

QFP(Quad Flat Package):方型扁平式封装.表面贴装型封装的一种,引脚端子从封装的两个侧面引出,呈 L 字形,引脚节距为 1.0 mm、0.8 mm、0.65 mm、0.5 mm、0.4 mm、0.3 mm,引脚可达 300 个以上.利用该技术实现的 CPU 芯片引脚之间距离很小,管脚很细,一般大规模或超大规模集成电路采用这种封装形式.根据封装本体厚度分为 QFP(2.0~3.6 mm 厚)、LQFP(1.4 mm 厚)和 TQFP(1.0 mm 厚)三种.

3. 各种集成电路封装图

常见集成电路封装图如图 5-6 所示.

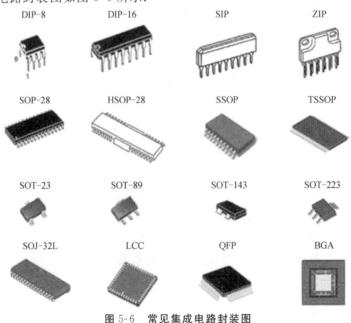

图 5-6 常见集成电路封装图

5.2.2 集成运算放大器的组成

不同型号的集成运算放大器其内部电路的组成是有差别的,然而一般都可以分成输入级、中间级和输出级三个基本部分,如图 5-7 所示.

图 5-7 运算放大器组成框图

集成运算放大器有两个输入端、一个输出端.输入级由差动放大电路组成,以起到抑制共模信号和减小零点漂移的作用.中间级有两个作用:一个是将输入级差动放大电路的双端输出信号转换成单端输出信号,另一个作用是将差动放大电路输出的信号电压进一步放大.输出级采用射极输出器,以提高带负载的能力.

如图 5-8 所示为集成运算放大器的图形符号.长方形的左边引线端为信号输入端.其中标有符号"−"的一端为信号的反相输入端,信号电压输入此端时,集成运算放大器输出端的输出电压与信号电压相反.标有符号"+"的一端为信号的同相输入端,信号电压输入此端时,集成运算放大器输出端的输出电压与输入电压是同相的.长方形框的右边引线端为信号输出端,输出端的输出电压为此端

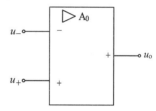

图 5-8 集成运算放大器图形符号

与公共端之间的电压.一般输出电压用 u_o 表示.框内三角形表示放大器,字母 A_0 表示运算放大器在未接反馈时的电压放大倍数.此外,集成运算放大器还有正、负电源和公共端,不在图形符号中画出.一般把"−"端称为反相端,"+"端称为同相端.

5.2.3 集成运算放大器的特点

集成运算放大器在结构形式和性能上有如下特点:

(1) 运算放大器各级之间均用直接连接方式.

(2) 由于在同一芯片上制成的晶体管及电阻,其参数有同向的偏差,晶体管、电阻受温度的影响基本相同,适合制成对称性好的差动放大电路,所以运算放大器温度漂移很小.

(3) 集成电路中的二极管大多用集电极与基极相连的三极管来代替,因此二极管的管压降接近同类三极管的 U_{BE} 值,温度系数也接近.

(4) 集成电路中的电阻,由于制造工艺的原因,电阻数值在 $100\Omega \sim 30k\Omega$ 之间.制作高阻值的电阻成本高,占用芯片面积大,阻值误差也大(可达 $10\% \sim 20\%$),因此在电路中往往用晶体管恒流源来代替大电阻.

5.2.4 集成运算放大器的主要参数

为了合理、正确地使用运算放大器,应对集成运算放大器的主要参数有所了解.集成运算放大器的主要参数及意义如下:

(1) 最大输出电压 U_{OPP}:能使输出电压和输入电压保持不失真关系的最大输出电压.U_{OPP} 一般在 $\pm 8 \sim \pm 15$ V 左右.

(2) 开环电压放大倍数 A_{uo}：放大器没有外接反馈电路时的放大器的差模电压放大倍数。A_{uo} 越高，运算放大器越稳定，运算精度也越高。A_{uo} 一般为 $10^4 \sim 10^7$。

(3) 输入失调电压 U_{io}：在理论上，当运算放大器的输入电压 $u_{i1}=u_{i2}=0$ 时（即把两端同时接地），运算放大器输出电压应为零。但实际上，由于制造过程中元件参数不能完全对称，虽然输入电压为零，但输出电压不为零。要使输出电压为零，必须在输入端加一个补偿电压。这个补偿电压称为输入失调电压，用 U_{io} 表示，U_{io} 一般为几个毫伏，U_{io} 越小越好。

(4) 输入失调电流 I_{io}：在运算放大器的输入信号为零时，两个输入端的静态基极电流的差值称为输入失调电流，即 $I_{io}=|I_{B1}-I_{B2}|$。I_{io} 一般为 $10^{-2} \mu A$ 级，I_{io} 越小越好。

(5) 输入偏置电流 I_{iB}：当输入信号为零时，两个输入端的静态基极电流的平均值，即 $I_{iB}=\dfrac{1}{2}(I_{B1}+I_{B2})$。这个电流也是越小越好，一般在零点几微安级。

(6) 共模抑制比 K_{CMRR}：放大电路对差模信号的放大倍数 A_d 和对共模信号的放大倍数 A_C 之比，称为共模抑制比，即

$$K_{CMRR}=|\frac{A_d}{A_C}|$$

或

$$K_{CMRR}=20\lg|\frac{A_d}{A_C}| \text{(dB)}$$

共模抑制比越大越好，K_{CMRR} 一般为 $100 \sim 200 dB$。

5.2.5 理想运算放大器

在分析运算放大器时，一般将它看成是一个理想运算放大器，使分析简单、方便。用理想运算放大器代替实际的运算放大器虽然会产生误差，但是实际运算放大器的技术指标比较接近理想化的条件，因此代替所带来的误差并不严重，在工程计算上是允许的，而理想化后使分析过程大大简化。

理想化的主要条件是：开环电压放大倍数 $A_{uo} \to \infty$；差模输入电阻 $r_{id} \to \infty$；开环输出电阻 $r_o \to 0$；共模抑制比 $K_{CMRR} \to \infty$。

以下对运算放大器的线性运算都是根据它的理想化条件来分析的。理想运算放大器的图形符号如图 5-9 所示，u_- 表示反相输入端对公共端的电压，u_+ 表示同相输入端对公共端的电压。方框中的符号"∞"表示理想运算放大器。u_o 表示输出端对地的电压。运算放大器可工作在线性区，也可工作在非线性区。运算放大器工作在线性区时，u_o 和 (u_+-u_-) 是线性关系，即 $u_o=A_\infty(u_+-u_-)$。运算

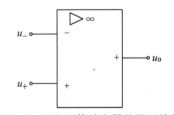

图 5-9 理想运算放大器的图形符号

放大器是一个线性元件。由于开环电压放大倍数 A_∞ 很大，即使很小（毫伏级以下）的输入信号也足以使输出电压饱和，饱和值为接近正电源电压值或负电源电压值。若运算放大器工作在线性区，通常要引入负反馈。

运算放大器工作在线性区时，分析依据有如下两条：

① 由于运算放大器的差模输入电阻 $r_{id} \to \infty$，因此可以认为两个输入端的输入电流为

零,即 $i_+ = i_- = 0$,称为"虚断".

② 由于运算放大器的开环电压放大倍数 $A_{uo} \to \infty$,而输出电压 u_o 值是有限的,输出电压与输入电压 $(u_+ - u_-)$ 是线性关系,即

$$u_o = A_\infty (u_+ - u_-)$$

可得

$$u_+ - u_- = \frac{u_o}{A_\infty} = 0$$

即

$$u_+ = u_- \tag{5-1}$$

当同相端接"地"时,$u_+ = 0$,u_+ 为"地"电位,由式(5-1)可知,u_- 也等于 0,反相端也是"地"电位,但反相端并没有接"地",因此反相端是一个不接"地"的"地",称反相端为"虚地"端.

由于 $u_+ \approx u_-$,理想运算放大器的两个输入端之间无电压.u_+、u_- 两个输入端可以认为是短接的,但实际上不是短接的,因此称 u_+ 端与 u_- 端是"虚短".

5.3 运算放大器的基本运算电路

运算放大器能进行多种数学运算,如信号的加、减、积分、微分等.本节介绍七种基本运算的运算电路.在分析这些运算电路时,假定运算放大器是理想运算放大器,因此用到分析理想运算放大器的两个依据:流入运算放大器的两个输入端的电流为零;$u_+ = u_-$.同时应用到"虚地"和"虚短"的概念.

1. 反相比例运算电路

图 5-10 是反相比例运算电路,输入信号 u_i 经电阻 R_1 输入反相输入端,输出电压 u_o 经电阻 R_f 反馈到反相输入端,同相输入端经电阻 R_2 接"地".下面分析输出电压 u_o 与输入电压 u_i 之间的大小、相位关系.

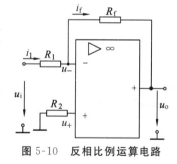

图 5-10 反相比例运算电路

同相端经 R_2 接"地",$u_+ = 0$,又 $u_+ = u_-$,所以 $u_- = 0$. 信号电压 u_i 流出的电流为

$$i_1 = \frac{u_i - u_-}{R_1} = \frac{u_i}{R_1}$$

根据"虚断"原理,无电流流入运算放大器,i_1 全部流入电阻 R_f,即

$$i_f = i_1 = \frac{u_i}{R_1}$$

根据 KVL 定律,可得

$$u_o = u_- - i_f R_f = -i_f R_f = -\frac{R_f}{R_1} u_i \tag{5-2}$$

式(5-2)表明 u_o 与 u_i 有一固定比例关系,比值大小仅由 R_1 和 R_f 决定,与放大器参数

无关.式中符号表示 u_o 与 u_i 的相位相反,当 $R_1=R_f$ 时,$u_o=-u_i$,运算放大器成反相器.

2. 同相比例运算电路

图 5-11 是同相比例运算电路.同相端经电阻 R_2 接入电压 u_i,因 $i_+=0$,所以 $u_+=u_-$,因此 $u_+=u_-=u_i$,由图 5-11 可得

$$i_1=\frac{0-u_-}{R_1}=-\frac{u_-}{R_1}$$

根据 KVL 定律,得

$$i_f R_f + u_o = u_- = u_i$$

即

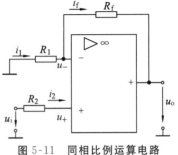

图 5-11 同相比例运算电路

$$u_o = u_i - i_f R_f \qquad (5-3)$$

又因无电流流入运算放大器,因此得

$$i_f = i_1 = -\frac{u_i}{R_1}$$

将上式代入式(5-3),并整理,可得

$$u_o = \left(1+\frac{R_f}{R_1}\right) u_i \qquad (5-4)$$

同相比例运算电路的输出端电压与输入端电压是同相的,比例系数为 $1+\frac{R_f}{R_1}$.当 $R_f=0$ 时,比例系数为 1,即 $u_o=u_i$,为电压跟随器.对信号源的输出电流来说,同相输入信号的输出电流要比反相输入信号的输出电流小得多,基本为 0.

3. 反相比例加法运算电路

图 5-12 是反相比例加法运算电路.被相加的几个信号电压 u_{i1}、u_{i2}、u_{i3} 均有共同的"地"端,不能像一般电压串联相加,通过此电路能实现 u_{i1}、u_{i2}、u_{i3} 相加.

由图 5-12 可知,$u_+=0$,根据"虚地"概念,得 $u_-=0$.根据 KCL 定律及无电流流入运算放大器,得

$$i_f = i_{11}+i_{12}+i_{13} = \frac{u_{i1}}{R_{11}}+\frac{u_{i2}}{R_{12}}+\frac{u_{i3}}{R_{13}} \qquad (5-5)$$

根据 KVL 定律,可得

$$u_o = u_- - i_f R_f = -i_f R_f$$

将式(5-5)代入上式,得

$$u_o = -\left(\frac{u_{i1}}{R_{11}}+\frac{u_{i2}}{R_{12}}+\frac{u_{i3}}{R_{13}}\right) R_f$$

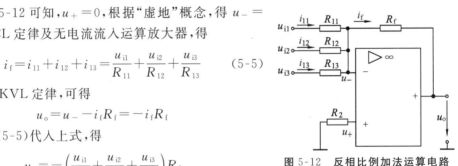

图 5-12 反相比例加法运算电路

当 $R_f=R_{11}=R_{12}=R_{13}$ 时可得

$$u_o = -(u_{i1}+u_{i2}+u_{i3}) \qquad (5-6)$$

式(5-6)表示 u_o 是各个输入电压的和,但相位相反,在图 5-12 的电路后面再接一个反相器就能实现 $u_o=u_{i1}+u_{i2}+u_{i3}$.

4. 差动运算电路

图 5-13 为差动运算电路,由图可知 $u_+=\frac{R_3}{R_2+R_3}u_{i2}$,根据 $u_+=u_-$,可得

$$u_- = \frac{R_3}{R_2+R_3}u_{i2}$$

流入电阻 R_1 的电流为

$$i_1 = \frac{u_{i1}-u_-}{R_1} = \frac{u_{i1}}{R_1} - \frac{R_3}{R_1(R_2+R_3)}u_{i2}$$

因为无电流流入运算放大器,因此得

$$i_f = i_1 = \frac{u_{i1}}{R_1} - \frac{R_3}{R_1(R_2+R_3)}u_{i2} \qquad (5\text{-}7)$$

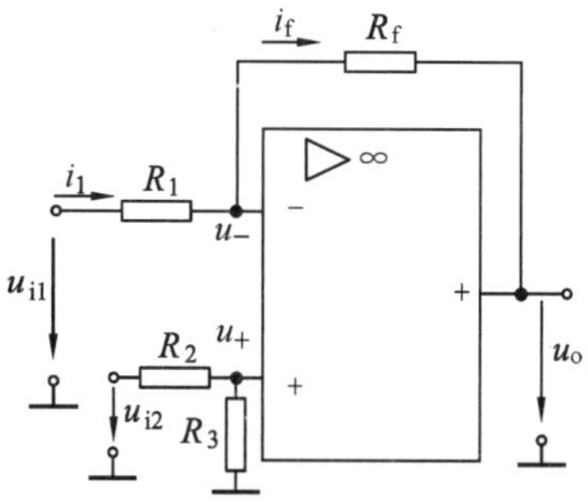

又 $\quad u_o = u_- - i_f R_f$

将式(5-7)代入上式,整理后得

$$u_o = -\frac{R_f}{R_1}u_{i1} + \left(1+\frac{R_f}{R_1}\right)\frac{R_3}{R_2+R_3}u_{i2}$$

当 $R_1 = R_2$ 和 $R_3 = R_f$ 时,得

$$u_o = \frac{R_f}{R_1}(u_{i2} - u_{i1}) \qquad (5\text{-}8)$$

当 $R_1 = R_f$ 时,得

$$u_o = u_{i2} - u_{i1} \qquad (5\text{-}9)$$

式(5-9)表明,u_o 是两个输入电压的差值,电路成减法器.

例 5-3 电路如图 5-14 所示,$R_1 = 10 \text{ k}\Omega$,$R_2 = 20 \text{ k}\Omega$,$R_f = 100 \text{ k}\Omega$,$u_{i1} = 0.2 \text{ V}$,$u_{i2} = -0.5 \text{ V}$,求输出电压 u_o.

解 分析可知,此电路为反向比例加法运算电路.
根据公式可知:

$$\begin{aligned}u_o &= -\left(\frac{R_f}{R_1}u_{i1} + \frac{R_f}{R_2}u_{i2}\right) \\ &= -\left(\frac{100}{10}\times 0.2 - \frac{100}{20}\times 0.5\right)\text{V} \\ &= 0.5 \text{ V}\end{aligned}$$

图 5-13 差动运算电路

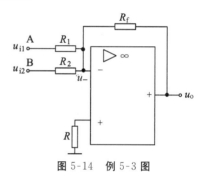

图 5-14 例 5-3 图

例 5-4 如图 5-15 所示,电路的输入电压 $u_i = 5$ V,$R_1 = 2 \text{ k}\Omega$,$R_2 = R_3 = 500 \Omega$,$R_f = 6 \text{ k}\Omega$,求输出电压 u_o 的值.

解 分析可知:

$$\begin{aligned}u_- = u_+ &= \frac{R_3}{R_2+R_3}u_i \\ &= \frac{500}{500+500}\times 5 \text{ V} = 2.5 \text{ V}\end{aligned}$$

$$u_o = \left(1+\frac{R_f}{R_1}\right)u_+ = \left(1+\frac{6}{2}\right)\times 2.5 \text{ V} = 10 \text{ V}$$

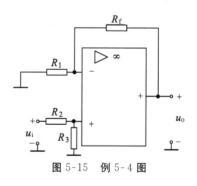

图 5-15 例 5-4 图

5. 积分运算电路

图 5-16 为积分运算电路.由于 $u_+ = 0$,所以 $u_- = u_+ = 0$,又因 $i_- = 0$,因此 $i_f = i_1$.电路

中电容两端的电压为

$$u_C = \frac{1}{C}\int i_f \cdot dt = \frac{1}{C}\int i_1 dt \quad (5-10)$$

因为 $i_1 = \frac{u_i}{R_1}$,所以式(5-10)可写成

$$u_C = \frac{1}{CR_1}\int u_i dt$$

因为 $u_- = 0$,根据 KVL 定律,得

$$u_o = -u_C = -\frac{1}{CR_1}\int u_i dt = -\frac{1}{T_i}\int u_i dt \quad (5-11)$$

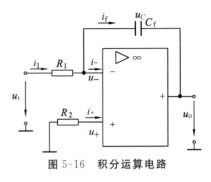

图 5-16 积分运算电路

式(5-11)中 $T_i = R_1 C$ 称为积分时间常数.式(5-11)表明输出电压 u_o 正比于输入电压 u_i 对时间的积分,但极性相反.当 u_i 为一固定常数 U_i 时,输出电压

$$u_o = -\frac{U_i}{CR_1}t = -\frac{t}{T_i}U_i$$

u_o 将随时间 t 作线性增长,但 u_o 不能无限增加. u_o 的输出受到运算放大器电源电压的限制, u_o 经过一定时间后将达到饱和值,运算放大器进入饱和区.

6. 微分运算电路

图 5-17 是微分运算电路.由电路可知, $u_+ = 0$, $u_- = 0$,且无电流流入运算放大器,流入电容器的电流 i_1 是信号电压 u_i 对电容器的充电电流,充电电流为

$$i_1 = C\frac{du_C}{dt}$$

因为 $u_- = 0$ 是"虚地",所以 $u_C = u_i$,将 $u_C = u_i$ 代入上式,得

$$i_1 = C\frac{du_i}{dt}$$

输出电压为

$$u_o = -i_f R_f = -i_1 R_f = -CR_f\frac{du_i}{dt} = -T_D\frac{du_i}{dt} \quad (5-12)$$

式(5-12)中 $T_D = CR_f$ 称为微分时间常数.式(5-12)表明,输出电压正比于输入电压 u_i 对时间的微分,电路具有微分运算功能.

7. 同相电压跟随器

同相电压跟随器如图 5-18 所示.输入信号电压 u_i 输入放大器的同相端.从图中可知 $u_o = u_-$,又根据"虚短"原理,得 $u_- = u_+ = u_i$,因此放大器的输出电压为 $u_o = u_- = u_+ = u_i$, u_o 与 u_i 大小极性均相同,称为电压跟随器.由于无电流流入运算放大器,同相输入端几乎是不吸收信号源的电流,因此同相电压跟随器有极高的输入电阻,它对高内阻的信号源是非常合适的.同时这种电路的输出电阻很低,带动负载能力较强.

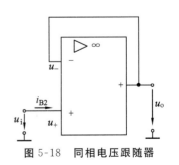

图 5-18 同相电压跟随器

5.4 集成运算放大器的非线性应用

集成运算放大器工作在非线性区域时,其稳态输出值只能有两个值:最大输出电压$+U_{om}$与最小输出电压$-U_{om}$.对应的电路结构或为开环,或为正反馈.

5.4.1 电压比较器

电压比较器用于比较输入电压和参考电压的大小,用于测量、控制以及波形发生等方面.

当运算放大器为非线性应用时,其电路结构一般处于开环状态,有时为了提高在状态转换时的速度,在电路中引入正反馈.

根据比较器的传输特性来分类,常用的比较器有过零比较器、单限比较器、双限比较器以及迟滞比较器等.

1. 过零比较器

参考电压$U_R=0$时的比较器称为过零比较器.每当输入信号穿过零值,过零比较器输出状态改变一次,因此过零比较器常用于信号的正负值检测.

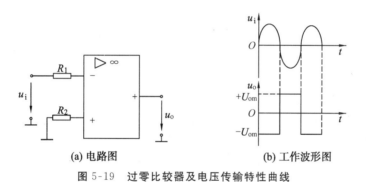

图 5-19 过零比较器及电压传输特性曲线

过零比较器是最简单的一种比较器,当$u_i<0$时,$u_o=+U_{om}$;当$u_i>0$时,$u_o=-U_{om}$.

2. 单限比较器

单限比较器是指有一个门限电平(电平是一种表示电压、电流或功率相对大小的参数),当输入信号等于此门限电平时,比较器输出端的状态立即发生跳变.单限比较器可用于检测输入的模拟信号是否达到某一给定的电平.

图 5-20 所示为一种单限比较器.可以看出此电路是在图 5-19 过零比较器的基础上,在同相端接入一参考电压U_{REF}而得到的.

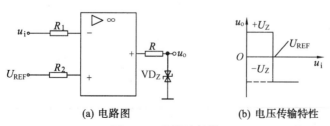

图 5-20 单限比较器

由图可见,当输入电压 $u_i<U_{REF}$ 时,$u_o=+U_Z$;当 $u_i>U_{REF}$ 时,$u_o=-U_Z$,故门限电压为 U_{REF}.

组成单限比较器的电路可以有多种,如图 5-21 所示电路为另一种单限比较器.电路中输入电压 u_i 与参考电压 U_{REF} 接到运算放大器的反相输入端,运算放大器的同相输入端接地.

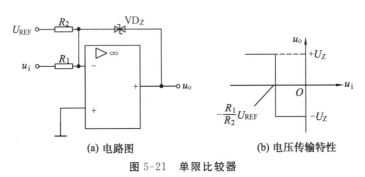

(a) 电路图　　(b) 电压传输特性

图 5-21　单限比较器

由图可见,输出电压跳变的临界条件是 $u_-\approx u_+=0$.在满足上述条件时,由图 5-21 可得

$$\frac{U_{REF}}{R_2}+\frac{u_i}{R_1}=0$$

因此

$$u_i=-\frac{R_1}{R_2}U_{REF}=U_T \tag{5-13}$$

当 $u_i<U_T$ 时,u_- 为负,$u_+>u_-$,u_o 为高电平,$u_o=+U_Z$;反之,$u_o=-U_Z$.由此可画出此单限比较器的传输特性,如图 5-21(b)所示.

3. 迟滞比较器

单限比较器具有电路简单、灵敏度高等优点,但是存在的主要问题是抗干扰能力差.如果输入信号受到干扰或噪声的影响,在门限电平上下波动时,则输出电压可能发生多次跳变.如在控制系统中发生这种情况,则可能产生误动作,将对执行机构产生不利影响.

采用具有滞回传输特性的比较器可以有效地提高电路的抗干扰能力.迟滞比较器又称为施密特触发器,其电路如图 5-22 所示.

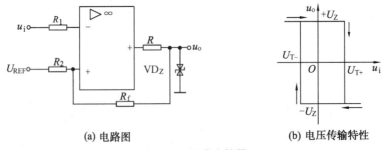

(a) 电路图　　(b) 电压传输特性

图 5-22　迟滞比较器

输入电压 u_i 经电阻 R_1 加在反相输入端,参考电压 U_{REF} 经电阻 R_2 接在同相输入端,此外从输出端通过电阻 R_f 引回同相输入端.电阻 R 和双向稳压管 VD_Z 起限幅作用,将输出

电压的幅度限制在±U_Z.

两个门限电平之差称为门限宽度或回差,用符号 ΔU_T 表示,通过计算可得:

$$\Delta U_T = U_{T+} - U_{T-} = \frac{2R_2}{R_2 + R_f} U_Z \tag{5-14}$$

由式(5-14)可见,门限宽度 ΔU_T 的值取决于 U_Z、R_2 及 R_f 的值,但与参考电压 U_{REF} 无关.改变 U_{REF} 的大小可以同时调节两个门限电平 U_{T+} 和 U_{T-} 的大小,但二者之差 ΔU_T 不变.也就是说,当 U_{REF} 改变时,迟滞比较器的传输特性将平行移动,但滞回曲线的宽度将保持不变.

4. 双限比较器

双限比较器是另一类常用的比较器.它有两个门限电平,当输入信号处于两个门限电平之间时,输出是一种状态;当输入信号大于或小于两个门限电平时,输出是另一种状态.

双限比较器的一种电路如图 5-23(a)所示.由图可看出,电路是由一个反相输入比较器和一个同相输入比较器组合而成的.

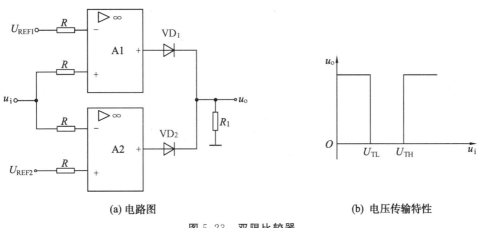

图 5-23 双限比较器

设两个参考电压 $U_{REF1}>U_{REF2}$.由图看出,当 $u_i<U_{REF2}$ 时,运算放大器 A1 输出低电平,A2 输出高电平,于是二极管 VD_1 截止,VD_2 导通,则输出电压 u_o 为高电平.当 $u_i>U_{REF1}$ 时,运算放大器 A1 输出高电平,A2 输出低电平,则 VD_1 导通,VD_2 截止,则输出电压 u_o 为高电平.只有当 $u_{REF2}<u_i<U_{REF1}$ 时,运算放大器 A1、A2 均输出低电平,二极管 VD_1、VD_2 均截止,则输出电压 u_o 为低电平.比较器的电压传输特性如图 5-23(b)所示.可见这种比较器有两个门限电平:上门限电平 U_{TH} 和下门限电平 U_{TL}.图示电路的 $U_{TH}=U_{REF1}$,$U_{TL}=U_{REF2}$.

由于双限比较器的电压传输特性形状像一个窗孔,所以又称为窗孔比较器(Window Comparator).

5.4.2 集成运算放大器典型拓展应用

常用的非正弦波发生电路有矩形波发生电路、三角波发生电路以及锯齿波发生电路等,它们常常用于脉冲和数字电路作为信号源.

非正弦波的产生可以有多种方法实现,本节主要讨论以电压比较器为主要基本环节所形成的非正弦波产生电路.非正弦波发生电路中矩形波发生电路是基本电路.在矩形波发生电路的基础上,再加上积分环节,就可以组成三角波或锯齿波发生电路.

1. 矩形波发生电路

(1) 电路组成.

图 5-24(a)为矩形波发生电路的电路图,其中集成运算放大器与电阻 R_1、R_2 组成迟滞比较器,电阻 R 和电容 C 构成充放电回路,稳压管 VD_Z 和电阻 R_3 的作用是钳位,将迟滞比较器的输出电压限制在稳压管的稳定电压值 $\pm U_Z$.

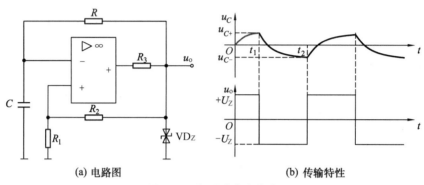

图 5-24 矩形波发生电路

(2) 工作原理.

当电路接通电源时,运算放大器两输入端的电压是 $u_+>u_-$ 还是 $u_+<u_-$ 完全是随机的.如果开始为 $u_+>u_-$,由于运算放大器开环增益很大,又具有正反馈,因此输出电压 u_o 将迅速上升为 $+U_Z$.反之,若开始 $u_+<u_-$,则 u_o 将迅速下降为 $-U_Z$.假设 $t=0$ 时电容 C 上的电压 $u_C=0$,比较器输出电压为高电平,即 $u_o(0)=+U_Z$.则集成运算放大器同相输入端的电压为输出电压在电阻 R_1、R_2 上的分压,即 $u_+=\dfrac{R_1}{R_1+R_2}U_Z$.

此时输出电压 $+U_Z$ 将通过电阻 R 向电容 C 充电,使电容两端的电压升高,而此电容上的电压接到集成运算放大器的反相输入端,即 $u_-=u_C$.当电容上的电压上升到 $u_-=u_+$ 时,迟滞比较器的输出端将发生跳变,由高电平跳变为低电平,使 $u_o=-U_Z$,于是集成运算放大器同相输入端的电压也立即变为 $u_+=-\dfrac{R_1}{R_1+R_2}U_Z$.

输出电压变为低电平后,电容 C 将通过 R 放电,使 u_C 逐渐降低.当电容上的电压下降到 $u_-=u_+$ 时,迟滞比较器再次发生跳变,由低电平跳变为高电平,即 $u_o=+U_Z$.之后重复上述过程,于是输出端产生了正负交替的矩形波.

电容 C 两端的电压 u_C 以及迟滞比较器的输出电压 u_o 的波形如图 5-24(b)所示.

2. 三角波发生电路

三角波发生电路一般是在矩形波发生电路后加一级积分电路,将矩形波积分后即可得到三角波.

图 5-25(a)所示为一个三角波发生电路,图 5-25(b)为其波形图.图中集成运算放大器 A1 组成迟滞比较器,A2 组成积分电路.迟滞比较器输出端的矩形波加在积分电路的反相输入端,而积分电路输出的三角波又接到迟滞比较器的同相输入端,控制迟滞比较器输出端的状态发生跳变,从而在 A2 的输出端得到周期性的三角波.其工作过程读者可根据相关原理自行分析.

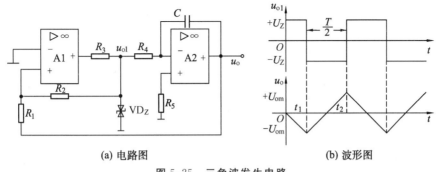

(a) 电路图 (b) 波形图

图 5-25　三角波发生电路

3. 锯齿波发生电路

在三角波发生电路中如果将积分电路中积分电容的充电和放电时间常数分离,则充电时间与放电时间将不再相同,若使充电时间常数与放电时间常数相差悬殊,则可在积分电路的输出端得到锯齿波信号.

在如图 5-25(a)所示三角波发生电路的基础上,用二极管 VD_1、VD_2 和电位器 R_W 代替原来的积分电阻,利用二极管的单向导电性,即可将充电回路与放电回路分离,构成锯齿波发生电路,如图 5-26(a)所示.

假设调节电位器 R_W 动端的位置,使 $R_{W1} \ll R_{W2}$,则电容充电的时间常数将比放电的时间常数小很多,于是充电过程很快,而放电过程很慢,输出即可得到锯齿波.电路的输出波形如图 5-26(b)所示,图中 $T_1 \ll T_2$.

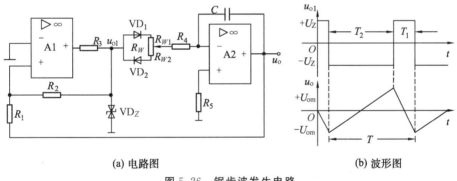

(a) 电路图 (b) 波形图

图 5-26　锯齿波发生电路

5.5　集成运算放大器选择和使用中应注意的问题

目前,集成运算放大器应用很广,在选择、使用和调试时应注意以下问题.

5.5.1　集成运算放大器的选择

集成运算放大器按技术指标可分为通用型和专用型两大类.按每一集成片中运算放大器的数目可分为单运算放大器、双运算放大器和四运算放大器.

通常应根据实际要求来选用运算放大器.如无特殊要求,一般选用通用型运算放大器,因通用型既易得到,价格又较低廉.而对于有特殊要求的应选用专用型运算放大器,如测量放大器、模拟调节器、有源滤波器和采样—保持电路等,应选择高输入阻抗型运算放大器;精密检测、精密模拟计算、自校仪表等选择低温漂型运算放大器;快速模—数和数—模转换器等应选择高速型运算放大器;等等.

目前运算放大器的类型很多,型号标注又未完全统一,例如部标型号 F007,国标为 μA741.因此选择元件时,必须先查有关产品手册,了解其指标参数和使用方法.选好后,再根据管脚图和符号图连接外部电路,包括电源、外接偏置电阻、消振电路及调零电路等.图 5-27 所示为调零电路.

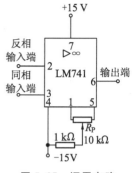

图 5-27　调零电路

5.5.2　集成运算放大器的保护

1. 电源端的保护

为了防止电源极性接反而损坏运算放大器,可利用二极管的单向导电性,在电源连接线中串接二极管来实现保护,如图 5-28 所示.

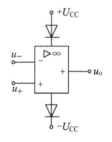

图 5-28　电源端保护

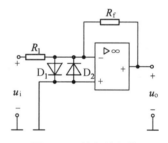

图 5-29　输入端保护

2. 输入端的保护

当输入信号电压过高时会损坏运算放大器的输入级.为此,可在输入端接入反向并联的二极管,将输入电压限制在二极管的正向压降以下,如图 5-29 所示.

3. 输出端的保护

为了防止输出电压过大,可用稳压管来保护.如图 5-30 所示,将两个稳压管反向串联再并接于反馈电阻 R_f 的两端,运算放大器正常工作时,输出电压 u_o 低于任一稳压管的稳压值 U_Z,稳压管不会被击穿,稳压管支路相当于断路,对运算放大器的正常工作无影响.当输出电压 u_o 大于一只稳压管的稳压值 U_Z 和另一只稳压管的正向压降 U_f 之和时,一只稳压管就会反向击穿,另一只稳压管正向导通,从而把输出电压限制在 $\pm(U_Z+U_f)$ 的范围内.

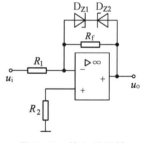

图 5-30　输入端保护

小　结

1. 反馈

反馈就是将放大电路(或某一系统)输出端的电压(或电流)信号的一部分或全部,通过某种电路引回到放大电路的输入端.反馈有正、负反馈之分;负反馈分电压串联、电压并联、电流串联、电流并联四种负反馈.

2. 集成运算放大器的特点

集成运算放大电路的电压放大倍数很大,输入电阻很高,输出电阻很低,是多级直接耦合放大电路.它由输入级(差动放大电路)、中间级(共射极电路)和输出级(互补射极输出器)构成,它可以工作在线性和非线性两种状态.

3. 理想集成运算放大器的条件

开放电压放大倍数 $A_{uo} \to \infty$,差模输入电阻 $r_{id} \to \infty$,开环输出电阻 $r_o \to 0$,共模抑制比 $K_{CMRR} \to \infty$.

在实际电路分析中,常把实际运算放大器作为理想运算放大器来考虑,分析依据有两条:

(1) 虚短:即集成运算放大器的同相输入端与反向输入端电位相等,两端输入间的电压近似为零,但又不是真正短路,即 $u_+ \approx u_-$.

(2) 虚断:即集成运算放大器两输入端的输入电流近似为零但又不是真正断开,即 $i_+ = i_- \approx 0$.

4. 运算放大器的应用

运算放大器可通过改变外接反馈网络的形式和数值,实现加法、减法、积分、微分等不同的算术运算关系,还可以实现信号的比较、各种非正弦波形的发生等.

5. 运算放大器的选择和使用中应注意的问题

选择运算放大器时,一般考虑选用通用型;要对运算放大器的输入端、输出端、电源端进行保护.

习 题

5.1 理想运算放大器同相输入端和反相输入端的"虚短"指的是_____的现象.

5.2 将放大器_____的全部或部分通过某种方式回送到输入端,这部分信号叫做_____信号.使放大器净输入信号减小,放大倍数也减小的反馈,称为_____反馈;使放大器净输入信号增加,放大倍数也增加的反馈,称为_____反馈.放大电路中常用的负反馈类型有_____负反馈、_____负反馈、_____负反馈和_____负反馈.

5.3 若要集成运算放大器工作在线性区,则必须在电路中引入_____反馈;若要集成运算放大器工作在非线性区,则必须在电路中引入_____或者_____反馈.集成运算放大器工作在线性区的特点是_____等于_____,_____等于零.集成运算放大器工作在非线性区的特点是输出电压只有_____状态和净输入电流等于_____.在运算放大器电路中,集成运算放大器工作在_____区,电压比较器集成运算放大器工作在_____区.

5.4 集成运算放大器有两个输入端,称为_____输入端和_____输入端,相应有_____、_____和_____三种输入方式.

5.5 放大电路为稳定静态工作点,应该引入_____负反馈;为提高电路的输入电阻,应该引入＿＿＿＿负反馈；为了稳定输出电压，应该引入＿＿＿＿负反馈．

5.6 理想运算放大器工作在线性区时有两个重要特点：一是差模输入电压＿＿＿＿，称为＿＿＿＿；二是输入电流＿＿＿＿，称为＿＿＿＿．

5.7 放大电路一般采用的反馈形式为负反馈． (   )

5.8 电压比较器的输出电压只有两种数值． (   )

5.9 集成运算放大器未接反馈电路时的电压放大倍数称为开环电压放大倍数． (   )

5.10 "虚短"就是两点并不真正短接，但具有相等的电位． (   )

5.11 "虚地"是指该点与接地点等电位． (   )

5.12 射极输出器是典型的(   )放大器．
A. 电流串联负反馈　　B. 电压并联负反馈　　C. 电压串联负反馈

5.13 理想运算放大器的开环放大倍数 A_{uo} 为(   ),输入电阻为(   ),输出电阻为(   )．
A. ∞　　B. 0　　C. 不定

5.14 集成运算放大器能处理(   )．
A. 直流信号　　B. 交流信号　　C. 交流信号和直流信号

5.15 为使电路输入电阻高、输出电阻低,应引入(   )．
A. 电压串联负反馈　　B. 电压并联负反馈
C. 电流串联负反馈　　D. 电流并联负反馈

5.16 在由运算放大器组成的电路中,运算放大器工作在非线性状态的电路是(   )．
A. 反相放大器　　B. 差值放大器
C. 有源滤波器　　D. 电压比较器

5.17 集成运算放大器工作在线性放大区,由理想工作条件得出两个重要规律是(   )．
A. $u_+ = u_- = 0, i_+ = i_-$　　B. $u_+ = u_-, i_+ = i_- = 0$
C. $u_+ = u_-, i_+ = i_- = 0$　　D. $u_+ = u_- = 0, i_+ \neq i_-$

5.18 利用集成运算放大器构成电压放大倍数为 $-A$ 的放大器, $|A| > 0$ 应选用(   )．
A. 反相比例运算电路　　B. 同相比例运算电路
C. 同相求和运算电路　　D. 反相求和运算电路

5.19 电路如图 5-31 所示,求下列情况下, u_o 和 u_i 的关系式．
(1) S_1 和 S_3 闭合, S_2 断开时；
(2) S_1 和 S_2 闭合, S_3 断开时．

5.20 在图 5-32 中,已知 $R_f = 2R_1, u_i = -2$ V.试求输出电压 u_o．

5.21 图 5-33 是利用两个运算放大器组成的较高输入电阻的差动放大电路.试求输出 u_o 与输入 u_{i1}、u_{i2} 的运算关系式．

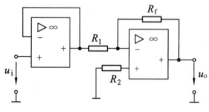

图 5-31　习题 5.19 图

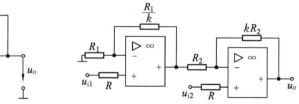

图 5-32　习题 5.20 图　　　　　图 5-33　习题 5.21 图

5.22 图 5-34 是由 4 个理想运算放大器组成的电路,求输出电压 u_o.

5.23 理想运算放大器电路如图 5-35 所示.当开关 S 与 a 端相接,电流 I_x 为 5 mA 时, u_o 为 -5 V;当开关 S 与 b 端相接,电流 I_x 为 1 mA 时,u_o 也为 -5 V.试求 R_1 与 R_2.

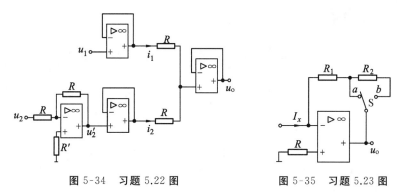

图 5-34 习题 5.22 图　　　图 5-35 习题 5.23 图

5.24 如图 5-36 所示理想运算放大器电路,已知 $u_i = 1$ V,试分别求出在开关 S 断开与闭合时的输出电压 u_o.

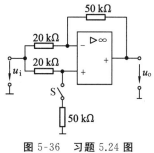

图 5-36 习题 5.24 图

5.25 试写出图 5-37 所示电路的输出 u_{o1} 和 u_{o2} 与输入 u_{i1} 和 u_{i2} 之间的关系.

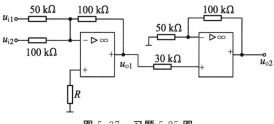

图 5-37 习题 5.25 图

5.26 电路如图 5-38 所示,写出 u_o 与 u_{i1}、u_{i2}、u_{i3} 的运算关系式.

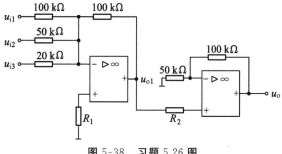

图 5-38 习题 5.26 图

第6章 正弦波振荡电路及直流稳压电源

在电子线路与设备中,一般需要稳定的直流电源供电.由于电网提供的是 50 Hz 的交流电,因此常用整流电路将交流电转换成脉动直流电,并经滤波、稳压环节得到稳定的直流电.本章介绍直流稳压电源的组成、原理及参数分析.

正弦波振荡电路是在没有外加输入信号的情况下,由电路自激振荡产生一定频率和幅度的正弦波输出电压的电路.它的频率范围较广,从几赫到几百兆赫以上;输出的功率可以从几毫瓦到几十千瓦;输出的交流电能是从直流电能转换而来的.常用的正弦波振荡电路有 LC 振荡电路和 RC 振荡电路.前者输出频率较高,功率较大;后者输出频率较低,功率较小.正弦波振荡器在通信、广播、自动控制、仪表测量、高频加热及超声探伤等方面具有广泛用途.本章着重介绍振荡电路的条件、组成,几种典型振荡电路的组成及特点.

6.1 直流稳压电源

6.1.1 直流稳压电源的组成

直流稳压电源的功能是将 220 V、50 Hz 的交流电压变换为幅值稳定的直流电压.单相小功率直流电源一般由电源变压器、整流电路、滤波电路和稳压电路四部分组成,如图 6-1 所示.各环节作用如下:

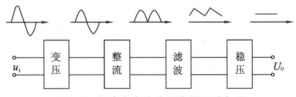

图 6-1 小功率直流稳压电源组成框图

1. 整流变压器

将交流电源电压变换为符合负载需要的交流电压.

2. 整流电路

利用具有单向导电性能的整流元件如二极管,将正弦交流电压变为单向脉动直流电压.

3. 滤波电路

利用电感、电容等元件的频率特性,将脉动电压中的谐波成分滤掉,使输出电压为比较平滑的直流电压.

4. 稳压电路

当电网电压波动或负载变动时,使输出电压保持平滑稳定.

6.1.2 单相整流电路

把交流电变成单向脉动直流电的过程叫做整流.根据负载上所得整流波形的类型,可将整流电路分为半波整流和全波整流两种.

1. 单相半波整流电路

如图 6-2(a)所示为单相半波整流电路.它是最简单的整流电路,由电源变压器、整流二极管 V、负载 R_L 组成.设变压器副边电压 $u_2=\sqrt{2}U_2\sin\omega t$,其工作波形如图 6-2(b)所示.

在 u_2 的正半周,即 A 点为正、B 点为负时,二极管 V 正偏导通.若忽略二极管的导通压降,则 $u_o \approx u_2$.在 u_2 的负半周,即 A 点为负、B 点为正时,二极管 V 反偏截止,则 $u_o \approx 0$.因此经整流后,负载上得到半个正弦波,故名半波整流.经半波整流电路的输出电压是单向的、大小是变化的,常称为半波整流波.

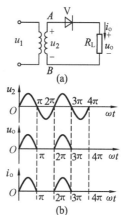

图 6-2 单相半波整流电路及波形

单相半波整流电压常用一个周期的平均值来表示,即

$$U_o = \frac{1}{2\pi}\int_0^\pi \sqrt{2}U_2\sin\omega t\,d(\omega t) = \frac{\sqrt{2}}{\pi}U_2 = 0.45U_2 \quad (6-1)$$

流过负载和二极管的平均电流分别为

$$I_o = \frac{U_o}{R_L} = 0.45\frac{U_2}{R_L}$$

$$I_V = I_o = 0.45\frac{U_2}{R_L}$$

(6-2)

由图 6-2(a)可见,当二极管反向截止时所承受的最高反向电压就是 u_2 的峰值电压,为

$$U_{VRM} = \sqrt{2}U_2 \quad (6-3)$$

实际工作中,二极管的 I_V 和 U_{VRM} 的大小,应根据负载所需要的直流电压和直流电流选择整流元件.为保证二极管能可靠地工作,在选择元件参数时应留有适当的余地.

单相半波整流电路虽然结构简单,但效率低,输出电压脉动大,仅适应对直流输出电压平滑程度不高和功率较小的场合,如电解、电镀等.

2. 单相桥式整流电路

单相半波整流的缺点是只利用了电源的半个周期,同时整流电压的脉动较大.为克服这些缺点,常采用单相桥式整流电路.单相桥式整流电路如图 6-3(a)所示,由四只二极管连接成"桥"式结构,故名桥式整流电路.图 6-3(b)和(c)分别为电路的简化电路图和工作波形.

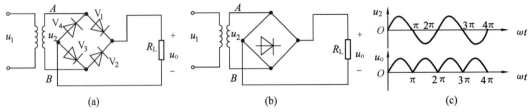

图 6-3 单相桥式整流电路及波形

当变压器副边电压 u_2 为正半周时,即 A 点为正、B 点为负时,二极管 V_1、V_3 承受正向电压而导通,二极管 V_2、V_4 承受反向电压而截止.电流回路为:$A \to V_1 \to R_L \to V_3 \to B$,在 R_L 上得到上正下负的半波整流电压.当 u_2 为负半周时,即 B 点为正、A 点为负时,此时 V_2、V_4 承受正向电压而导通,V_1、V_3 承受反向电压而截止.电流回路为:$B \to V_2 \to R_L \to V_4 \to A$,$R_L$ 上仍为上正下负的半波整流电压.

显然,单相桥式整流电路的整流电压的平均值为单相半波整流电压的平均值的 2 倍,即

$$U_o = \frac{1}{\pi}\int_0^\pi \sqrt{2}U_2 \sin\omega t \, d(\omega t) = 2\frac{\sqrt{2}}{\pi}U_2 \approx 0.9U_2 \quad (6\text{-}4)$$

流过负载的平均电流为

$$I_o = \frac{U_o}{R_L} = 0.9\frac{U_2}{R_L} \quad (6\text{-}5)$$

因每两个二极管串联导电半周,因此,每个二极管的电流平均值为负载电流平均值的一半,即

$$I_V = \frac{1}{2}I_o = 0.45\frac{U_2}{R_L} \quad (6\text{-}6)$$

每个二极管在截止时承受的最高反向电压为 u_2 的最大值,即

$$U_{VRM} = \sqrt{2}U_2 \quad (6\text{-}7)$$

单相桥式整流电路的特点是提高了变压器的利用率,输出电压增大,故其得到了广泛的应用.近年来,桥式整流的组合件(又名硅桥堆)被普遍应用.它利用半导体工艺,将四个二极管集中制作在一块硅片上,共有四个引出端,其中两个引出端接交流电源,另外两端接负载.图 6-4 为其外形结构.

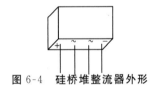

图 6-4 硅桥堆整流器外形

例 6-1 试设计一台输出电压为 24 V、输出电流为 1 A 的直流电源,电路形式可采用半波整流或全波整流,试确定两种电路形式的变压器副边绕组的电压有效值,并选定相应的整流二极管.

解 (1) 当采用半波整流电路时,变压器副边绕组电压有效值为

$$U_2 = \frac{U_o}{0.45} = \frac{24}{0.45} \text{ V} \approx 53.3 \text{ V}$$

整流二极管承受的最高反向电压为

$$U_{VRM} = \sqrt{2}U_2 = 1.41 \times 53.3 \text{ V} \approx 75.2 \text{ V}$$

流过整流二极管的平均电流为

$$I_D = I_o = 1 \text{ A}$$

因此可选用 2CZ12B 整流二极管,其最大整流电流为 3 A,最高反向工作电压为 200 V.

(2) 当采用桥式整流电路时,变压器副边绕组电压有效值为

$$U_2 = \frac{U_o}{0.9} = \frac{24}{0.9} \text{ V} \approx 26.7 \text{ V}$$

整流二极管承受的最高反向电压为

$$U_{VRM} = \sqrt{2} U_2 = 1.41 \times 26.7 \text{ V} \approx 37.6 \text{ V}$$

流过整流二极管的平均电流为

$$I_D = \frac{1}{2} I_o = 0.5 \text{ A}$$

因此,可选用四只 2CZ11A 整流二极管,其最大整流电流为 1 A,最高反向工作电压为 100 V.

6.1.3 滤波电路

虽然前述整流电路的输出电压方向不变,但仍然是大小变化的脉动电压,含有较大的交流成分.在某些设备,如蓄电池充电、电镀中,可以直接应用,但对许多要求较高的直流用电装置,则不能满足要求.为获得平滑的输出电压,需滤去其中的交流成分,保留直流成分,此即为滤波.常用的滤波元件有电容和电感.滤波电路有电容滤波、电感滤波及 π 型滤波等,其中以电容滤波最为常见.

图 6-5(a)所示为半波整流电容滤波电路,滤波电容 C 与负载并联.图 6-5(b)为其工作波形.

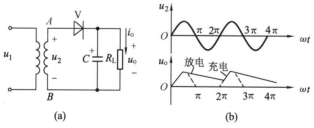

图 6-5 单相半波整流电容滤波电路及波形

设电容的初始电压为零,接通电源时,u_2 由零开始上升,二极管导通,电容被充电,若忽略二极管导通压降,则 $u_C = u_o \approx u_2$,u_o 随电源电压 u_2 同步上升.由于充电时间常数很小,所以充电很快.当 $\omega t = \frac{\pi}{2}$ 时,$u_o = u_C = \sqrt{2} U_2$.之后 u_2 开始下降,其值小于电容电压.此时,二极管 V 截止,电容 C 经负载 R_L 放电,u_C 开始下降,由于放电时间常数很大,放电速度很慢,可持续到第二个周期的正半周来到时.当 $u_2 > u_C$ 时,二极管又因正偏而导通,电容器 C 再次被充电,重复第一周期的过程.

桥式整流电容滤波电路与半波整流电容滤波电路的工作原理一样,不同之处在于,在 u_2 的一个周期里,电路中总有二极管导通,电容 C 经历两次充放电过程,因此输出电压更加平滑.其原理电路和工作波形分别如图 6-6(a)、(b)所示.

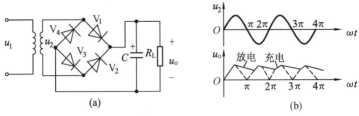

图 6-6 桥式整流电容滤波电路及波形

电容 C 放电的快慢取决于时间常数($\tau = R_L C$)的大小,时间常数越大,电容 C 放电越慢,输出电压的波形就越平坦.为了获得较平滑的输出电压,选择电容时一般要求

$$R_L C \geqslant (3 \sim 5) \frac{T}{2} \text{(桥式)} \tag{6-8}$$

$$R_L C \geqslant (3 \sim 5) T \text{(半波)} \tag{6-9}$$

式中,T 为交流电压的周期.

此外,当负载开路时,电容承受 u_2 峰值电压,因此电容的耐压值取 $1.5 U_2 \sim 2 U_2$.

电容滤波后输出电压的平均值一般按以下经验公式估算:

$$U_o = U_2 \text{(半波)} \tag{6-10}$$

$$U_o = 1.2 U_2 \text{(桥式)} \tag{6-11}$$

滤波电容 C 一般选择容量较大的电解电容器,使用时应注意它的极性,如果接反会造成损坏.加入滤波电容以后,二极管导通时间缩短,且在短时间内承受较大的冲击电流.为了保证二极管的安全,选择二极管时应放宽容量.电容滤波电路简单,输出电压较高,输出脉动较小.这种电路用于要求输出电压较高、小负载且变动不大的场合.

例 6-2 设计一单相桥式整流、电容滤波电路,要求输出电压 $U_o = 48$ V.已知负载电阻 $R_L = 100\ \Omega$,电源频率为 50 Hz,试选择整流二极管和滤波电容器.

解 (1) 流过整流二极管的平均电流为

$$I_V = \frac{1}{2} I_o = \frac{1}{2} \cdot \frac{U_o}{R_L} = \frac{1}{2} \times \frac{48}{100}\ \text{A} = 0.24\ \text{A} = 240\ \text{mA}$$

变压器副边电压有效值为

$$U_2 = \frac{U_o}{1.2} = \frac{48}{1.2}\ \text{V} = 40\ \text{V}$$

整流二极管承受的最高反向电压为

$$U_{VRM} = \sqrt{2} U_2 = 1.41 \times 40\ \text{V} = 56.4\ \text{V}$$

因此可选择 2CZ11B 型整流二极管,其最大整流电流为 1 A,最高反向工作电压为 200 V.

(2) 取 $\tau = R_L C = 5 \times \frac{T}{2} = 5 \times \frac{0.02}{2}\ \text{s} = 0.05\ \text{s}$,则

$$C = \frac{\tau}{R_L} = \frac{0.05}{100}\ \text{F} = 500 \times 10^{-6}\ \text{F} = 500\ \mu\text{F}$$

电容的耐压值为

$$(1.5 \sim 2) U_2 = (1.5 \sim 2) \times 40\ \text{V} = 60 \sim 80\ \text{V}$$

应选用 500 μF/100 V 的电解电容.

6.1.4 稳压电路及稳压电源的性能指标

经整流滤波后的电压会随交流电源电压的波动和负载变化而变化.电压的不稳定有时会产生测量和计算的误差,引起控制装置的工作不稳定,甚至根本无法正常工作.特别是精密电子测量电路、自动控制等都要求有很稳定的直流电源供电,因此,需增加稳压环节.本节介绍并联型稳压电路及串联型稳压电路.

1. 并联型稳压电路.

(1) 电路组成.

最简单的直流稳压电源是采用稳压管来稳定电压,其组成如图 6-7 所示.硅稳压管 V_Z 与负载 R_L 并联,因此也称为并联型稳压电路,图中 R 为限流电阻,V_Z 工作在反向击穿区,U_i 为整流滤波后的输出电压,作为稳定电路输入电压.

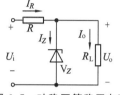

图 6-7 硅稳压管稳压电路

(2) 稳压原理.

引起电压不稳定的原因是交流电源电压的波动和负载电流的变化.下面简单分析这两种情况下稳压电路的作用.当交流电源电压增加而使整流输出电压 U_i 随之增加时,负载电压 U_o 也要增加.负载电压 U_o 也即稳压管电压也随之升高,因此,流过稳压管的电流 I_Z 就急剧增加,并引起 I_R 的增大,导致限流电阻 R 上的电压降 U_R 增大.$U_R = I_R R$ 的增大可以抵消 U_i 的升高,从而保持负载电压 U_o 基本不变.其稳压过程如下:

$$U_i \uparrow \rightarrow U_o \uparrow \rightarrow I_Z \uparrow \rightarrow I_R \uparrow \rightarrow U_R \uparrow \rightarrow U_o \downarrow$$

相反,当交流电源电压减少而使整流输出电压 U_i 随之减小时,稳压过程相反.

另一方面,若 U_i 不变而负载电流减小,输出电压 U_o 将减小,稳压管中的电流 I_Z 就急剧减小,使得 I_R 也减小,则限流电阻 R 上的压降 U_R 减小,从而使输出电压 U_o 上升.其稳压过程如下:

$$I_o \downarrow \rightarrow U_o \downarrow \rightarrow I_Z \downarrow \rightarrow I_R \downarrow \rightarrow U_R \downarrow \rightarrow U_o \uparrow$$

当负载电流减少时,稳压过程相反.

选择稳压管时,一般取

$$U_Z = U_o$$
$$I_{ZM} = (1.5 \sim 3) I_{OM}$$
$$U_i = (2 \sim 3) U_o$$

并联型稳压电路的输出电压的大小是固定的,基本上由稳压管的稳定电压决定,输出电流较小.对于输出电压要求可调及输出电流较大时,可采用串联型稳压电路.

2. 串联反馈式稳压电路

(1) 串联反馈式稳压电路的组成.

如图 6-8 所示为简单的串联反馈式稳压电路.该电路由四部分组成,即 R_1、R_P 和 R_2 组成取样电路,反映输出电压变化情况;VD_Z 与限流电阻 R_3 构成基准电路,为电路提供基准电压;集成运算放大器作为比较放大器,将取样量与基准量之差进行放大;VT_1 是调整管,达到自动稳定输出电压的目的.

(2) 稳压原理.

当电网电压波动或负载电流变化导致输出电压 U_o 增加时,如图 6-8 所示,可得

$$U_- = \frac{R_2 + R_{P1}}{R_1 + R_P + R_2} U_o$$

U_- 也随之升高,运算放大器输出电压 U_A 将减少,即

$$U_A = A_{uo}(U_Z - U_A)$$

其稳压过程如下(I_C 及 U_{CE} 是调整管的电流及电压):

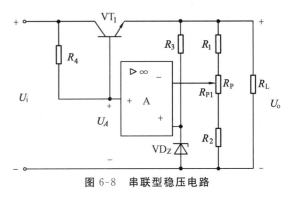

图 6-8 串联型稳压电路

$$U_o \uparrow \rightarrow U_- \uparrow \rightarrow U_A \downarrow \rightarrow I_C \downarrow \rightarrow U_{CE} \uparrow \rightarrow U_o \downarrow$$

由此可见,串联型稳压电路实质上是通过电压负反馈使输出电压维持稳定的.

(3) 输出电压的调整范围.

由图 6-8 可知:

$$U_- = \frac{R_2 + R_{P1}}{R_1 + R_P + R_2} U_o = U_Z$$

$$U_o = \frac{R_1 + R_P + R_2}{R_2 + R_{P1}} U_Z$$

当 $R_{P1} = 0$ 即 R_P 调到最下端时,输出电压为最大值,$U_{o\max} = \dfrac{R_1 + R_P + R_2}{R_2} U_Z$.

当 $R_{P1} = R_P$ 即 R_P 调到最上端时,输出电压为最小值,$U_{o\min} = \dfrac{R_1 + R_P + R_2}{R_2 + R_P} U_Z$.

6.1.5 三端式集成稳压器

集成稳压电路是将稳压电路的主要元件甚至全部元件制作在一块硅基片上的集成电路上,因而具有体积小、使用方便、工作可靠等特点.集成稳压器的种类很多,作为小功率的直流稳压电源,应用最为普遍的是三端式串联型集成稳压器.三端式是指稳压器仅有输入端、输出端和公共端三个接线端子.这类三端式稳压器在加装散热器的情况下,输出电流可达 1.5～2.2 A,最小输入、输出电压差为 2～3 V,输出电压变化率为 0.1%～0.2%.根据输出电压是否可调,三端式集成稳压器又可分为三端固定式和三端可调式两大类.

1. 三端固定式集成稳压器

三端固定式集成稳压器的输出电压固定不变,可以输出正电压、负电压两种.如 CW78××和 CW79××系列稳压器.CW78××系列稳压器输出正电压有 5 V、6 V、8 V、9 V、10 V、12 V、15 V、18 V、24 V 等多种,若要获得负输出电压,选择 CW79××系列稳压器即可.例如,CW7805 型稳压器输出+5 V 电压,CW7905 型稳压器则输出-5 V 电压.它们型号中的后两位数字即表示输出电压值.如图 6-9 所示为 CW78××及 CW79××系列三端固定式集成稳压器的外形及引脚.

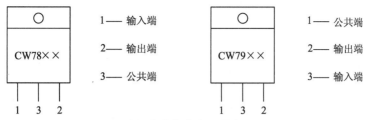

图 6-9　三端固定式集成稳压器的外形及引脚

如图 6-10 所示为输出正电压的基本电路,正常工作时,输入电压比输出电压差应大于 3V.电路中电容 C_1 用来旁路高频干扰信号,若输入端接线不长时可不接.C_2 是为了瞬时增减负载电流时不致引起输出电压有较大波动,用来改善负载瞬态响应.C_1 一般在 $0.1\sim 1$ μF 之间;C_2 可用 1 μF.

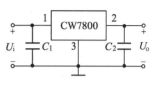

图 6-10　三端式稳压接线图

2. 三端可调式集成稳压器

要实现输出电压可调的稳压电源时,采用三端可调式稳压器 W117、W217、CW317.它们外接元件少,使用方便,其三个引出端分别为输入端 2、输出端 3 和调整端 1.如图 6-11 所示为用 W317 组成的输出电压可调的稳压电源.输入电压范围为 $2\sim 40$ V,输出电压可在 $1.25\sim 37$ V 之间调整.图中 U_i 为整流滤波后的电压,R_1、R_P 则用来调整输出电压.CW317 的输出端与公共端间电压 $U_R=1.25$ V,则电路输出电压可用下式表示:

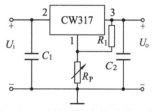

图 6-11　三端可调式集成稳压电路

$$U_o = \left(1 + \frac{R_P}{R_1}\right) \times 1.25 \text{ V} \tag{6-12}$$

因此,只要调节 R_P 值,就可以改变输出电压的大小.

6.2　正弦波振荡电路

6.2.1　振荡电路的振荡条件

产生自激振荡的条件常用如图 6-12 所示框图来分析.

A 是放大电路,放大系数为 $\dot{A}$;F 是反馈电路,反馈系数是 $\dot{F}$.当开关 S 接在位置 1 时,就是一般的放大电路,输入信号电压为 U_i,输出电压为 U_o.如果将输出信号通过反馈电路反馈到输入端,反馈电压为 U_f,并调节电路,使两个电压大小相等,相位相同,从而反馈电压可以代替外加输入电压.当将开关 S 由 1 打到 2 时,去掉输入电压而接上反馈电压,输出电压仍保持不变.这种靠振荡电路输出端反馈过来的反馈信息代替外部信号,保证电路工作的电路称为自激振荡电路.

图 6-12　产生自激振荡的条件

放大电路的开环电压放大倍数为

$$A = \frac{U_o}{U_i}$$

反馈电路的反馈系数为

$$F = \frac{U_f}{U_o}$$

当满足 $U_f = U_i$ 时，$AF = 1$，因此振荡电路自激振荡的条件为：
① 幅值平衡条件．稳定振荡时，$|AF| = 1$，即反馈电压等于所需的输入电压，$U_f = U_i$．
② 相位平衡条件．反馈电压与输入电压要同相，即必须是正反馈，$\varphi_A + \varphi_F = 2\pi n$，$n = 0$，$1, 2, \cdots$．这是振荡的必要条件．

为使电路通电后输出电压 U_o 能够有一个逐渐增大直至稳定平衡于某一幅值的过程，要求电路起振的幅值条件是 $|AF| > 1$．从 $|AF| > 1$ 到 $|AF| = 1$，这是自激振荡的建立过程．

6.2.2 正弦波振荡电路的组成及各部分的作用

一个正弦波振荡电路必须包含电压放大电路、选频网络、正反馈网络和稳幅环节四个组成部分．很多正弦波振荡电路中，选频网络与反馈网络结合在一起．

1. 电压放大电路

它是正弦波振荡电路的核心部分，保证起振条件 $AF > 1$ 的成立．没有放大信号就会逐渐衰减，不可能产生持续的正弦波振荡．放大电路不仅必须有供给能量的电源，而且应当结构合理，静态工作点正确，以保证放大电路具有放大作用．

2. 选频网络

选频网络是确定振荡频率，使电路只产生单一频率的正弦波振荡．选频网络所确定的频率一般就是正弦波振荡电路的振荡频率．常用 LC 选频、RC 选频及石英晶体选频．

3. 正反馈网络

正反馈网络的主要作用是引入正反馈，满足相位平衡条件，并在起振过程中使 U_o 有一个逐渐增大直至稳定的过程．

4. 稳幅环节

稳幅环节的作用是限制输出电压幅值，改善波形．常采用非线性元件如三极管、热敏电阻、负反馈等方式稳定输出电压幅值．

6.2.3 RC 桥式正弦波振荡电路

RC 桥式正弦波振荡电路一般用来产生 1 Hz 到数百千赫的低频信号，常用的低频信号源大多采用这种电路形式．

下面介绍 RC 文氏桥式正弦波振荡电路．

在文氏桥式正弦波振荡电路中，主要采用了 RC 串并联网络作为选频网络和反馈网络，故又称为串并联网络振荡电路．

1. 电路组成

图 6-13 为 RC 文氏桥式正弦波电路的原理图，它是由选频电路和同相比例运算电路组成．其中集成运算放大器是放大电路，R_3 和 R_f 构成负反馈支路．上述两个反馈支路正好

形成四臂电桥,故称为文氏桥式正弦波电路.

图中 R_f 和 R_3 构成负反馈电路,可降低并稳定放大器的电压放大倍数,这不仅可改善输出波形失真,而且能使振荡电路工作稳定. R_1、C_1、R_2、C_2 组成一个 RC 串并联网络,这个网络既作为选频网络,又作为正反馈网络.

2. RC 串并联网络的选频特性

图 6-14 是由 $R_1 C_1$ 和 $R_2 C_2$ 组成的串并联网络的电路图,其中 U_o 为输入电压, U_f 为输出电压.现先来分析该网络的频率特性.

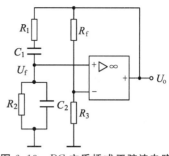

图 6-13 RC 文氏桥式正弦波电路

当输入信号的频率较低时,由于满足 $\dfrac{1}{\omega C_1} \gg R_1$, $\dfrac{1}{\omega C_2} \gg R_2$,不难看到,信号频率越低, $\dfrac{1}{\omega C_1}$ 值越大,输出信号 U_f 的幅值越小,且 $\dot{U}_f$ 比 $\dot{U}$ 的相位超前.当频率接近零时, $|\dot{U}_f|$ 趋近于零,相移超前接近 $+\dfrac{\pi}{2}$.

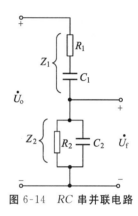

当输入信号的频率较高时,由于满足 $\dfrac{1}{\omega C_1} \ll R_1$, $\dfrac{1}{\omega C_2} \ll R_2$,而且信号频率越高, $\dfrac{1}{\omega C_2}$ 值越小,输出信号 U_f 的幅值也越小,且 $\dot{U}_f$ 比 $\dot{U}$ 的相位越滞后.当频率趋近于无穷大时, $|\dot{U}_f|$ 趋近于零,相移滞后接近 $-\dfrac{\pi}{2}$.

图 6-14 RC 串并联电路

综上所述,当信号的频率降低或升高时,输出信号的幅度都要减小,而且信号频率由接近零向无穷大变化时,输出电压的相移由 $+\dfrac{\pi}{2}$ 向 $-\dfrac{\pi}{2}$ 变化.不难发现,在中间某一频率时,输出电压幅度最大,相移为零.

下面定量分析 RC 串并联电路的频率特性.

由图 6-14 可以推导出它的频率特性,通常取 $R_1 = R_2 = R$, $C_1 = C_2 = C$,则

$$\dot{F} = \frac{\dot{U}_f}{\dot{U}} = \frac{Z_2}{Z_1 + Z_2} = \frac{\dfrac{R}{1+j\omega RC}}{R + \dfrac{1}{j\omega C} + \dfrac{R}{1+j\omega RC}} = \frac{1}{3+j\left(\omega RC - \dfrac{1}{\omega RC}\right)}$$

令 $f_0 = \dfrac{1}{2\pi RC}$,由上式变为

$$\dot{F} = \frac{1}{3+j\left(\dfrac{f}{f_0} - \dfrac{f_0}{f}\right)}$$

幅频特性为

$$|F| = \frac{1}{\sqrt{3^2 + \left(\dfrac{f}{f_0} - \dfrac{f_0}{f}\right)^2}}$$

相频特性为
$$\varphi_F = -\arctan\frac{\dfrac{f}{f_0} - \dfrac{f_0}{f}}{3}$$

当 $f = f_0 = \dfrac{1}{2\pi RC}$ 时，反馈系数 F 的幅值最大，最大值为

$$|F| = \frac{1}{3}$$

反馈系数 F 的相位角为零
$$\varphi_F = 0$$

即当 $f = f_0 = \dfrac{1}{2\pi RC}$ 时，输出电压的幅值最大，为最大输入电压的 $\dfrac{1}{3}$，同时输出电压与输入电压同相。RC 串并联选频网络的幅频特性和相频特性分别示于图 6-15（a）、(b)中。

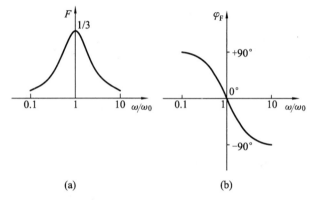

(a)   (b)

图 6-15 RC 串并联选频网络的频率特性

3. 电路的起振条件及振荡频率

由如图 6-13 所示的 RC 桥式振荡电路可见，放大电路的输出电压 $\dot{U}_o$ 与输入电压 $\dot{U}_f$ 同相，工作于中频率时，$\varphi_A = 0$。放大电路的输入电压为 RC 选频网络的输出电压 $\dot{U}_f$，它是输出电压 $\dot{U}_o$ 的一部分。当 $f = f_0 = \dfrac{1}{2\pi RC}$ 时，$\dot{U}_f$ 与 $\dot{U}_o$ 同相，即 $\varphi_F = 0$，这样，$\varphi_F + \varphi_A = 0$，满足相位平衡条件。而对其他频率成分不满足相位平衡条件。同时，在该频率上，反馈电压 $\dot{U}_f$ 具有最大值，反馈最强。因此，该电路的自激振荡频率为 f_0，保证了电路的输出为单一频率的正弦波。

为了满足起振的幅度平衡条件，还要求 $|AF| > 1$。

当 $f = f_0 = \dfrac{1}{2\pi RC}$ 时，$|F| = \dfrac{1}{3}$，由于 $|AF| = \dfrac{1}{3}|A| > 1$，得 $|A| > 3$，

因同相比例电路的电压放大倍数为
$$A = 1 + \frac{R_f}{R_3}$$

由 $A > 3$ 可获得电路的起振条件为
$$R_f > 2R_3$$

振荡频率为
$$f_0 = \frac{1}{2\pi RC}$$

4. 负反馈支路的作用

由于电源电压的波动电路参数的变化,特别是环境温度的变化,将使输出幅度稳定.为此,一般在电路中引入负反馈,以便减小非线性失真,改善输出波形.图 6-13 电路中,R_f 和 R_3 构成电压串联负反馈支路.调整 R_f 值可以改变电路的放大倍数,使放大电路工作在线形区,以减小波形失真.

6.2.4 LC 正弦波振荡电路

采用 LC 谐振回路作选频网络的振荡电路称为 LC 振荡器,它可用来产生高频正弦振荡信号(1 MHz 以上).根据反馈形式的不同,LC 振荡器又分为变压器反馈式、电感三点式和电容三点式三种类型.

1. LC 选频放大电路

图 6-16 是一个 LC 并联回路的电路图,其中除电感 L 和电容 C 之外,电阻 R 表示回路损耗的等效电阻,其值一般很小.

由第 2 章谐振概念得知,该电路具有选频特性,即对不同频率的输入信号,电路呈现不同的阻抗.谐振时,谐振频率为 $f_0 = \dfrac{1}{2\pi\sqrt{LC}}$,等效阻抗最大为 $Z_0 \approx \dfrac{L}{RC}$,且为纯电阻.若用 LC 并联谐振电路作为选频网络,并代替放大电路的集电极电阻,则可组成具有选频特性的放大电路.

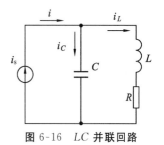

图 6-16 LC 并联回路

2. 变压器反馈式 LC 振荡器

图 6-17 是一种变压器反馈式振荡电路,由分压式偏置放大电路、变压器反馈电路和 LC 选频电路三部分组成.其中反馈信号取自变压器副方绕组,电感 L 和电容 C 组成 LC 选频网络,并兼作集电极负载电阻,R_L 通过变压器耦合从振荡回路取用交流电能.图中变压器线圈上的小圆点是一种记号,表示各线圈上的电压在标记处的极性相同,称之为同极性端或同名端.

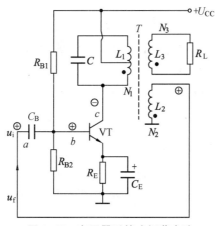

图 6-17 变压器反馈式振荡电路

现讨论该电路是否满足自激振荡的条件.首先用瞬时极性法将图 6-17 中的反馈电路输入

端 a 点加信号 $\dot{U}_i$,用 $\oplus$ 表示.由于 LC 并联回路谐振时为纯阻性,故集电极 c 点与基极 b 点相位差为 $180°$,即 $\varphi_A=180°$,所以 c 点相位用 $\ominus$ 表示.根据变压器绕组间同名端极性相同的规定, N_2 引的反馈电压 $\dot{U}_f$ 与 c 点电压的相位相差 $180°$, $\varphi_F=180°$,故用 $\oplus$ 表示.可见, $\dot{U}_f$ 与 $\dot{U}_i$ 相位相同,即 $\varphi_F+\varphi_A=360°$.所以放大反馈环路能满足相位平衡条件,电路能产生振荡.

再从振幅平衡条件看,适当调整 N_2 的圈数,使电路有足够的反馈量即可使频率为 f_0 的信号满足平衡条件.

变压器反馈式 LC 振荡电路具有良好的选频特性,它只能在某一频率下产生自激振荡,因而输出正弦波信号.在 LC 并联回路中,只有在中间某一频率 f_0 时,呈纯阻性且总等效阻抗值越大,放大电路的电压放大倍数越大.因此, LC 并联回路在信号频率为 f_0 时发生并联谐振,谐振频率为

$$f_0=\frac{1}{2\pi\sqrt{LC}}$$

该电路利用变压器作为正反馈耦合元件,便于实现阻抗匹配,易起振且输出电压较高;调频方便,调频范围较宽,可达几兆赫以上.

3. 电感三点式、电容三点式 LC 振荡电路

(1) 电感三点式 LC 振荡电路.

电感三点式 LC 振荡电路如图 6-18 所示.它由分压式偏置共射放大电路组成, LC 并联回路中电感分为 L_1 和 L_2 两部分.将 C_1、C_2 隔直和旁路电容看作短路.

U_{CC} 对地短路处理,电感 L_1、L_2 端分别接三极管的基极、射极、集电极.反馈线圈是电感线圈的一段,通过它把反馈电压 $\dot{U}_f$ 送到输入端,这样可以实现反馈.反馈电压的大小可以通过改变抽头的位置来调整.下面分析一下电路的相位平衡条件:

假设在图 6-18 a 点向放大电路输入端加入信号 $\dot{U}_i$,极性用 $\oplus$ 表示,由于谐振时 LC 并联回路的阻抗呈

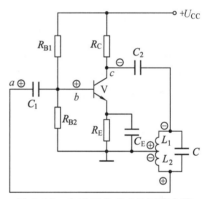

图 6-18 电感三点式 LC 振荡电路

纯阻性,因此集电极和基极相位相反,故 c 点极性用 $\ominus$ 表示,即 $\varphi_A=180°$,而 L_2 上的反馈电压 $\dot{U}_f$ 的极性相反,即 $\varphi_F=180°$,则 $\dot{U}_f$ 与 $\dot{U}_i$ 同相,电路满足相位平衡条件,能够产生正弦波振荡.

电感三点式振荡电路的振荡频率基本上等于 LC 并联回路的谐振频率,即

$$f_0\approx\frac{1}{2\pi\sqrt{LC}}=\frac{1}{2\pi\sqrt{(L_1+L_2+2M)C}}$$

式中, M 是电感 L_1 和电感 L_2 之间的互感.

该振荡电路由于从线圈 L_2 取信号,反馈信号含有高频成分,输出信号波形不够理想.通常改变电容 C 来调节振荡频率,该电路一般用于产生几十兆赫以下的频率信号.

(2) 电容三点式 LC 振荡电路.

电容三点式 LC 振荡电路如图 6-19 所示.三极管的三个电极分别与回路电容 C_1 和 C_2 的三个端点相连,反馈电压从 C_2 上取出,这种连接可以保证实现正反馈.

用瞬时极性法可判断该电路满足相位平衡条件,如图 6-19 所示.若忽略三极管极间电容的影响,电路的振荡频率就等于谐振回路的谐振频率.电容三点式 LC 振荡电路的振荡频率为

$$f_0 \approx \frac{1}{2\pi\sqrt{LC}} = \frac{1}{2\pi\sqrt{\left(L\dfrac{C_1 C_2}{C_1 + C_2}\right)}}$$

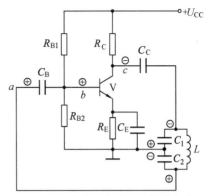

图 6-19　电容三点式 LC 振荡电路

电容三点式 LC 振荡电路的特点:由于电容反馈支路对高次谐波阻抗小,因而反馈信号中谐波分量较少,输出波形较好;回路电容 C_1 和 C_2 的容量可以选得很小,因此该电路振荡频率较高,一般可达 100 MHz 以上.

小　结

1. 正弦波振荡的条件

(1) 振荡平衡条件.

幅值平衡条件:$|AF|=1$.相位平衡条件:$\varphi_A + \varphi_F = 2\pi n (n=0,1,2,\cdots)$.

(2) 起振条件.

幅值起振条件:$|AF|>1$.相位平衡条件:$\varphi_A + \varphi_F = 2\pi n (n=0,1,2,\cdots)$.

2. 正弦波振荡电路

一个正弦波振荡电路包括电压放大器、选频网络、正反馈网络和稳幅环节四个基本部分.根据选频网络的不同,要求掌握 RC 桥式正弦波振荡电路的电路结构、工作原理和振荡频率计算,三点式 LC 振荡电路的电路结构和振荡频率计算.

3. 直流稳压电源

直流稳压电源的作用是将交流电转换为平滑稳定的直流电,一般由电源变压器、整流电路、滤波电路和稳压电路四部分组成.

4. 集成稳压器

集成稳压器具有体积小、重量轻、安装调试方便、可靠性高等优点,是稳压电路的发展方向,当前国内外生产的系列产品已被广泛采用.

习　题

6.1　判断下列说法是否正确,用"√"或"×"表示结果并填入空格内.

(1) 整流电路可将正弦电压变为恒定的直流电压.(　　)

(2) 在电容滤波电路中,电容应并联在负载电路中.(　　)

(3) 在单相桥式整流电容滤波电路中,若有一只整流管断开,输出电压平均值将变为原来的一半.(　　)

(4) 线性直流稳压电源中的调整管工作在放大状态.( )

(5) 因为串联型稳压电路中引入了深度负反馈,因此输出电压更加稳定.( )

(6) 在稳压管稳压电路中,稳压管的最大稳定电流必须大于最大负载电流.( )

6.2 选择合适答案填入空格内.

(1) 整流的作用是( ).

A. 将高频变为低频　　　　　B. 将交流变为直流　　　　　C. 将正弦波变为方波

(2) 在单相桥式整流电路中,若有一只整流管接反,则( ).

A. 整流管将因电流过大而烧坏

B. 变为半波整流

C. 输出电压约为 U_2

(3) 直流稳压电源中滤波电路的目的是( ).

A. 将高频变为低频　　　　　B. 将交流变为直流

C. 将整流输出电压中的交流成分滤掉

(4) 串联型稳压电源电路中的放大环节所放大的对象是( ).

A. 基准电压与采样电压之差　B. 采样电压　　　　　　　C. 基准电压

6.3 在单相桥式整流电路中,已知 $R_L=50\ \Omega$,直流输出电压为 100 V,试估算电源变压器副边电压的有效值,并选择整流二极管的型号.

6.4 今要求直流输出电压为 30 V,电流为 500 mA,采用单相桥式整流电容滤波电路,已知电源频率为 50 Hz,试选用二极管的型号及合适的滤波电容.

6.5 在桥式整流电容滤波电路中,已知 $U_2=10$ V,$R_L=51\ \Omega$,$C=470\ \mu F$,现用直流电压表测量输出电压,问下列几种情况时,其 U_o 各为多大?

(1) 正常工作时,$U_o=$ _____;

(2) R_L 断开时,$U_o=$ _____;

(3) C 断开时,$U_o=$ _____;

(4) 有一个二极管因虚焊而断开时,$U_o=$ _____.

6.6 元件排列如图 6-20 所示.试合理连线,使构成正常直流稳压电源电路,并简单说明它的工作原理.

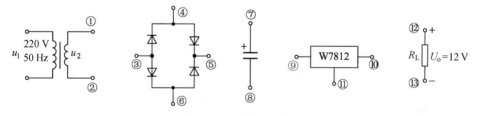

图 6-20　习题 6.6 图

6.7 利用三端固定式集成稳压器 W7806 可以接成如图 6-21 所示扩展输出电压的可调电路,已知 $R_1=R_2=R_P=3\ k\Omega$,试求该电路输出电压的调节范围,并标出运算放大器的同相端及反向端.

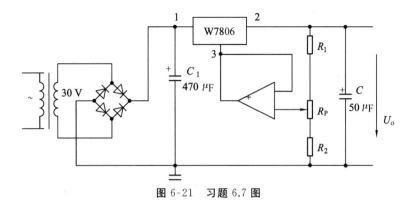

图 6-21 习题 6.7 图

6.8 正弦波振荡电路由哪几部分组成？说明各部分的作用.

6.9 根据振荡的相位条件，判断如图 6-22 所示电路能否振荡.

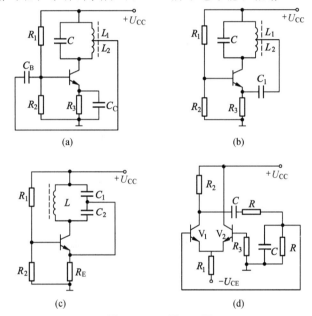

图 6-22 习题 6.9 图

6.10 某音频信号发生器的原理电路如图 6-23 所示，已知 $R=10\ \Omega, C=2.2\ \mu F$.

(1) 分析电路的工作原理；

(2) 若 R_P 从 $5\ \Omega$ 调到 $20\ \Omega$，计算电路振荡频率的调节范围.

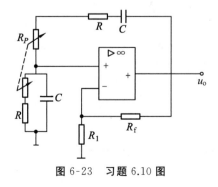

图 6-23 习题 6.10 图

第 7 章 门电路与组合逻辑电路

在电子技术中,通常把电路分为模拟电路和数字电路两类.处理模拟信号的电路称为模拟电路,处理数字信号的电路称为数字电路.模拟信号是指时间和数值上都连续变化的信号,如在 24 小时内某室内变化的温度、人们说话的声音、视频信号等;数字信号是指在时间和数值上都断续变化的信号,如数字电子钟、数字多用表等.数字电路不仅是电子计算机的最基本组成单元,而且在工业自动化、仪表及其他电子技术领域都得到了广泛的应用.

与模拟电路相比,数字电路在研究的信号、半导体期间的工作状态、研究的方法及电路的工作原理上均有不同.数字电路更适合于集成化,从小规模到中规模、大规模,直至超大规模.数字集成电路发展迅速,应用广泛.

本章主要讨论数字电路的基础问题,包括计数制、逻辑代数、逻辑函数及化简、基本门电路的逻辑关系、由基本门电路组合而成的集成逻辑电路(编码器、译码器、加法器)的逻辑关系及应用.

7.1 数字电路概述

7.1.1 数字电路概述

数字电路的任务是分析和研究输出信号与输入信号之间的逻辑关系,在数字电路中的脉冲信号通常用最简单的数字"1"与"0"来表示脉冲的"有"与"无"、电平的高与低.本书用"1"来代表高电平,用"0"来代表低电平.

数字电路分析的是电路输出与输入之间的逻辑关系,而不是脉冲的波形.因此数字电路中的信号是具有脉冲形式的信号,是一些离散、不连续的量——称为数字量或数字数据,常称为数字信号,处理这些信号的电路称为数字电子电路.而放大电路是分析输入信号和输出信号间是否有放大和波形是否有失真的电路,它反映了连续的量——模拟量或模拟数据的情况,处理这些信号的电路称为模拟电子电路.

7.1.2 脉冲信号

若数字电子电路传输的信号是持续时间极为短暂、跃变的电压或电流信号,则称这类信号为脉冲信号.脉冲信号的波形种类很多,如矩形波、尖顶波、锯齿波、梯形波等.数字电子电路中,常用的是矩形波,如图 7-1 所示.A 称为脉冲幅度,t_P 称为脉冲宽度,T 称为脉冲重复周期,每秒交变周数 f 称为脉冲重复频率,脉冲宽度 t_P 与脉冲周期 T 之比称为占空比.脉冲由低电平跃变为高电平的一边称为上升沿,脉冲由高电平跃变为低电平的一边称为下降沿.

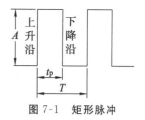

图 7-1　矩形脉冲

7.1.3　数制

数制是计数进位制的简称.在数字领域常用的数制有十进制、二进制、八进制、十六进制等.对于任何一个数,可以用不同的数制表示.

1. 十进制

在计数制中,通常采用十进制,它用 0、1、2、3、4、5、6、7、8、9 十个数码来表示,并组成一个十进制数.十进制是"逢十进一",即 $9+1=10$,可以写作 $10=1\times10^1+0\times10^0$,其中 0 是 10^0 位的系数,1 是 10^1 位的系数,就是说十进制是以 10 为底的计数制.每个数码处于不同位数时,它代表的数值不同.例如,3467 可写为

$$(3467)_{10}=3\times10^3+4\times10^2+6\times10^1+7\times10^0$$

2. 二进制

在数字电路中,为了与电路的两个状态 0 与 1 相对应,常采用二进制,它只有 0 和 1 两个数码.二进制是"逢二进一",即 $1+1=10$,其中 0 是 2^0 位的系数,1 是 2^1 位的系数,因此可以写作 $10=1\times2^1+0\times2^0$,即二进制是以 2 为底的计数制.例如:

$$(110110)_2=1\times2^5+1\times2^4+0\times2^3+1\times2^2+1\times2^1+0\times2^0=(54)_{10}$$

这样就将一个二进制数转换为一个十进制数.

可见,同一个数可以用二进制数和十进制数两种不同形式来表示.二进制数码与十进制数码的对照表见表 7-1.

表 7-1　二进制数码与十进制数码对照表

十进制数	0	1	2	3	4	5	6	7	8	9
二进制数	0000	0001	0010	0011	0100	0101	0110	0111	1000	1001

由上可见,一个二进制数可以转换为一个十进制数,而一个十进制数又如何转换为二进制数呢? 它可以采用一种"除 2 取余(整数部分),乘 2 取整(小数部分)"的方法求得.即将一个十进制数整数部分不断地除 2,直至商为 0,取出每次的余数,先得到的余数为整数部分的低位,小数部分不断乘以 2,取出每次整数,先得到的整数为小数部分的高位,于是将得到的一串二进制数组合起来,就得到一个十进制数转换的二进制数.例如,十进制数 54 可用如下方法求得它的二进制数.

$$\begin{array}{r}2\underline{|54}\cdots\cdots 0\\2\underline{|27}\cdots\cdots 1\\2\underline{|13}\cdots\cdots 1\\2\underline{|6}\cdots\cdots 0\\2\underline{|3}\cdots\cdots 1\\2\underline{|1}\cdots\cdots 1\\0\end{array}$$

$$(54)_{10}=(110110)_2$$

3. 八进制和十六进制

用二进制表示数时,数码串很长,书写和显示都不方便,在计算机上常用八进制和十六进制表示数.八进制有 0~7 八个数码,进位规则是"逢八进一",计数基数是 8.例如:

$$(253.8)_8 = 2 \times 8^2 + 5 \times 8^1 + 3 \times 8^0 + 8 \times 8^{-1} = (172)_{10}$$

十六进制有 0~9、A(10)、B(11)、C(12)、D(13)、E(14)、F(15) 十六个数码,进位规则是"逢十六进一",计数基础是 16.例如:

$$(1AD.2)_{16} = 1 \times 16^2 + 10 \times 16^1 + 13 \times 16^0 + 2 \times 16^{-1} = (429.125)_{10}$$

4. 十进制数转换为二进制、八进制、十六进制数

对整数部分和小数部分分别进行转换.整数部分的转换可概括为"除 2、8、16 取余,后余先排";小数部分的转换可概括为"乘 2、8、16 取整,整数顺排".

例 7-1 将十进制数 $[35.625]_{10}$ 分别转换为二进制、八进制、十六进制数.

解 (1) 将十进制数转换成二进制数.

整数部分的转换:

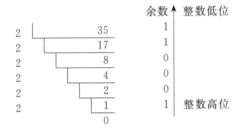

所以 $[35]_{10} = [100011]_2$.

小数部分的转换:

```
        0.625      取整    小数高位
    ×     2
        1.250       1
        0.25
    ×     2
        0.50        0
        0.5
    ×     2
        1.0         1      小数低位
```

所以 $[0.625]_{10} = [0.101]_2$.

将整数部分与小数部分合起来,有 $[35.625]_{10} = [100011.101]_2$.

(2) 将十进制数转换成八进制数.

```
         余数  整数低位              取整  小数高位
   8 | 35   3              0.625
   8 |  4   4   整数高位  ×     8
        0                  5.000      5   小数低位
```

所以 $[35.625]_{10} = [43.5]_8$.

(3) 将十进制数转换成十六进制数.

```
      余数↑ 整数低位              取整 | 小数高位
16 ⌐35    3            0.625          
16 ⌐ 2                  ×  16          
    0     2  整数高位    10.000    10(A)↓ 小数低位
```

所以 $[35.625]_{10} = [23.A]_{16}$.

7.1.4 码制

在数字系统中,二进制数码不仅可表示数值的大小,而且还常用来表示特定的信息.将若干个二进制数码按一定规则排列起来表示某种特定含义的代码,称为二进制代码,或称二进制码.

1. 二—十进制码

将十进制的 0~9 的 10 个数字用二进制数表述的代码,称为二—十进制码,又称 BCD 码.由于十进制数有 10 个不同的数码,因此,需用 4 位二进制数来表示.而 4 位二进制代码有 16 种不同的组合,从中抽取出 10 种组合来表示 0~9 的个数可有多种方案,所以二—十进制代码也有多种方案.

(1) 8421BCD 码.

8421BCD 码是一种应用十分广泛的代码.这种代码每位的权值是固定不变的,为恒权码.它取了自然二进制数的前 10 种组合表示 1 位,即 0000(0)~1001(9),从高位到低位的权值分别为 8、4、2、1,去掉了自然二进制数的后 6 种组合 1010~1111.8421BCD 码每组二进制代码各位加权系数的和便为它所代表的十进制数.所以 8421BCD 码 0101 表示十进制数 5.

(2) 2421BCD 码和 5421BCD 码.

它们也是恒权码.从高位到低位的权值分别是 2、4、2、1 和 5、4、2、1,用 4 位二进制数表示 1 位十进制数.

(3) 余 3BCD 码.

这种代码没有固定的权值,称为无权码.它由 8421BCD 码加 3(0011)形成的,所以称为余 3BCD 码,它也是用 4 位二进制数表示 1 位十进制数.例如,8421BCD 码 0111(7)加 0011(3)后,在余 3BCD 码中为 1010,其表示十进制数 7.

2. 可靠性代码

代码在形成和传输过程中难免要产生错误,为了能使代码形成时不易出差错,或在出现错误时容易发现并进行校正,就需采用可靠性代码.常用的可靠性代码有格雷码等.

格雷码是一种无权码,它有多种形式,它的特点是任意两组相邻代码之间只有一位不同,其余各位都相同,而 0 和最大数之间也只有一位不同.因此,它是一种循环码.格雷码的这个特性使它在形成和传输过程中引起的误差较小.

7.2 逻辑门电路

门电路是数字电路中最基本的单元电路,它的输入信号与输出信号之间存在一定逻辑

(因果)关系.当电路满足一定条件时,允许信号通过,否则就不能通过,起着"门"的作用.

门电路可以用二极管、三极管等分立器件组成,也可以用集成电路实现,后者称为数字集成门电路.

7.2.1 基本逻辑门电路

基本逻辑门电路有"与"门、"或"门、"非"门等.

1. "与"门电路

"与"门的逻辑关系是:只有当每个输入端都有规定的信号输入时,输出端才有规定的信号输出.图 7-2(a)是用二极管组成的"与"门电路.不难分析,只要 A、B 两个输入端至少有一个为 0 V 的低电平"0"时,就至少有一个二极管 VD_1 或 VD_2 优先导通,输出端 Y 点电位就被箝位在 0 V,即输出为低电平"0";只有当两个输入端都为 +3 V 的高电平"1"的条件下,两个二极管均同时导通,则两个二极管正极电位为 +3 V,故 Y 点输出为 3 V 高电平"1".上述结果可用表 7-2 表示,该表称为逻辑状态表或逻辑真值表.图 7-2(b)是"与"门电路的图形符号.

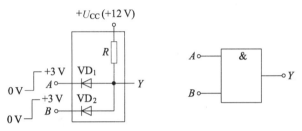

(a) 用二极管组成的"与"门电路   (b) "与"门电路的图形符号

图 7-2 "与"门电路

表 7-2 "与"逻辑真值表

输	入	输出	输	入	输出
A	B	Y	A	B	Y
0	0	0	1	0	0
0	1	0	1	1	1

"与"逻辑关系又称为逻辑乘,其表达式为

$$Y = A \cdot B = AB$$

对照表 7-2,逻辑乘的基本运算如下:

$$0 \times 0 = 0, \quad 0 \times 1 = 0$$
$$1 \times 0 = 0, \quad 1 \times 1 = 1$$

"与"门电路的输入端可以不止两个,其逻辑关系可总结为:"见 0 出 0,全 1 出 1".

目前常采用集成电路来组成"与"门电路,如四 2 输入"与"门 74LS08 集成电路,其外引脚排列图如图 7-3 所示.

2. "或"门电路

"或"门的逻辑关系是:只要几个输入端中有一个输入端有规定的信号输入时,输出端就有规

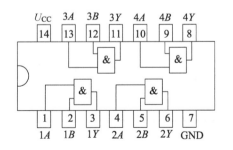

图 7-3 四 2 输入"与"门 74LS08 外引脚排列图

定的信号输出.图 7-4(a)是用二极管组成的"或"门电路.可以分析得出,当输入端 A 或 B 中至少有一个是+3 V 高电平"1"时,就至少有一个二极管优先导通,输出端 Y 就被箝位在+3 V 高电平"1";当所有的输入端都是 0 V 低电平"0"时,所有的二极管均同时导通,输出端 Y 才输出 0 V 低电平"0".真值表见表 7-3.图 7-4(b)是"或"门电路的图形符号.

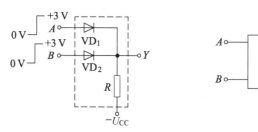

(a) 用二极管组成的"或"门电路　　(b) "或"门电路的图形符号

图 7-4　"或"门电路

表 7-3　"或"逻辑真值表

输	入	输出	输	入	输出
A	B	Y	A	B	Y
0	0	0	1	0	1
0	1	1	1	1	1

"或"逻辑关系又称逻辑加,其表达式为

$$Y=A+B$$

对照表 7-3,逻辑加的基本运算如下:

$$0+0=0, 0+1=1$$
$$1+0=1, 1+1=1$$

"或"门逻辑关系可总结为:"见 1 出 1,全 0 出 0".

常用的"或"门集成电路有 74LS32,它的内部有四个 2 输入的"或"门电路,其外引脚排列图如图 7-5 所示.

3. "非"门电路

"非"门电路是一种单端输入、单端输出的逻辑电路."非"门的逻辑关系是:输入低电平"0"时,输出高电平"1";输入高电平"1"时,输出低电平"0".图 7-6(a)是用三极管构成的"非"门电路,又称反相器或缓冲器.若电路参数选择合适,当基极 A 端输入高电平"1"时,三极管饱和导通,集电极 Y 端便输出低电平"0";反之,当基极 A 端输入低电平"0"时,三

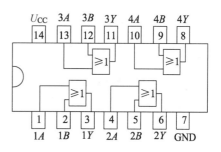

图 7-5　四 2 输入"或"门 74LS32 外引脚排列图

极管因发射结反偏而截止,Y 便输出高电平"1"."非"逻辑关系的真值表见表 7-4.图 7-6(b)是"非"门电路的图形符号.它在电路输出端加一个小圆圈,表示输出与输入反相.

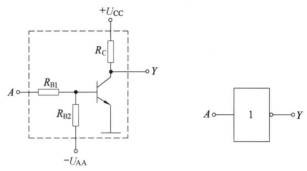

(a) 用三极管组成的"非"门电路　　(b) "非"门电路的图形符号

图 7-6　"非"门电路

表 7-4　"非"逻辑真值表

输入	输出	输入	输出
A	Y	A	Y
0	1	1	0

"非"逻辑关系称逻辑"非",其表达式为

$$Y=\overline{A}$$

读作:Y 等于 A 非.

逻辑"非"的基本运算如下:

$$\overline{0}=1,\overline{1}=0$$

"非"门逻辑关系可总结为:"0 非出 1,1 非出 0".

常用的"非"门电路有 74LS04,它内部由六个"非"门电路组成,其外引脚排列图如图 7-7 所示.

7.2.2　复合门电路

在数字电路中,除了使用基本门电路外,还经常使用由基本门电路组成的复合门电路.

1. "与非"门

将一个"与"门的输出端接到"非"门输入端,使"与"门的输出反相,就组成了"与非"门. "与非"门图形符号如图 7-8 所示.和"与"门逻辑符号不同的是在电路输出端加一个小圆圈.

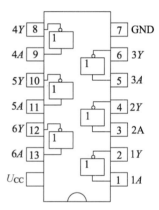

图 7-7　六反相器 74LS04 外引脚排列图

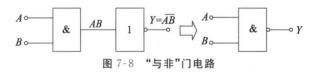

图 7-8　"与非"门电路

"与非"门逻辑表达式为

$$Y=\overline{A \cdot B}=\overline{AB}$$

"与非"门逻辑关系总结为:"见 0 得 1,全 1 得 0".

图 7-9 所示是四 2 输入集成"与非"门 74LS00 的外引脚排列图.

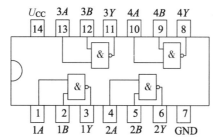

图 7-9 四 2 输入"与非"门 74LS00 外引脚排列图

2. "或非"门

将一个"或"门的输出端接到一个"非"门输入端,使"或"门的输出反相,就组成了"或非"门."或非"门图形符号如图 7-10 所示.和"与非"门逻辑符号相似,在电路输出端加一个小圆圈.

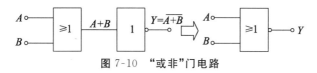

图 7-10 "或非"门电路

"或非"门逻辑表达式为

$$Y = \overline{A+B}$$

"或非"门逻辑关系总结为:"见 1 得 0,全 0 得 1".

图 7-11 所示是四 2 输入集成"或非"门 74LS02 的外引脚排列图.

此外,复合门电路除有"与非"门、"或非"门外,还有"与或非"门、"异或"门和"同或"门等.

常用门电路的逻辑符号及逻辑函数表达式见表 7-5.

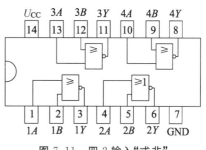

图 7-11 四 2 输入"或非"门 74LS02 外引脚排列图

表 7-5 常用门电路的逻辑符号及逻辑函数表达式

名 称	逻辑功能	图形符号	逻辑表达式
"与"门	与运算	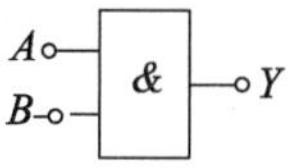 A — & — Y, B	$Y=AB$
"或"门	或运算	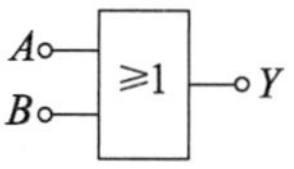 A — ≥1 — Y, B	$Y=A+B$
"非"门	非运算	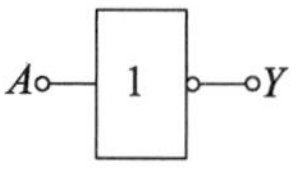 A — 1 — Y	$Y=\overline{A}$

续表

名　称	逻辑功能	图形符号	逻辑表达式
"与非"门	与非运算	A—&—Y, B	$Y=\overline{AB}$
"或非"门	或非运算	A—≥1—Y, B	$Y=\overline{A+B}$
"与或非"门	与或非运算	A,B,C,D—&,≥1—Y	$Y=\overline{AB+CD}$
"异或"门	异或运算	A—=1—Y, B	$Y=A\overline{B}+\overline{A}B$
"同或"门	同或运算	A—=1—Y, B	$Y=AB+\overline{A}\overline{B}$

7.2.3　集成门电路

数字电路中,最基本的逻辑门可归结为"与"门、"或"门和"非"门.实际应用时,它们可以独立使用,但用得更多的是经过逻辑组合组成的复合门电路.目前广泛使用的门电路有 TTL 集成逻辑门电路和 CMOS 集成逻辑门电路.

1. TTL 集成逻辑门电路

TTL 集成逻辑门电路的工作特点是工作速度高、输出幅度较大、种类多、不易损坏.下面以 TTL 反相器为例,来了解一下 TTL 集成逻辑门电路的组成、特性、参数及使用规则.

(1) TTL 反相器的电路结构和工作原理.

反相器是 TTL 门电路中电路结构最简单的一种.如图 7-12 所示为 74 系列 TTL 反相器的典型电路.该类型电路的输入端和输出端均为晶体管结构,所以称作晶体管-晶体管逻辑电路,简称 TTL 电路.

该图电路由三部分组成,VT_1、R_1 和 VD_1 组成输入级,VT_2、R_2 和 R_3 组成倒相级,VT_3、VT_4、VD_2 和 R_4 组成输出级.

设电源电压 $U_{CC}=5$ V,输入信号的高、低电平分别为 $U_{IH}=3$ V,$U_{IL}=0.3$ V,并认为二极管正向压降为 0.7 V.由图 7-12 可见,当 $U_I=U_{IL}$ 时,VT_1 的发射结必然导通,导通后 VT_1 的基极电位 U_{B1} 被钳在 1 V.因此,VT_2、VT_3 不导通.VT_2 截止后 U_{C2} 为高电平,VT_4 导

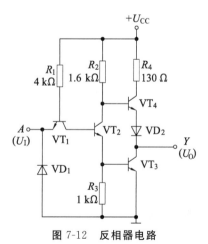

图 7-12　反相器电路

通,$U_O=5\text{ V}-U_{R2}-0.7\text{ V}-0.7\text{ V}\approx 3.6\text{ V}$,输出为高电平 U_{OH}.

当 $U_I=U_{IH}$ 时,如果不考虑 VT_2 的存在,则应有 $U_{B1}=U_{IH}+0.7\text{ V}=3.7\text{ V}$. 显然,在 VT_2 和 VT_3 存在的情况下,VT_2 和 VT_4 必然饱和导通.此时,U_{B1} 便被钳在了 2.1 V 左右.VT_2 和 VT_3 饱和导通使 U_{C2} 降为 1 V,导致 VT_4 截止,$U_O=0.3\text{ V}$,输出变为低电平 U_{OL}.可见输出和输入之间是反相关系,即 $Y=\overline{A}$.

输出级的工作特点是在稳定状态下 VT_4 和 VT_3 总是一个导通而另一个截止,这就有效地降低了输出级的静态功耗并提高了驱动负载的能力.通常把这种形式的电路称为推拉式输出电路.为确保 VT_3 导通时 VT_4 可靠地截止,又在 VT_4 的发射极下面串进了二极管 VD_2.

VD_1 是输入端钳位二极管,它既可以抑制输入端可能出现的负极性干扰脉冲,又可以防止输入电压为负时 VT_1 的发射极电流过大,起到保护作用.这个二极管允许通过的最大电流约为 20 mA.

(2) TTL 反相器电压传输特性.

如图 7-13 所示为其电压传输特性.在曲线的 AB 段,因为 $U_I<0.6\text{ V}$,所以 $U_{B1}<1.3\text{ V}$,VT_2 和 VT_3 截止而 VT_4 导通,故输出为高电平.这一段称为特性曲线的截止区.在 BC 段里,由于 $U_I>0.7\text{ V}$ 但低于 1.3 V,所以 VT_2 导通而 VT_3 依旧截止.这时 VT_2 工作在放大区,随着 U_I 的升高,U_{C2} 和 U_O 线性地下降,这一段称为特性曲线的线性区.当输入电压上升到 1.4 V 左右时,U_{B1} 约为 2.1 V,这时,VT_2 和 VT_3 将同时导通,VT_4 截止,

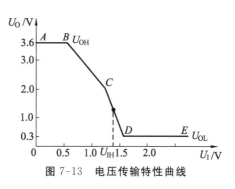

图 7-13 电压传输特性曲线

输出电位急剧地下降为低电平,与此对应的 CD 段称为转折区.转折区中点对应的输入电压称为阈值电压或门槛电压,用 U_{TH} 表示,分析电路时一般取其值为 1.4 V.此后输入电压 U_I 继续升高时 U_O 不再变化,进入特性曲线的 DE 段.DE 段称为特性曲线的饱和区.

(3) 输入端负载特性.

图 7-14 为测试电路和输入负载特性曲线.在具体使用门电路时,有时需要在输入端与地之间或者输入端与信号的低电平之间接入电阻 R_P.因为输入电流流过 R_P,这就必然会在 R_P 上产生压降而形成输入端电位 U_I.U_I 随 R_P 变化的规律,即输入端负载特性可表示为

$$U_I=\frac{R_P}{R_1+R_P}(U_{CC}-U_{BE1})$$

上式表明,在 $R_P\ll R_1$ 的条件下,U_I 几乎与 R_P 成正比.但是当 U_I 上升到 1.4 V 以后,VT_2 和 VT_3 的发射结同时导通,将 U_{B1} 钳在了 2.1 V 左右,所以即使 R_P 再增大,U_I 也不会再升高了.这时 U_I 与 R_P 的关系也就不再遵守上式的关系,特性曲线趋近于 $U_I=1.4\text{ V}$ 的一条水平线.

由以上分析可以看到,输入电阻的大小会影响"非"门的输出状态.保证"非"门输出为低电平时,允许的最小电阻称为开门电阻,用 R_{ON} 表示.由特性曲线可以看到 R_{ON} 为 2 kΩ.保证"非"门输出为高电平时,允许的最大电阻称为关门电阻,用 R_{OFF} 表示.由特性曲线可以看到对应 U_I 为 0.8 V 时的 R_{OFF} 大约为 700~800 Ω.也可看到输入端悬空,R_P 相当于无穷大,也

即相当于输入高电平.

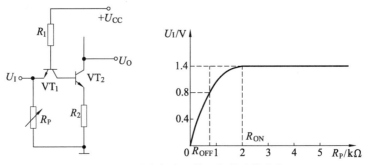

图 7-14　测试电路和输入负载特性曲线

(4) TTL 反相器的特性参数.

① 输出高电平 U_{OH}.

U_{OH} 是门电路处于截止时的输出电平,其典型值是 3.6 V,规定最小值 $U_{OH(min)}$ 为 2.4 V.

② 输出低电平 U_{OL}.

U_{OL} 是门电路处于导通时的输出电平,其典型值是 0.3 V,规定最大值 $U_{OL(max)}$ 为 0.4 V.

③ 输入高电平 U_{IH}.

其典型值是 3.6 V.保证输出为低电平时的最小输入高电平称为开门电平 U_{ON},其值为 2 V.

④ 输入低电平 U_{IL}.

其典型值是 0.3 V.保证输出为高电平时的最大输入低电平称为关门电平 U_{OFF},其值为 0.8 V.

⑤ 低电平输出电源电流 I_{CCL}、高电平输出电源电流 I_{CCH} 及最大功耗.

"与非"门处于不同的工作状态,电源提供的电流是不同的.I_{CCL} 是指所有输入端悬空、输出端空载时,电源提供给器件的电流.I_{CCH} 是指输出端空载,每个门各有一个以上的输入端接地,其余输入端悬空,电源提供给器件的电流.通常 $I_{CCL}>I_{CCH}$,它们的大小标志着器件静态功耗的大小.器件的最大功耗为 $P_D=U_{CC}I_{CCL}$.

TTL 电路对电源电压要求较严,电源电压 U_{CC} 只允许在 +5 V(上下 10%)工作,超过 5.5 V 将损坏器件,低于 4.5 V 器件的逻辑功能将不正常.

⑥ 低电平输入电流 I_{IL} 和高电平输入电流 I_{IH}.

I_{IL} 是指被测输入端接地、其余输入端悬空、输出端空载时,由被测输入端流出的电流值.在多级门电路中,I_{IL} 相当于前级门输出低电平时,后级向前级门灌入的电流,因此它关系到前级门的灌电流的负载能力,即直接影响前级门电路带负载的个数,所以希望 I_{IL} 小些.

I_{IH} 是指被测输入端接高电平、其余输入端接地、输出端空载时,流入被测输入端的电流值.在多级门电路中,它相当于前级门输出高电平时,前级门的拉电流负载,其大小关系到前级门的拉电流负载能力,所以希望 I_{IH} 小些.由于 I_{IH} 较小,难以测量,一般免于测试.

⑦ 负载电流及扇出系数 N_O.

扇出系数是指该"与非"门能驱动同类"与非"门的最大数目,又称负载能力.I_{OL}、I_{OH} 为驱动门的输出低电平电流和输出高电平电流,TTL"与非"门有两种不同性质的负载,即灌电流负载和拉电流负载,因此有两种扇出系数,即低电平扇出系数 N_{OL} 和高电平扇出系数 N_{OH}.通常 $I_{IH} < I_{IL}$,则 $N_{OH} > N_{OL}$,故常以 N_{OL} 作为门的扇出系数,通常 $N_{OL} \geqslant 8$.

⑧ 平均传输延迟时间 t_{pd}.

在反相器的输入端加上一个脉冲电压,则输出电压有一延迟,如图 7-15 所示.从输入脉冲上升沿的 50% 处起到输出脉冲下降沿的 50% 处的时间称为上升延迟时间 t_{pLH};从输入脉冲下降沿的 50% 处起到输出脉冲上升沿的 50% 处的时间称为下降延迟时间 t_{pHL}. t_{pLH} 和 t_{pHL} 的平均值称为平均传输延迟时间 t_{pd},此值越小越好.

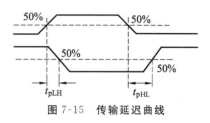

图 7-15 传输延迟曲线

⑨ 输入端噪声容限.

从电压传输特性上可以看到,当输入信号偏离正常的低电平(0.3 V)而升高时,输出的高电平并不立刻改变.同样,当输入信号偏离正常高电平(3.4 V)而降低时,输出的低电平也不会马上改变.因此,允许输入的高、低电平信号各有一个波动范围.在保证输出高、低电平基本不变(或者说变化的大小不超过允许限度)的条件下,输入电平的允许波动范围称为噪声容限.门电路的噪声容限反映它的抗干扰能力,值大则抗干扰能力强.高电平噪声容限为

$$U_{NH} = U_{IH} - U_{ON} = U_{OH(min)} - U_{ON} = 2.4 \text{ V} - 2 \text{ V} = 0.4 \text{ V}$$

低电平噪声容限为

$$U_{NL} = U_{OFF} - U_{IL} = U_{OFF} - U_{OL(max)} = 0.8 \text{ V} - 0.4 \text{ V} = 0.4 \text{ V}$$

接下来以 74LS00 为例,看一下其主要特性参数,见表 7-6.

表 7-6 74LS00 主要特性参数

主要参数	参数范围	主要参数	参数范围
$+U_{CC}$	4.75～5.25 V	I_{OL}	8 mA
U_{OH}	2.5～2.7 V	I_{OH}	$-400\ \mu$A
U_{OL}	0.4～0.5 V	P_{OL}	9 mW
U_{IH}	$\geqslant 2$ V	I_{IL}	-0.4 mA
U_{IL}	0.7～0.8 V	I_{IH}	20 mA
I_{CCL}	4.4 mA	t_{pLH}	9 ns
I_{CCH}	1.6 mA	t_{pHL}	10 ns

注:以上参数范围为电源电压选择 4.75～5.25 V 的前提下所得.

(5) TTL 集成电路的使用规则.

① 接插集成块时,要认清定位标记,不得插反.

② 电源电压使用范围为 4.5～5.5 V,实验中要求使用 $U_{CC} = +5$ V.电源极性绝对不允许接错.

③ 闲置输入端处理方法要得当.

④ 输入端通过电阻接地,电阻值的大小将直接影响电路所处的状态.当 $R \leqslant 680\ \Omega$ 时,输入端相当于逻辑"0";当 $R \geqslant 4.7$ kΩ 时,输入端相当于逻辑"1".对于不同系列的器件,要求

的阻值不同.

⑤ 输出端不允许并联使用(集电极开路门 OC 和三态输出门电路 3S 除外),否则不仅会使电路逻辑功能混乱,还会导致器件损坏.

⑥ 输出端不允许直接接地或直接接+5V电源,否则将损坏器件,有时为了使后级电路获得较高的输出电平,允许输出端通过电阻 R 接至 U_{CC},一般取 R 为 3~5.1 kΩ.

(6) 集成 TTL 电路分类.

集成 TTL 电路以 74 系列作为典型代表,见表 7-7.

表 7-7 74 系列集成 TTL 电路类型

系列分类	特性及应用现状
74 系列	早期的产品,现仍在使用,但正逐渐被淘汰
74H 系列	是 74 系列的改进型,属于高速 TTL 产品.其"与非"门的平均传输时间达 10ns,但电路的静态功耗较大,目前该系列产品使用越来越少,逐渐被淘汰
74S 系列	TTL 的高速型肖特基系列.在该系列中,采用了抗饱和肖特基二极管,速度较高,但品种较少
74LS 系列	是当前 TTL 类型中的主要产品系列,品种和生产厂家都非常多,性能价格比较高,目前在中小规模电路中应用非常普遍
74ALS 系列	是"先进的低功耗肖特基"系列.属于 74LS 系列的后继产品,速度(典型值为 4ns)、功耗(典型值为 1mW)等方面都有较大的改进,但价格比较高
74AS 系列	是 74S 系列的后继产品,尤其速度(典型值为 1.5ns)有显著的提高,又称"先进超高速肖特基"系列
74HC 系列	54/74HC 系列是高速 CMOS 标准逻辑电路系列,具有与 74LS 系列同等的工作度和 CMOS 集成电路固有的低功耗及电源电压范围宽等特点.74HC×××是 74LS××× 同序号的翻版,型号最后几位数字相同,表示电路的逻辑功能、引脚排列完全兼容,为用 74HC 替代 74LS 提供了方便

2. CMOS 集成逻辑门电路

(1) CMOS 集成电路的特点.

CMOS 集成电路的特点是功耗极低、输出幅度大、噪声容限大、扇出系数大.MOS 逻辑门电路主要分为 NMOS、PMOS、CMOS 三大类,PMOS 是 MOS 逻辑门的早期产品,它不仅工作速度慢且使用负电源,不便与 TTL 电路连接,CMOS 是在 NMOS 的基础上发展起来的,它的各种性能较 NMOS 都好.

(2) 集成 CMOS 电路的特性参数.

CMOS 门电路主要参数的定义同 TTL 电路,下面主要说明 CMOS 电路主要参数的特点.

① 输出高电平 U_{OH} 与输出低电平 U_{OL}.

CMOS 门电路 U_{OH} 的理论值为电源电压 U_{CC},$U_{OH(min)}=0.9U_{CC}$;U_{OL} 的理论值为 0V,$U_{OL(max)}=0.01U_{CC}$.所以 CMOS 门电路的逻辑摆幅(即高低电平之差)较大,接近电源电压 U_{CC} 值.

② 阈值电压 U_{TH}.

从 CMOS"非"门电压传输特性曲线可看出,输出高低电平的过渡区很陡,阈值电压

U_{TH} 约为 $\frac{1}{2}U_{CC}$.

③ 抗干扰容限.

CMOS"非"门的关门电平 U_{OFF} 为 $0.45U_{CC}$,开门电平 U_{ON} 为 $0.55U_{CC}$.因此,其高、低电平噪声容限均达 $0.45U_{CC}$.其他 CMOS 门电路的噪声容限一般也大于 $0.3U_{CC}$,电源电压 U_{CC} 越大,其抗干扰能力越强.

④ 传输延迟与功耗.

CMOS 电路的功耗很小,每门一般小于 1mW,但传输延迟较大,一般为几十纳秒/门,且与电源电压有关,电源电压越高,CMOS 电路的传输延迟越小,功耗越大.前面提到 74HC 高速 CMOS 系列的工作速度已与 TTL 系列相当.

⑤ 扇出系数.

因 CMOS 电路有极高的输入阻抗,故其扇出系数很大,一般额定的扇出系数可达 50.但必须指出的是,这里的扇出系数是指驱动 CMOS 电路的个数,若就灌电流负载能力和拉电流负载能力而言,CMOS 电路远远低于 TTL 电路.

以 CD4001 为例,其主要特性参数见表 7-8.

表 7-8 CD4001 四 2"或非"门主要特性参数

主要参数	参数范围	主要参数	参数范围
$+U_{CC}$	$-0.5 \sim 18$V	I_{OH}	$-2.4 \sim -1.15$ mA
U_{OH}	$4.95 \sim 14.5$V	P_{OL}	9mW
U_{OL}	0.05V	I_{IL}	$-0.1 \sim +0.1$mA
U_{IH}	$3.5 \sim 11$V	I_{CC}	$7.5 \sim 30$mA
U_{IL}	$1.5 \sim 4.0$V	t_{pLH}	$90 \sim 250$ns
I_{OL}	$0.36 \sim 2.4$mA	t_{pHL}	$90 \sim 250$ns

注:以上参数范围为电源电压选择 5V、10V 及 15V 的前提下所得.

(3) CMOS 电路多余输入端处理方法.

对于 CMOS"与"门、"与非"门,多余端的处理方法有两种:

① 多余端与其他有用的输入端并联使用.

② 将多余输入端接高电平,如图 7-16 所示.

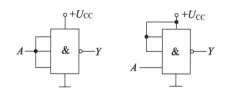

图 7-16 CMOS"与非"门多余输入端的处理

对于 CMOS"或非"门,多余输入端的处理方法如图 7-17 所示,也有两种:① 多余端与其他有用的输入端并联使用;② 将多余输入端接地.

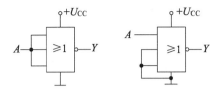

图 7-17 CMOS "或非" 门多余输入端的处理

(4) 使用注意事项.

CMOS 门电路是由 MOS 管组成的,初态功耗也只有毫瓦级,电源电压变化范围为 +3～+18 V.它的集成度很高,易制成大规模集成电路.

由于 CMOS 电路输入阻抗很高,容易接受静电感应而造成极间击穿,形成永久性的损坏,所以,在工艺上除了在电路输入端加保护电路外,使用时还应注意以下几点.

① 器件应在导电容器内存放,器件引线可用金属导线、导电泡沫等将其一并短路.

② U_{CC} 接电源正极,U_{SS} 接电源负极(通常接地),不允许反接.同样在装接电路、拔插集成电路时,必须切断电源,严禁带电操作.

③ 多余输入端不允许悬空,应按逻辑要求处理接电源或地,否则将会使电路的逻辑混乱并损坏器件.

④ 器件的输入信号不允许超出电源电压范围,或者说输入端的电流不得超过 10 mA.

⑤ CMOS 电路的电源应先接通,再接入信号,否则会破坏输入端的结构,工作结束时,应先断开输入信号,再切断电源.

⑥ 输出端所接电容负载不能大于 500pF,否则会因输出级功耗过大而损坏电路.

⑦ CMOS 电路不能以"线与"方式进行连接.

(5) 集成 CMOS 电路分类.

集成 CMOS 电路类型见表 7-9.

表 7-9 集成 CMOS 电路类型

系列分类	特性及应用现状
基本 CMOS 4000 系列	早期的 CMOS 集成逻辑门产品,工作电源电压范围为 3～18 V,由于具有功耗低、噪声容限大、扇出系数大等优点,已得到普遍使用.缺点是工作速度较低,平均传输延迟时间为几十纳秒,最高工作频率小于 5 MHz
高速 CMOS HC(HCT)系列	该系列电路在制造工艺上作了改进,使工作速度大大提高,平均传输延迟时间小于 10ns,最高工作频率可达 50MHz.HC 系列的电源电压范围为 2～6 V.HCT 系列的主要特点是与 TTL 器件电压兼容,它的电源电压范围为 4.5～5.5 V.它的输入电压参数为 $U_{IH(min)}=2.0$ V,$U_{IL(max)}=0.8$ V,与 TTL 完全相同.另外,74HC/HCT 系列与 74LS 系列的产品,只要最后 3 位数字相同,则两种器件的逻辑功能、外形尺寸、引脚排列顺序也完全相同,这样就为以 CMOS 产品代替 TTL 产品提供了方便
先进 CMOS AC(ACT)系列	该系列的工作频率得到了进一步的提高,同时保持了 CMOS 超低功耗的特点.其中 ACT 系列与 TTL 器件电压兼容,电源电压范围为 4.5～5.5 V.AC 系列的电源电压范围为 1.5～5.5 V.AC(ACT)系列的逻辑功能、引脚排列顺序等都与同型号的 HC(HCT)系列完全相同

7.3 逻辑代数

逻辑代数是描述客观事物逻辑关系的数学方法,是进行逻辑分析与综合的数学工具.因为它是英国数学家乔治·布尔(George Boole)于1847年提出的,所以又称为布尔代数.

逻辑代数有其自身独立的规律和运算法则,不同于普通代数.

相同点:都用字母 A、B、C 表示变量.

不同点:逻辑代数变量的取值范围仅为"0"和"1",且无大小、正负之分.逻辑代数中的变量称为逻辑变量.

输入逻辑变量和输出逻辑变量之间的函数关系称为逻辑函数,写作
$$Y = F(A、B、C、D)$$
其中 A、B、C、D 为有限个输入逻辑变量;F 为有限次逻辑运算("与""或""非")的组合.

表示逻辑函数的方法有:真值表、逻辑函数表达式、逻辑图和卡诺图.

数字电路的输入/输出关系是一种因果关系,可以用逻辑函数来描述,称之为逻辑电路.若用高电平表示逻辑"真",用低电平表示逻辑"假",则称为正逻辑;反之,则称为负逻辑.本书采用正逻辑.

7.3.1 逻辑代数的基本公式和定律

1. 逻辑代数的基本公式

逻辑代数的基本公式见表 7-10、表 7-11.

表 7-10 逻辑常量运算公式

"与"运算	"或"运算	"非"运算
$0 \cdot 0 = 0$	$0 + 0 = 0$	
$0 \cdot 1 = 0$	$0 + 1 = 1$	$\overline{1} = 0$
$1 \cdot 0 = 0$	$1 + 0 = 1$	$\overline{0} = 1$
$1 \cdot 1 = 1$	$1 + 1 = 1$	

表 7-11 逻辑变量、常量运算公式

"与"运算	"或"运算	"非"运算
$A \cdot 0 = 0$	$A + 0 = A$	
$A \cdot 1 = A$	$A + 1 = 1$	$\overline{\overline{A}} = A$
$A \cdot A = A$	$A + A = A$	
$A \cdot \overline{A} = 0$	$A + \overline{A} = 1$	

2. 逻辑代数的基本定律

逻辑代数的基本定律是分析和设计逻辑电路、化简和变换逻辑函数式的重要工具.这些定律和普通代数相似,有其独特性.

(1) 交换律、结合律、分配律.

与普通代数相似的定律见表 7-12.

表 7.12 交换律、结合律、分配律

交换律	$A+B=B+A$
	$A \cdot B = B \cdot A$
结合律	$A+B+C=(A+B)+C=A+(B+C)$
	$A \cdot B \cdot C = (A \cdot B) \cdot C = A \cdot (B \cdot C)$
分配律	$A(B+C)=AB+AC$
	$A+BC=(A+B) \cdot (A+C)$

(2) 吸收律.

与普通代数不同的定律——吸收律见表 7-13.

表 7-13 吸收律

吸 收 律	证 明
① $AB+A\overline{B}=A$	$AB+A\overline{B}=A(B+\overline{B})=A \cdot 1=A$
② $A+AB=A$	$A+AB=A(1+B)=A \cdot 1=A$
③ $A+\overline{A}B=A+B$	$A+\overline{A}B=(A+\overline{A})(A+B)=1 \cdot (A+B)=A+B$
④ $AB+\overline{A}C+BC=AB+\overline{A}C$	原式$=AB+\overline{A}C+BC(A+\overline{A})$ $=AB+\overline{A}C+ABC+\overline{A}BC$ $=AB(1+C)+\overline{A}C(1+B)$ $=AB+\overline{A}C$

表 7-13 中第④式还可推广为

$$AB+\overline{A}C+BCDE=AB+\overline{A}C$$

由表 7-13 可知,利用吸收律化简逻辑函数时,某些项或因子在化简中被吸收掉,使逻辑函数表达式变得更简单.

(3) 摩根定律.

摩根定律又称为反演律,它有下面两种形式:

$$\overline{A \cdot B} = \overline{A} + \overline{B}, \quad \overline{A+B} = \overline{A} \cdot \overline{B}$$

验证以上的摩根定律可用真值表 7-14 和表 7-15 证明.

表 7-14 $\overline{A+B}=\overline{A} \cdot \overline{B}$ 的证明

A	B	$\overline{A+B}$	$\overline{A} \cdot \overline{B}$
0	0	1	1
0	1	0	0
1	0	0	0
1	1	0	0

表 7-15 $\overline{A \cdot B}=\overline{A}+\overline{B}$ 的证明

A	B	$\overline{A \cdot B}$	$\overline{A}+\overline{B}$
0	0	1	1
0	1	1	1
1	0	1	1
1	1	0	0

7.3.2 逻辑函数的化简

1. 化简逻辑函数的意义

根据逻辑问题归纳出来的逻辑函数表达式往往不是最简的逻辑函数表达式,对逻辑函数进行化简和变换,可以得到最简的逻辑函数式和所需要的形式,以设计出最简洁的逻辑电路.这对于节省元器件,优化生产工艺,降低成本和提高系统的可靠性,提高产品在市场的竞争力是非常重要的.

2. 代数化简法

代数化简法就是运用逻辑代数运算法则和定律把复杂的逻辑函数式化成简单的逻辑式.逻辑函数最简式对不同形式的表达式有不同的标准和含义.因为"与或"式易于从真值表直接写出,且又比较容易转换为其他表达形式,故在此主要介绍"与或"式的最简表达式及化简方法.

3. 常用的方法

(1) 并项法.

运用基本公式 $A+\bar{A}=1$,将两项合并为一项,同时消去一个变量.例如:

$$A(BC+\bar{B}\bar{C})+A(B\bar{C}+\bar{B}C)=A(B\bar{C}+BC)+A(\bar{B}C+\bar{B}\bar{C})=A$$

(2) 吸收法.

运用吸收律 $A+AB=A$ 和 $AB+\bar{A}C+BC=AB+\bar{A}C$,消去多余的与项.例如:

① $$AB+AB(E+F)=AB$$

② $$ABC+\bar{A}D+\bar{C}D+BD = ABC+(\bar{A}+\bar{C})D+BD$$
$$= ABC+\overline{AC}D+BD$$
$$= ABC+\overline{AC}D$$
$$= ABC+\bar{A}D+\bar{C}D$$

(3) 消去法.

运用吸收律 $A+\bar{A}B=A+B$,消去多余因子.例如:

① $$AB+\bar{A}C+\bar{B}C = AB+(\bar{A}+\bar{B})C$$
$$= AB+\overline{AB}C$$
$$= AB+C$$

② $$A\bar{B}+\bar{A}B+ABCD+\bar{A}\bar{B}CD = A\bar{B}+\bar{A}B+(AB+\bar{A}\bar{B})CD$$
$$= A\bar{B}+\bar{A}B+\overline{A\bar{B}+\bar{A}B} \cdot CD$$
$$= A\bar{B}+\bar{A}B+CD$$

在实际化简逻辑函数时,需要灵活运用上述几种方法,才能得到最简"与或"式.

例 7-2 化简函数 $F=A\bar{B}+B\bar{C}+\bar{B}C+\bar{A}B$.

分析:本题表面看来似乎无从下手,好像已是最简式.但如果采用配项法,则可以消去一项.

解 方法一
$$F = A\bar{B}+B\bar{C}+(A+\bar{A})\bar{B}C+\bar{A}B(C+\bar{C})$$
$$= A\bar{B}+B\bar{C}+A\bar{B}C+\bar{A}\bar{B}C+\bar{A}BC+\bar{A}B\bar{C}$$
$$= A\bar{B}+B\bar{C}+\bar{A}C$$

方法二 若前两项配项,后两项不动,则
$$F = A\bar{B}(C+\bar{C})+(A+\bar{A})B\bar{C}+\bar{B}C+\bar{A}B$$
$$= \bar{A}B+B\bar{C}+\bar{A}C$$

由本例可见,公式法化简的结果并不是唯一的.如果两个结果形式(项数、每项中变量数)相同,则二者均正确,可以验证二者逻辑相等.

例 7-3 化简函数 $F=A\bar{B}+BD+\bar{A}D$.

解 配上前两项的冗余项 AD,对原函数无影响.
$$F=A\bar{B}+BD+AD+\bar{A}D=A\bar{B}+BD+D=A\bar{B}+D$$

公式化简法具有变量个数不受限制的优点;但缺点是目前尚无一套完整的方法,结果是否最简有时不易判断.

7.4 组合逻辑电路的分析与设计

在数字系统中,根据逻辑功能的不同,数字电路分为组合逻辑电路和时序逻辑电路两类.若一个数字逻辑电路在某一时刻的输出,仅仅取决于这一时刻的输入状态,而与电路原来的状态无关,则该电路称为组合逻辑电路.

组合逻辑电路具有如下结构特点:

① 只能由门电路组成.
② 电路的输入与输出无反馈路径.
③ 电路中不包含记忆单元.

1. 组合逻辑电路的分析

组合逻辑电路的分析就是根据已知的组合逻辑电路,确定其输入与输出之间的逻辑关系,确定该电路逻辑功能的过程.分析组合逻辑电路的功能可通过如下步骤来完成:

(1) 根据逻辑图写出输出端的逻辑表达式.

首先观察逻辑图的组成,根据逻辑图从输入到输出,逐级写出各逻辑门的逻辑表达式,最后得出输出端的逻辑表达式.

(2) 化简逻辑函数.

将已得到的逻辑表达式用代数法或卡诺图法化简,得到最简"与或"表达式.

(3) 列真值表.

为避免列写时遗漏,一般按 n 位二进制数递增的方式列出,真值表的列写具有唯一性.

(4) 分析逻辑功能.

由真值表分析出逻辑功能.

当然,以上步骤并非每步均按要求进行,重要的是能正确分析出逻辑功能.

例 7-4 分析如图 7-18 所示电路的逻辑功能.

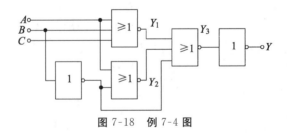

图 7-18 例 7-4 图

解

逻辑表达式:
$$Y=\overline{\overline{A+B+C}+\overline{A+\bar{B}+\bar{B}}}$$

最简"与或"表达式： $Y=\overline{A \cdot B}$

真值表如下：

A	B	C	Y	A	B	C	Y
0	0	0	1	1	0	0	1
0	0	1	1	1	0	1	1
0	1	0	1	1	1	0	0
0	1	1	1	1	1	1	0

电路的逻辑功能:电路的输出 Y 只与输入 A、B 有关,而与输入 C 无关.Y 和 A、B 的逻辑关系为:A、B 中只要有一个为 0,$Y=1$;A、B 全为 1 时,$Y=0$.所以 Y 和 A、B 的逻辑关系为"与非"运算的关系.

可用"与非"门实现:

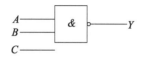

2. 组合逻辑电路的设计

组合逻辑电路的设计就是根据给定的功能要求,求出实现该功能的最简单的组合逻辑电路.

(1) 基本设计方法.

① 分析设计要求,确定逻辑变量.在进行组合电路设计之前,要仔细分析设计要求,确定输入、输出变量并分别用"0"和"1"加以定义.

② 列真值表.在分析的基础上列出真值表.

③ 写出逻辑表达式.将真值表中输出为 1 所对应的各个最小项进行逻辑加得到逻辑表达式.

④ 化简、变换逻辑函数.此步的目的是使所形成的逻辑电路简化或符合特定要求.

⑤ 画逻辑图.根据化简后的逻辑表达式,画出符合要求的逻辑图.

(2) 设计举例.

例 7-5 用"与非"门设计一个举重裁判表决电路.设举重比赛有三个裁判,一个主裁判和两个副裁判.杠铃完全举上的裁决由每一个裁判按一下自己面前的按钮来确定.只有当两个或两个以上裁判判明成功,并且其中有一个为主裁判时,表明成功的灯才亮.

解 列出真值表:设主裁判为变量 A,副裁判分别为 B 和 C;表示成功与否的灯为 Y,根据逻辑要求列出真值表:

A	B	C	Y	A	B	C	Y
0	0	0	0	1	0	0	0
0	0	1	0	1	0	1	1
0	1	0	0	1	1	0	1
0	1	1	0	1	1	1	1

逻辑表达式： $Y=A\overline{B}C+AB\overline{C}+ABC$

最简"与或"表达式：$Y = AC + AB$

逻辑变换：$Y = \overline{\overline{AC} \cdot \overline{AB}}$

逻辑电路图如下：

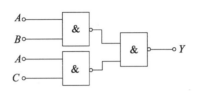

7.5 常用组合逻辑器件

1. 编码器

用文字、符号或数码来表示特定对象或信号的过程，称为编码.例如，装电话要电话号码，寄信要邮政编码，等等.实现编码功能的电路称为编码器.

由于十进制编码或某种文字和符号的编码难于用电路来实现，在数字电路中，一般采用二进制编码.二进制只有 0 和 1 两个数码，可以把若干个 0 和 1 按一定规律编排起来组成不同的代码（二进制数）来表示特定的含义.一位二进制代码有 0 和 1 两种，可以表示两个信号；两位二进制代码有 00、01、10、11 四种，可以表示四个信号；n 位二进制代码有 2^n 种，可以表示 2^n 个信号，这种二进制编码在电路上很容易实现.

（1）三位二进制（8 线－3 线）编码器.

① 键控三位二进制编码器.

图 7-32 是由八个按键和门电路组成的三位二进制编码器，图中 $S_0 \sim S_7$ 代表八个按键，

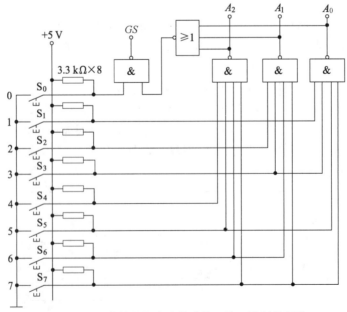

图 7-19　用按键和门电路构成的三位二进制编码器

作为信号的输入，A_2、A_1、A_0 为二进制代码的输出，GS 为控制使用标志．在按下 $S_0 \sim S_7$ 中任意一个按键时，只有在 $GS=1$ 时，编码器才表示 A_2、A_1、A_0 有输出，否则无输出．该编码器的真值表见表 7-16．

由真值表可见，每组输出代码对应一个按键按下时的状态．

表 7-16 三位二进制编码器真值表

输 入								输 出			
S_7	S_6	S_5	S_4	S_3	S_2	S_1	S_0	A_2	A_1	A_0	GS
1	1	1	1	1	1	1	1	0	0	0	0
1	1	1	1	1	1	1	0	0	0	0	1
1	1	1	1	1	1	0	1	0	0	1	1
1	1	1	1	1	0	1	1	0	1	0	1
1	1	1	1	0	1	1	1	0	1	1	1
1	1	1	0	1	1	1	1	1	0	0	1
1	1	0	1	1	1	1	1	1	0	1	1
1	0	1	1	1	1	1	1	1	1	0	1
0	1	1	1	1	1	1	1	1	1	1	1

② 集成三位二进制编码器．

图 7-20 是集成 8 线—3 线优先编码器 74LS148 的外引脚排列图．

它有 8 个不同的输入信号 $\overline{I_0}$、$\overline{I_1}$、$\overline{I_2}$、$\overline{I_3}$、$\overline{I_4}$、$\overline{I_5}$、$\overline{I_6}$、$\overline{I_7}$，根据 $2^n=8$，$n=3$，则输出信号为三位二进制代码 $\overline{Y_2}$、$\overline{Y_1}$、$\overline{Y_0}$，图中 $\overline{S}$ 为允许编码控制端，$\overline{S}=0$ 时允许编码；$\overline{S}=1$ 时不允许编码．Y_S 为使能输出端，$Y_S=1$ 时允许输出；$Y_S=0$ 时不允许输出．$\overline{Y_{EX}}$ 为优先编码输出端，$\overline{Y_{EX}}=1$ 时不允许编码器输出；

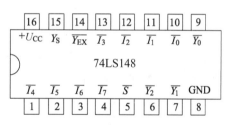

图 7-20 8 线—3 线编码器 74LS148 外引脚排列图

$\overline{Y_{EX}}=0$ 时，它按哪个输入端优先级最高则优先编码，当有两个或更多个数码输入时，总是按出现的最高级数码进行编码，而不管其他数码输入与否．如出现 $\overline{I_7}=0$，则无论 $\overline{I_6} \sim \overline{I_0}$ 中哪个为 0 时，因 $\overline{I_7}$ 优先级最高，此时优先编码器只按 $\overline{I_7}=0$ 编码，输出为 $Y_3=1$、$Y_2=1$、$Y_1=1$ 的反码，即 $\overline{Y_2}$、$\overline{Y_1}$、$\overline{Y_0}$ 为 000．其功能表见表 7-17．

表 7-17 74LS148 功能表

输 入									输 出				
$\overline{S}$	$\overline{I_0}$	$\overline{I_1}$	$\overline{I_2}$	$\overline{I_3}$	$\overline{I_4}$	$\overline{I_5}$	$\overline{I_6}$	$\overline{I_7}$	$\overline{Y_2}$	$\overline{Y_1}$	$\overline{Y_0}$	$\overline{Y_{EX}}$	Y_S
1	×	×	×	×	×	×	×	×	1	1	1	1	1
0	1	1	1	1	1	1	1	1	1	1	1	1	0

续表

输入									输出				
0	×	×	×	×	×	×	×	0	0	0	0	0	1
0	×	×	×	×	×	×	0	1	0	0	1	0	1
0	×	×	×	×	×	0	1	1	0	1	0	0	1
0	×	×	×	×	0	1	1	1	0	1	1	0	1
0	×	×	×	0	1	1	1	1	1	0	0	0	1
0	×	×	0	1	1	1	1	1	1	0	1	0	1
0	×	0	1	1	1	1	1	1	1	1	0	0	1
0	0	1	1	1	1	1	1	1	1	1	1	0	1

注：×表示任意态。

(2) 二—十进制(10 线—4 线)编码器。

二—十进制编码器是将十进制的十个数码 0、1、2、3、4、5、6、7、8、9 编成二进制代码的电路。输入 0～9 十个数码，输出对应的二进制代码，因 $2^n \geqslant 10$，n 常取 4，故输出为四位二进制代码。这种二进制代码又称二—十进制代码，简称 BCD 码。常用的 BCD 码为 8421BCD 码。

集成 10 线—4 线优先编码器 74LS147 可实现这种编码，它的外引脚排列图如图 7-21 所示。逻辑功能表见表 7-18，由表可见，$\overline{I_9}$ 输入优先级最高，$\overline{I_1}$ 输入优先级最低，如当 $\overline{I_9}=0$ 时，则不管其余 $\overline{I_1} \sim \overline{I_8}$ 有无输入，编码器均按 $\overline{I_9}$ 输入编码，输出为 9 的 8421BCD 码的反码 0110。

当 $\overline{I_1} \sim \overline{I_9}$ 均为 1，即无输入信号时，编码器输出 $\overline{Y_3} \sim \overline{Y_0}$ 为 0000 的反码 1111。

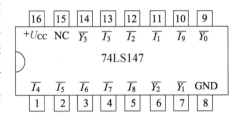

图 7-21　10 线—4 线优先编码器 74LS147 外引脚排列图

表 7-18　10 线—4 线优先编码器 74LS147 功能表

输入									输出			
$\overline{I_1}$	$\overline{I_2}$	$\overline{I_3}$	$\overline{I_4}$	$\overline{I_5}$	$\overline{I_6}$	$\overline{I_7}$	$\overline{I_8}$	$\overline{I_9}$	$\overline{Y_3}$	$\overline{Y_2}$	$\overline{Y_1}$	$\overline{Y_0}$
1	1	1	1	1	1	1	1	1	1	1	1	1
×	×	×	×	×	×	×	×	0	0	1	1	0
×	×	×	×	×	×	×	0	1	0	1	1	1
×	×	×	×	×	×	0	1	1	1	0	0	0
×	×	×	×	×	0	1	1	1	1	0	0	1
×	×	×	×	0	1	1	1	1	1	0	1	0
×	×	×	0	1	1	1	1	1	1	0	1	1
×	×	0	1	1	1	1	1	1	1	1	0	0
×	0	1	1	1	1	1	1	1	1	1	0	1
0	1	1	1	1	1	1	1	1	1	1	1	0

2. 译码器

译码是将二进制代码作为输入信号,按其编码时的原意转变为对应的输出信号或十进制数码.

(1) 二进制译码器.

① 二位二进制译码器.二进制译码器是一种能把二进制代码的各种输入状态变换为对应输出信号的电路.如图 7-22 所示电路是二位二进制(2线—4线)译码器.

由图可得二位二进制译码器的状态表见表 7-19.

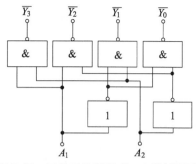

图 7-22 二位二进制(2线—4线)译码器

表 7-19 二位二进制译码器状态表

输 入		输 出			
A_1	A_0	$\overline{Y_3}$	$\overline{Y_2}$	$\overline{Y_1}$	$\overline{Y_0}$
0	0	0	0	0	1
0	1	0	0	1	0
1	0	0	1	0	0
1	1	1	0	0	0

② 三位二进制译码器.图 7-23 是三位二进制(3线—8线)译码器 74LS138 的外引脚排列图和图形符号.图中 $A_2 \sim A_0$ 为输入端,$\overline{Y_0} \sim \overline{Y_7}$ 为输出端.S_A、$\overline{S_B}$、$\overline{S_C}$ 为输入使能端,当 $S_A=1$,$\overline{S_B}+\overline{S_C}=0$ 时,译码器处于工作状态进行译码,并根据输入状态,在相应的输出端输出信号;当不满足上述条件时,输出端无信号输出.其功能见表 7-20.

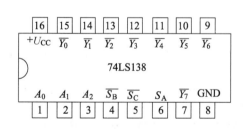
(a) 译码器74LS138的外引脚排列图

(b) 译码器74LS138的图形符号

图 7-23 译码器 74LS138 的外引脚排列图和图形符号

表 7-20 3线—8线译码器 74LS138 功能表

输 入					输 出							
S_A	$\overline{S_B}+\overline{S_C}$	A_2	A_1	A_0	$\overline{Y_0}$	$\overline{Y_1}$	$\overline{Y_2}$	$\overline{Y_3}$	$\overline{Y_4}$	$\overline{Y_5}$	$\overline{Y_6}$	$\overline{Y_7}$
×	1	×	×	×	1	1	1	1	1	1	1	1
0	×	×	×	×	1	1	1	1	1	1	1	1

输入					输出							
S_A	$\overline{S_B}+\overline{S_C}$	A_2	A_1	A_0	$\overline{Y_0}$	$\overline{Y_1}$	$\overline{Y_2}$	$\overline{Y_3}$	$\overline{Y_4}$	$\overline{Y_5}$	$\overline{Y_6}$	$\overline{Y_7}$
1	0	0	0	0	0	1	1	1	1	1	1	1
1	0	0	0	1	1	0	1	1	1	1	1	1
1	0	0	1	0	1	1	0	1	1	1	1	1
1	0	0	1	1	1	1	1	0	1	1	1	1
1	0	1	0	0	1	1	1	1	0	1	1	1
1	0	1	0	1	1	1	1	1	1	0	1	1
1	0	1	1	0	1	1	1	1	1	1	0	1
1	0	1	1	1	1	1	1	1	1	1	1	0

(2) 二—十进制译码器.

图 7-24 是四位二进制(4 线—10 线)译码器 74LS42 的外引脚排列图和图形符号.

二—十进制译码器是将 8421BCD 码译成 10 个对应输出信号的电路,当输入信号为 1010～1111 时,所有输出均为 1 状态,为无效状态.当输入为 0000～1001 时,对应的输出 $\overline{Y_0}$～$\overline{Y_9}$ 分别为 0(只有一个为 0,其余为 1).

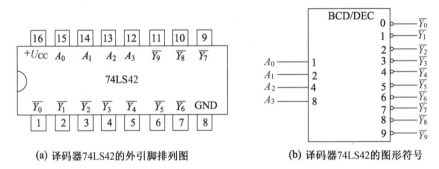

(a) 译码器74LS42的外引脚排列图   (b) 译码器74LS42的图形符号

图 7-24 译码器 74LS42 的外引脚排列图和图形符号

(3) 显示译码器.

用来驱动各种显示器件,从而将用二进制代码表示的数字、文字、符号翻译成人们习惯的形式直观地显示出来的电路,称为显示译码器.显示译码器主要由译码器和驱动器组成,通常这二者都集成在一块芯片上.

① 七段数字显示器.

常见的七段数字显示器有半导体数码显示器(LED)和液晶显示器(LCD)等.这种显示器由七段发光的字段组合而成.LED 是利用半导体构成的.而 LCD 是利用液晶的特点制成的.由七段发光二极管组成的数码显示器如下:

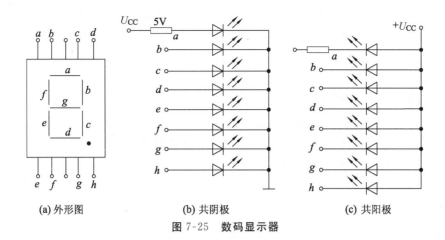

(a) 外形图　　　　(b) 共阴极　　　　(c) 共阳极

图 7-25　数码显示器

如图 7-26 所示为共阴极数码显示.

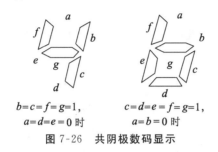

$b=c=f=g=1$,　　　$c=d=e=f=g=1$,
$a=d=e=0$ 时　　　$a=b=0$ 时

图 7-26　共阴极数码显示

真值表见表 7-21.

表 7-21　共阴极数码显示真值表

输入				输出							显示字形
A_3	A_2	A_1	A_0	a	b	c	d	e	f	g	
0	0	0	0	1	1	1	1	1	1	0	0
0	0	0	1	0	1	1	0	0	0	0	1
0	0	1	0	1	1	0	1	1	0	1	2
0	0	1	1	1	1	1	1	0	0	1	3
0	1	0	0	0	1	1	0	0	1	1	4
0	1	0	1	1	0	1	1	0	1	1	5
0	1	1	0	0	0	1	1	1	1	1	6
0	1	1	1	1	1	1	0	0	0	0	7
1	0	0	0	1	1	1	1	1	1	1	8
1	0	0	1	1	1	1	0	0	1	1	9

② 七段显示译码器.

4线—7段译码器/驱动器 CC14547,7 段显示输出采用 NPN 双极型晶体管结构,因而具有较大的输出驱动电流能力,可以直接驱动 LED 或其他显示器件.适用于各种仪器仪表,计数器,数字电压表及钟、表定时器等方面的显示器件.

其功能如下:

消隐功能:当 $\overline{BI}=0$ 时,输出 $a\sim b$ 都为低电平 0,各字段都熄灭,显示器不显示数字.

数码显示:当 $\overline{BI}=1$ 时,译码器工作.当 A_3、A_2、A_1、$A_0(D、C、B、A)$ 端输入 8421BCD 码时,译码器有关输出端输出高电平 1,数码显示器显示与输入代码相对应的数字.

其逻辑功能示意图如图 7-27 所示.

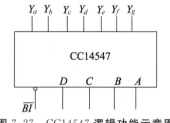

图 7-27 CC14547 逻辑功能示意图

3. 加法器

在数字系统中,尤其在计算机的数字系统中,算术运算都是分解成若干步加法运算进行的.因此,加法器是构成算术运算的基本单元电路.

(1) 半加器.

能对两个 1 位二进制数进行相加而求得和及进位的逻辑电路称为半加器.或只考虑两个一位二进制数的相加,而不考虑来自低位进位数的运算电路称为半加器.

① 半加器真值表见表 7-22.

表 7-22 半加器真值表

加数	A_i	B_i	S_i	C_i	向高位的进位
	0	0	0	0	
	0	1	1	0	本位的和
	1	0	1	0	
	1	1	0	1	

② 输出逻辑函数如下:

$$S_i=\overline{A}_iB_i+A_i\overline{B}_i=A_i\oplus B_i$$
$$C_i=A_iB_i$$

③ 其逻辑电路图如图 7-28 所示,逻辑符号如图 7-29 所示.

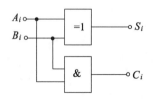 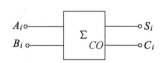

图 7-28 半加器逻辑电路图　　图 7-29 半加器逻辑符号

(2) 全加器.

在进行数据运算时,需要对多位二进制数相加,而数字电路中的运算是一位一位进行的,因此需要把某一位的 A_i 和 B_i 两个待加数相加,还要与来自低位来的进位数 C_{i-1} 相加,这样才在本位得到一个和数 S_i,并产生一位向高位的进位数 C_i.这种加法称为"全加",实现这种逻辑功能的电路称为全加器.逻辑符号如图 7-30 所示,其逻辑状态表见表 7-23.

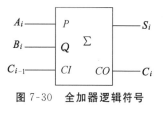

图 7-30　全加器逻辑符号

表 7-23　全加器逻辑状态表

输入			输出	
A_i	B_i	C_{i-1}	S_i	C_i
0	0	0	0	0
0	0	1	1	0
0	1	0	1	0
0	1	1	0	1
1	0	0	1	0
1	0	1	0	1
1	1	0	0	1
1	1	1	1	1

(3) 加法器.

在熟悉一位全加器的逻辑功能后,就可以讨论多位二进制数相加的问题了.图 7-31 是四位二进制进行相加的示意图.它由 4 个全加器组成,只要依次将低位进位的输出端 CO 接到高位全加器的低位输入端 CI,最低位全加器的低位输入端 CI 应接 0.

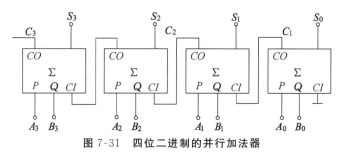

图 7-31　四位二进制的并行加法器

为提高运算速度,采用超前进位实现全加,图 7-32 是中规模集成四位二进制超前进位全加器 74LS283 的外引脚排列图和图形符号.该电路中只要分别接上四位二进制的被加数 A 和加数 B,并使最低位输入数处 CI 为 0,则在 S_3、S_2、S_1、S_0 可得到四位二进制数的和数,并由 C_4 得到向高位的进位数.

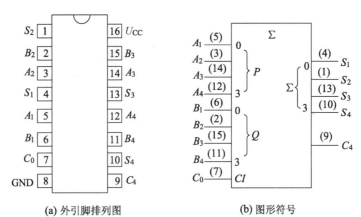

(a) 外引脚排列图　　　　　　(b) 图形符号

图 7-32　四位二进制加法器 74LS283 的外引脚排列图和图形符号

逻辑门电路是构成数字电路的基本单元电路.最基本的门电路有"与""或""非"门.由这些基本门电路组成的常用复合逻辑门电路有"与非"门、"或非"门、"与或非"门、"异或"门、"同或"门等电路.

本章介绍了公式化简法,其优点是不受变量个数的限制,但是否能够得到最简的结果,需要熟练地运用公式和规则及一定的运算技巧.组合电路的逻辑功能可用逻辑图、真值表、逻辑表达式、卡诺图和波形图五种方法来描述,它们在本质上是相通的,可以互相转换.

TTL 和 CMOS 集成"与非"门电路是应用最广泛的逻辑电路,它的逻辑功能是"见 0 出 1,全 1 出 0".

将若干个 0 和 1 按一定规律编排组合后,组成不同的二进制代码,用来表示各种信息或操作,这一过程称为编码.实现编码的逻辑电路称为编码器.将二进制代码的特定含义转换成相应输出状态的过程称为译码.实现译码的逻辑电路称为译码器.加法器是数据算术运算中的基本逻辑电路.

 习　题

7.1　将下列二进制数转换成十进制数.
$(1000101)_2 = ($ 　　　　　$)_{10}$，$(10000001)_2 = ($ 　　　　　$)_{10}$

7.2　将下列十进制数转换成二进制数.
$(3412)_{10} = ($ 　　　　　$)_2$，$(6543)_{10} = ($ 　　　　　$)_2$

7.3　已知 A、B、C 的波形如图 7-33 所示.试分析 Y_1、Y_2、Y_3、Y_4 的输出波形.

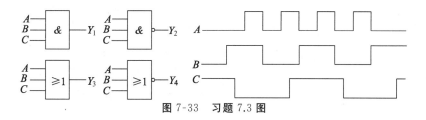

图 7-33 习题 7.3 图

7.4 化简逻辑函数.

(1) $L=AD+A\bar{D}+AB+\bar{A}C+BD+A\bar{B}EF+\bar{B}EF$；

(2) $L=AB+A\bar{C}+\bar{B}C+B\bar{C}+\bar{B}D+B\bar{D}+ADE(F+G)$；

(3) $L=A\bar{B}+B\bar{C}+\bar{B}C+\bar{A}B$.

7.5 试写出如图 7-34 所示电路中 Y_1、Y_2、Y_3 的逻辑表达式,并列出真值表,将 A、B 的 0 或 1 的值代入,得出 Y_1、Y_2、Y_3 的值,分析电路的功能.

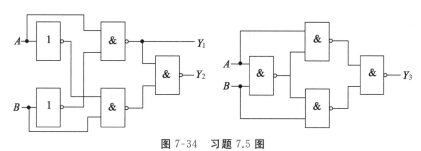

图 7-34 习题 7.5 图

7.6 试说明能否将"与非"门、"或非"门当做"非"门使用？如果可以,它们多余的输入端应如何处理？

7.7 图 7-35 电路中,当变量 A、B、C、D 为何种取值时, $Y_1=Y_2=Y_3=1$.

7.8 图 7-36 电路中,试分析在哪些输入情况下输出端 $Y=1$？

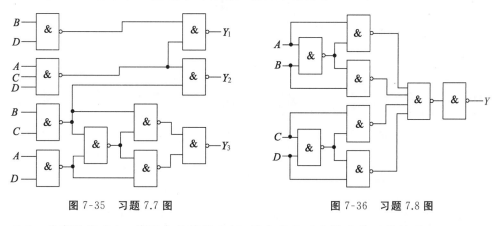

图 7-35 习题 7.7 图   图 7-36 习题 7.8 图

7.9 某实验室有红、黄两个故障指示灯,用来表示三台设备的工作情况：

(1) 当只有一台设备有故障时,黄色指示灯亮；

(2) 当有两台设备同时产生故障时,红色指示灯亮；

(3) 当三台设备都出现故障时,红色和黄色指示灯都亮.

试设计一个控制灯亮的逻辑电路.(设 A、B、C 为三台设备的故障信号,有故障时为1,正常工作时为0;Y_1 表示黄色指示灯,Y_2 表示红色指示灯,灯亮为1,灯灭为0).

7.10 图7-37是两处控制照明灯的电路.单刀双掷开关 A 安装在一处,单刀双掷开关 B 安装在另一处,两处都可以控制电灯,试画出使灯亮的真值表和由"与非"门电路构成的逻辑电路.(设灯亮为1,灯灭为0;$A=1$ 表示开关向上扳,$A=0$ 表示开关向下扳;$B=1$ 表示开关向上扳,$B=0$ 表示开关向下扳.)

7.11 图7-38是一密码锁控制电路,开锁条件是:拨对密码,钥匙插入锁眼将开关 S 闭合.当两个条件同时满足时,开锁信号为1,将锁打开;否则,报警信号为1,接通警铃.试分析该电路的密码 $ABCD$ 为多少?

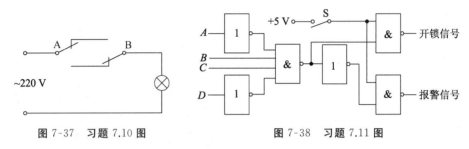

图7-37 习题7.10图　　　　图7-38 习题7.11图

7.12 用三个全加器实现两个二进制数 $A=A_2A_1A_0$ 和 $B=B_2B_1B_0$ 的加法运算,画出其逻辑电路图(全加器可用图形符号表示).

7.13 设计一个逻辑电路,要求三个输入变量 A、B、C 取值不一致时,输出为0;取值一致时,输出为1.

第 8 章 时序逻辑电路

8.1 触发器

在数字系统中,不仅需要对数字信号进行运算,而且要将运算结果保存,因此需要具有记忆功能的逻辑电路.触发器是能够存储一位二进制数字信号的基本单元,它有 0 和 1 两种稳定状态.当无外界信号作用时,保持原状态不变;在输入信号作用下,触发器可从一种状态翻转到另一种状态;而当输入信号消失后,能将新建立的状态保存.

触发器种类很多,根据电路结构,可分为基本触发器、同步触发器、主从触发器和边沿触发器等;根据逻辑功能,又可分为 RS 触发器、JK 触发器、D 触发器和 T 触发器等.

8.1.1 RS 触发器

1. 基本 RS 触发器

基本 RS 触发器是其他各种触发器的基本单元,结构最为简单,它有"与非"门和"或非"门两种组成形式.

(1) 由"与非"门组成的基本 RS 触发器.

如图 8-1(a)所示是由两个"与非"门组成的基本 RS 触发器,它由两个"与非"门电路交叉连接而成.其中 $\overline{S}_D$ 和 $\overline{R}_D$ 是两个输入端,Q 和 $\overline{Q}$ 是两个互补的输出端,通常规定 Q 端的状态为触发器的状态.例如,当 $Q=0$、$\overline{Q}=1$ 时,表示触发器处于 0 状态;反之,当 $Q=1$、$\overline{Q}=0$ 时,触发器处于 1 状态.其工作原理如下:

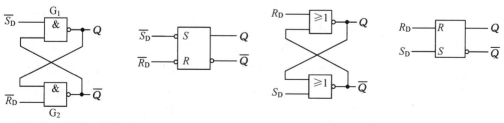

(a)"与非"门基本RS触发器　　(b) 逻辑符号　　(c)"或非"门基本RS触发器　　(d) 逻辑符号

图 8-1 基本 RS 触发器的逻辑电路及逻辑符号

① 当 $\overline{R_D}=1$、$\overline{S_D}=0$ 时,触发器置 1.因 $\overline{S_D}=0$,"与非"门 G_1 的输出 $Q=1$,"与非"门 G_2 的输入都为高电平 1,使输出 $\overline{Q}=0$,即触发器被置 1.这时,即使 $\overline{S_D}=0$ 的信号消失,因 $\overline{Q}=0$ 反馈到 G_1 的输入端,Q 端仍保持 1 状态.因为是在 $\overline{S_D}$ 端输入低电平,将触发器置 1,所以称 $\overline{S_D}$ 端为置 1 端,也称置位端.$\overline{S_D}$ 端是输入低电平有效.

② 当 $\overline{R_D}=0$、$\overline{S_D}=1$ 时,触发器置 0.因 $\overline{R_D}=0$,"与非"门 G_2 的输出 $\overline{Q}=1$,"与非"门 G_1 的输入都为高电平 1,使输出 $Q=0$,即触发器被置 0.这时,即使 $\overline{R_D}=0$ 的信号消失,因 $Q=1$ 反馈到 G_1 的输入端,Q 端仍保持 0 状态.因为是在 $\overline{R_D}$ 端输入低电平,将触发器置 0,所以称 $\overline{R_D}$ 端为置 0 端,也称清零端或复位端.$\overline{R_D}$ 端也是输入低电平有效.

③ 当 $\overline{R_D}=\overline{S_D}=1$ 时,触发器保持原状态不变.若触发器原处于 $Q=0$,$\overline{Q}=1$ 的 0 状态时,$Q=0$ 反馈到 G_2 的输入端,使"与非"门 G_2 的输出 $\overline{Q}=1$,$\overline{Q}=1$ 又反馈到 G_1 的输入端,这样,"与非"门 G_1 的输入都为高电平,输出 $Q=0$,即电路保持 0 状态;若触发器原处于 $Q=1$,$\overline{Q}=0$ 的 1 状态时,电路同样保持 1 状态.

④ 当 $\overline{R_D}=\overline{S_D}=0$ 时,触发器状态不定.当 $\overline{R_D}=\overline{S_D}=0$ 时,输出 $Q=\overline{Q}=1$,这不符合 Q 与 $\overline{Q}$ 互补的关系.而且,当 $\overline{R_D}=\overline{S_D}=0$ 的信号同时消失或同时变为 1 时,Q 与 $\overline{Q}$ 的状态将是不定状态,可能是 0 状态,也可能是 1 状态.因此正常工作时,不允许 $\overline{S_D}$ 和 $\overline{R_D}$ 同时为 0.

基本 RS 触发器的逻辑符号如图 8-1(b)所示,图中 $\overline{S_D}$ 和 $\overline{R_D}$ 端的小圆圈以及表示 $\overline{R_D}$、$\overline{S_D}$ 上面的"非"号均表示低电平有效.

表 8-1 是由"与非"门组成的基本 RS 触发器的逻辑状态表.表中 Q^n 表示触发器在接收信号之前所处的状态,称为初态;Q^{n+1} 表示触发器在接收信号后建立的新的稳定状态,称为次态."×"号表示不定状态,即输入信号消失后触发器状态可能是"0",也可能是"1".

表 8-1　由"与非"门组成的基本 RS 触发器逻辑状态表

$\overline{R_D}$	$\overline{S_D}$	Q^{n+1}	逻辑功能
0	0	×	不定
0	1	0	置 0
1	0	1	置 1
1	1	Q^n	不变

由以上分析可知:基本 RS 触发器有两个状态,它可以直接置 0 或置 1,并具有保持即记忆功能.

(2) 由"或非"门组成的基本 RS 触发器.

由两个"或非"门交叉耦合而成的基本 RS 触发器的电路结构如图 8-1(c)所示.图 8-1(d)是其逻辑符号图.由图 8-1(c)可以看出,此电路是高电平有效,所以用 S_D 和 R_D 表示,Q 和 $\overline{Q}$ 为输出端.

由图 8-1(c)不难得出如下结论:当 $R_D=0$,$S_D=1$ 时,触发器置 1;当 $R_D=1$,$S_D=0$ 时,触发器置 0;当 $S_D=R_D=0$ 时,触发器保持原状态不变;当 $S_D=R_D=1$ 时,则 $Q=\overline{Q}=0$,这是不定状态.因当 R_D 和 S_D 高电平同时消失时,触发器的输出状态是不确定的,所以这种情况是不允许的.由"或非"门组成的基本 RS 触发器逻辑状态见表 8-2.

表 8-2 由"或非"门组成的基本 RS 触发器逻辑状态表

R_D	S_D	Q^{n+1}	逻辑功能
0	0	Q^n	不变
0	1	1	置 1
1	0	0	置 0
1	1	×	不定

例 8-1 设由"与非"门组成的基本 RS 触发器的输入信号波形如图 8-2 所示,试画出 Q、$\overline{Q}$ 端的输出波形.设触发器初态 $Q=0$.

解 根据"与非"门组成的基本 RS 触发器的逻辑功能,可直接画出 Q、$\overline{Q}$ 端的输出波形,其输出波形如图 8-2 所示.

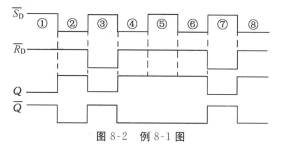

图 8-2 例 8-1 图

为了便于说明,将图 8-2 分成①～⑧共八个时间段,设初态 $Q=0$,则 $\overline{Q}=1$.
① $\overline{R_D}=\overline{S_D}=1$,触发器保持原状态 0 不变,即 $Q=0$,$\overline{Q}=1$.
② $\overline{R_D}=1$,$\overline{S_D}=0$,触发器置 1,即 $Q=1$,$\overline{Q}=0$.
③ $\overline{R_D}=0$,$\overline{S_D}=1$,触发器置 0,即 $Q=0$,$\overline{Q}=1$.
④ $\overline{R_D}=1$,$\overline{S_D}=0$,触发器置 1,即 $Q=1$,$\overline{Q}=0$.
⑤ $\overline{R_D}=1$,$\overline{S_D}=1$,触发器保持原状态 1 不变,即 $Q=1$,$\overline{Q}=0$.
⑥ $\overline{R_D}=1$,$\overline{S_D}=0$,触发器置 1,即 $Q=1$,$\overline{Q}=0$.
⑦ $\overline{R_D}=0$,$\overline{S_D}=1$,触发器置 0,即 $Q=0$,$\overline{Q}=1$.
⑧ $\overline{R_D}=1$,$\overline{S_D}=0$,触发器置 1,即 $Q=1$,$\overline{Q}=0$.

2. 同步 RS 触发器

基本 RS 触发器的特点是:输入信号 $\overline{S_D}$ 和 $\overline{R_D}$ 或 S_D 和 R_D 可以直接控制触发器状态的翻转.而在数字系统中,往往要求某些触发器按一定节拍同步动作,为此,产生了由时钟脉冲 CP 控制的触发器,只有在 CP 脉冲到达时,触发器才能按输入信号改变输出状态,此类触发器称为同步 RS 触发器,又称可控 RS 触发器或钟控 RS 触发器.

(1) 电路组成.

同步 RS 触发器是在基本 RS 触发器的基础上增加了两个控制门 G_3、G_4 和一个时钟脉冲 CP.图 8-3(a)和(b)分别为同步 RS 触发器的逻辑电路和逻辑符号.R、S 为输入信号端,Q 和 $\overline{Q}$ 为输出信号端.

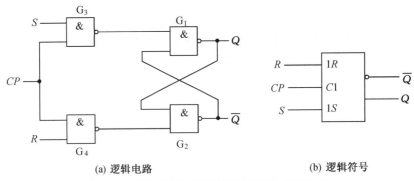

(a) 逻辑电路　　　　　　　　　(b) 逻辑符号

图 8-3　同步 RS 触发器的逻辑电路及逻辑符号

(2) 工作原理.

当 $CP=0$ 时,"与非"门 G_3 和 G_4 被封锁而输出高电平,不管 S 和 R 端的信号如何变化,触发器的状态始终保持不变,即 $Q^{n+1}=Q^n$.

当 $CP=1$ 时,"与非"门 G_3 和 G_4 被解除封锁,S 和 R 端的信号可以通过 G_3 和 G_4 作用到基本 RS 触发器的输入端,使触发器的状态随 S 和 R 的状态而变.

不难分析出:若 $S=R=0$,则 $Q^{n+1}=Q^n$,即触发器保持原状态不变;若 $S=1,R=0$,则 $Q^{n+1}=1$,即触发器置 1;若 $S=0,R=1$,则 $Q^{n+1}=0$,即触发器置 0;若 $S=R=1,CP$ 由 1 变为 0 时,触发器可能是 1 状态,也可能是 0 状态,即触发器状态不定,这种情况应避免.

可见,当 $CP=1$ 时,同步 RS 触发器的逻辑状态见表 8-3.

表 8-3　同步 RS 触发器逻辑状态表

R	S	Q^{n+1}	逻辑功能
0	0	Q^n	不变
0	1	1	置 1
1	0	0	置 0
1	1	×	不定

例 8-2　如图 8-3 所示的同步 RS 触发器中,若 CP 和 R、S 的输入信号的波形如图 8-4 所示,试画出 Q 和 $\overline{Q}$ 的输出波形,假定触发器的初态为 0.

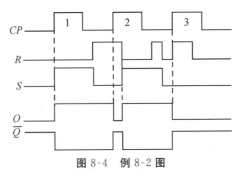

图 8-4　例 8-2 图

解　由 CP、R、S 的输入波形,根据状态表可画出 Q 和 $\overline{Q}$ 的输出波形,如图 8-4 所示.

在第一个 CP 脉冲到来之前,即 $CP_1=0$ 时,$R=0,S=0$,触发器保持初始的 0 态.

$CP_1=1$ 时,$R=0$,$S=1$,触发器置 1;$CP_1=0$ 时,无论输入信号 R、S 如何变化,触发器维持 1 态不变.当第二个 CP_2 脉冲到来时,即 $CP_2=1$,$R=1$,$S=0$,触发器置 0;接着 $R=0$,$S=1$,触发器又置 1;当 $CP_2=0$ 时,无论输入信号 R、S 如何变化,触发器维持 1 态不变.当第三个脉冲 $CP_3=1$ 时,$R=1$,$S=0$,触发器置 0;接着 $R=0$,$S=0$,触发器维持 0 态不变;当 $CP_3=0$ 时,触发器维持 0 态不变.

8.1.2 主从 JK 触发器

1. 电路组成

如图 8-5(a)所示为主从 JK 触发器电路结构图.它由两个同步 RS 触发器和"非"门组成.D_1 称为主触发器,D_2 称为从触发器.主触发器的时钟脉冲是 CP,通过一个"非"门 D 使从触发器的时钟脉冲为 $\overline{CP}$.因此,只有首先使 $CP=1$,主触发器先动作,然后使 $CP=0$,$\overline{CP}=1$ 时从触发器才动作,主从之名由此而来.J、K 是信号输入端,Q 和 $\overline{Q}$ 是输出端.$\overline{S_D}$、$\overline{R_D}$ 分别为直接置位端、复位端.触发器工作时,$\overline{S_D}$、$\overline{R_D}$ 应为高电平.

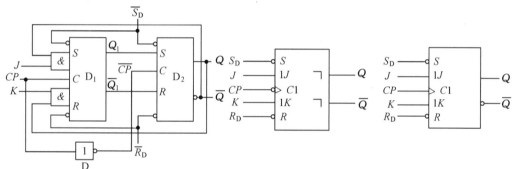

(a) 主从JK触发器电路结构图　　(b) CP下降沿触发逻辑符号　　(c) CP上升沿触发逻辑符号

图 8-5　主从 JK 触发器的逻辑电路及逻辑符号

2. 工作原理

当 $J=1$、$K=0$ 时,若触发器初态为 0,则主触发器的 $S=\overline{Q}\cdot J=1$,$R=Q\cdot K=0$.当时钟脉冲的上升沿到来后,$CP=1$,$\overline{CP}=0$,主触发器翻转为 1 态,即 $Q_1=1$,$\overline{Q}_1=0$;若触发器初态为 1,则主触发器 $S=0$,$R=0$,主触发器仍保持 1 态,$Q_1=1$,$\overline{Q}_1=0$.当时钟脉冲下降沿到来时,$CP=0$,$\overline{CP}=1$,主触发器被封锁,从触发器的 $S=Q_1=1$,$R=\overline{Q}_1=0$,则输出 1 态,即 $Q=1$,$\overline{Q}=0$.所以,$J=1$、$K=0$ 时,具有置"1"功能,即 $Q^{n+1}=1$.

当 $J=0$、$K=1$ 时,时钟脉冲上升沿到来时,不论触发器原状态如何,主触发器输出必定为 $Q_1=0$,$\overline{Q}_1=1$.从触发器被 $\overline{CP}=0$ 封锁,保持原状态不变.时钟脉冲下降沿到来时,主触发器被 $CP=0$ 封锁,从触发器状态为 $Q=0$,$\overline{Q}=1$.所以,$J=0$、$K=1$ 时,触发器具有置"0"功能,即 $Q^{n+1}=0$.

以上两种情况表明,当 $J=\overline{K}$ 时,触发器状态总是与 J 端状态一致,即 $Q^{n+1}=J$.

当 $J=K=0$ 时,主触发器被封锁,不论时钟脉冲到来与否,也不论 Q 端和 $\overline{Q}$ 端的反馈信号如何,都不能改变主、从触发器原来的状态.这说明触发器具有保持原状态不变的功能,即 $Q^{n+1}=Q^n$.

当 $J=K=1$ 时,若触发器的初态为 0,则主触发器的 $S=\bar{Q}\cdot J=1$,$R=Q\cdot K=0$.第一个时钟脉冲作用后触发器翻转为 1 态,即 $Q=1$,$\bar{Q}=0$.同时反馈到输入端的信号状态变为 $S=0$,$R=1$,因此第二个时钟脉冲作用后,触发器又翻转为 0 态.以后每来一个时钟脉冲,触发器状态就翻转一次.如果在 CP 端输入一串脉冲,则触发器状态翻转次数就等于 CP 端输入的脉冲个数,这样 JK 触发器就具有计数的功能.即当 CP 下降沿到来时,触发器总是翻转到与初态相反的状态.

主从 JK 触发器的逻辑状态见表 8-4.

主从 JK 触发器的逻辑符号如图 8-5(b)所示.CP 端上的小圆圈表示触发器状态在时钟脉冲下降沿到来时触发."⌐"称为延迟符号,表示在 CP 上升沿时接收信号,延迟到 CP 下降沿时输出状态翻转.

表 8-4 主从 JK 触发器逻辑状态表

J	K	Q^{n+1}	逻辑功能
0	0	Q^n	保持
0	1	0	置 0
1	0	1	置 1
1	1	$\overline{Q^n}$	翻转

例 8-3 如图 8-5 所示的主从 JK 触发器中,若 CP 和 J、K 的输入信号如图 8-6 所示,试画出 Q 和 $\bar{Q}$ 的输出波形图,假定触发器的初态为 0.

解 由 CP、J、K 的输入波形,根据 JK 触发器的逻辑状态表画出 Q 和 $\bar{Q}$ 的输出波形,如图 8-6 所示.CP 脉冲下降沿未到来时,无论 J、K 状态如何,触发器均保持初态 0 态.

当 $J=1$,$K=0$ 时,CP_1 脉冲下降沿到来时,触发器置 1.

当 $J=0$,$K=1$,CP_2 脉冲下降沿到来时,触发器置 0.

当 $J=0$,$K=0$,CP_3 脉冲下降沿到来时,触发器保持 CP_2 脉冲下降沿到来时的状态,即置 0.

当 $J=1$,$K=1$,CP_4 脉冲下降沿到来时,触发器翻转,由 0 态翻转为 1 态.

当 $J=1$,$K=1$,CP_5 脉冲下降沿到来时,触发器翻转,由 1 态翻转为 0 态.

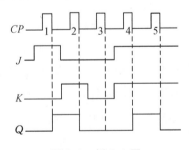

图 8-6 例 8-3 图

8.1.3 D 触发器

D 触发器的应用也很广泛,其逻辑状态见表 8-5.

D 触发器的结构有多种.国产 D 触发器多采用维持阻塞型,属于上升沿触发的边沿触发器.其逻辑符号如图 8-7 所示.

表 8-5　D 触发器的逻辑状态表

D	Q^{n+1}	逻辑功能
0	0	置 0
1	1	置 1

维持阻塞 D 触发器的逻辑功能是:在时钟脉冲的上升沿到来时,触发器的状态与时钟脉冲到来前 D 端的状态一致.即 $D=1, Q^{n+1}=1; D=0, Q^{n+1}=0$.如图 8-8 所示为维持阻塞 D 触发器的波形图.

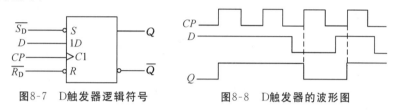

图8-7　D触发器逻辑符号　　　　图8-8　D触发器的波形图

由于 JK 触发器与 D 触发器之间可以相互转换,因此,JK 触发器和 D 触发器都有上升沿触发和下降沿触发.

8.1.4　触发器应用举例:四人竞赛抢答电路

如图 8-9 所示为由四个 **JK** 触发器组成的四人竞赛抢答电路,其工作原理如下:

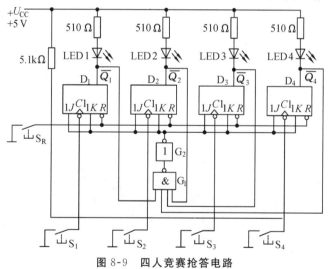

图 8-9　四人竞赛抢答电路

抢答前,先按复位开关 S_R,触发器 $D_1 \sim D_4$ 都被置 0,$\overline{Q}_1 \sim \overline{Q}_4$ 都为 1,发光二极管 LED1～LED4 不发光.这时,G_1 输入都为 1,G_2 输出 1,$D_1 \sim D_4$ 的 $J=K=1$,四个触发器皆处于接收信号的状态.抢答时,如 S_4 第一个被按下,则 D_4 首先由 0 态翻到 1 态,$\overline{Q}_4=0$,这一方面使 LED4 发光,同时使 G_2 输出 0.此时 $D_1 \sim D_4$ 的 J 和 K 都为低电平 0,执行保持功能.因此,当 S_4 被按下后,再按下 $S_1 \sim S_3$ 中的任一个时,$D_1 \sim D_3$ 的状态不会改变,仍为 0,LED1～LED3 不亮.所以,根据发光二极管发光的信息,可判断第一个被按下的开关是 S_4.

如要重复进行抢答时,则在每次进行抢答前应先按复位开关 S_R,使 $D_1 \sim D_4$ 处于接收状态.

8.2 时序逻辑电路

时序逻辑电路是以触发器为基本单元的逻辑电路,因此具有记忆功能,即其输出不仅取决于电路当时的输入状态,而且与原状态有关.常见的时序逻辑电路有计数器、寄存器等.
本节主要介绍它们的工作原理和逻辑功能.

8.2.1 计数器

计数器是一种累计输入脉冲个数的逻辑部件.在数字电路中,计数器除用于计数外,还用做分频、定时及程序控制等.

计数器有多种分类方式.按进制可分为二进制、十进制和任意进制计数器;按计数的数值增减趋势,可分为加法计数器、减法计数器和可逆计数器(可加、可减计数器);按计数时触发器的状态转换与计数脉冲是否同步,可分为同步计数器和异步计数器.

1. 异步二进制加法计数器

二进制只有 0 和 1 两个数码,二进制加法规则是"逢二进一",即 $0+1=1,1+1=10$,也就是当本位是 1 再加 1 时,本位变为 0,同时向高位进 1.

触发器有 0 和 1 两个状态,因此一个触发器可以表示一位二进制数,如果要表示 n 位二进制数,则要用 n 个触发器.

(1) 电路组成.

如图 8-10 所示为由 JK 触发器组成的四位异步二进制加法计数器的逻辑图.图中 JK 触发器的 J、K 端都接高电平,即只具有翻转功能.计数脉冲 CP 由最低位触发器的时钟脉冲端加入,每个触发器都是下降沿触发,低位触发器的 Q 端依次接到相邻高位的时钟脉冲端,可见该计数器为异步计数器.

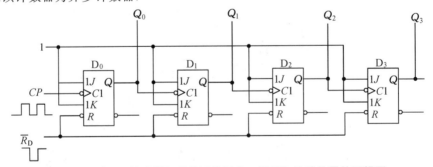

图 8-10 由 JK 触发器组成的四位异步二进制加法计数器的逻辑图

(2) 工作原理.

计数前在计数器的置 0 端 $\overline{R_D}$ 上加负脉冲,使各触发器都为 0 状态,即 $Q_3Q_2Q_1Q_0 = 0000$.在计数过程中,$\overline{R_D}$ 为高电平.

输入第一个计数脉冲 CP,当该脉冲的下降沿到来时,最低位触发器 D_0 由 0 态翻转到 1

态,因为是 Q_0 端输出的上升沿加到 D_1 的 CP 端,D_1 不满足翻转条件,保持 0 态不变.这时,计数器的状态为 $Q_3Q_2Q_1Q_0=0001$.

当输入第二个计数脉冲 CP 时,D_0 由 1 态翻转到 0 态,Q_0 端输出的下降沿加到 D_1 的 CP 端,D_1 满足翻转条件,由 0 态翻转到 1 态.Q_1 端输出的上升沿加到 D_2 的 CP 端,D_2 不满足翻转条件,D_2 保持 0 态不变.这时,计数器的状态为 $Q_3Q_2Q_1Q_0=0010$.

当连续输入计数脉冲 CP 时,根据上述计数规律,只要低位触发器由 1 态翻转到 0 态,相邻高位触发器的状态便改变.计数器中各触发器的状态转换表见表 8-6.

表 8-6 4 位异步二进制加法计数器状态转换表

计数脉冲数	计 数 器 状 态				相应的十进制数
	Q_3	Q_2	Q_1	Q_0	
0	0	0	0	0	0
1	0	0	0	1	1
2	0	0	1	0	2
3	0	0	1	1	3
4	0	1	0	0	4
5	0	1	0	1	5
6	0	1	1	0	6
7	0	1	1	1	7
8	1	0	0	0	8
9	1	0	0	1	9
10	1	0	1	0	10
11	1	0	1	1	11
12	1	1	0	0	12
13	1	1	0	1	13
14	1	1	1	0	14
15	1	1	1	1	15
16	0	0	0	0	0

由此可见,在计数脉冲 CP 作用下,计数器状态符合二进制加法规律,故为异步二进制加法计数器.由状态表可以看出,从状态 0000 开始,每来一个脉冲,计数器中的数值加 1,当输入第 16 个计数脉冲 CP 时,计满归零,因此,该电路也称为一位十六进制计数器.

如图 8-11 所示为四位异步二进制加法计数器的工作波形图,又称时序图或时序波形.由图可见:输入的计数脉冲每经一级触发器,其周期增加一倍,即频率降低一半.因此,一位二进制计数器就是一个 2 分频器,如图 8-11 所示计数器是一个 16 分频器.

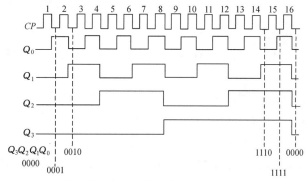

图 8-11 由 JK 触发器组成的四位异步二进制加法计数器工作波形图

若将图 8-10 逻辑图中各触发器的输出由 $\overline{Q}$ 端接出,再输入下一级触发器的 CP 端,则异步二进制加法计数器便成为异步二进制减法计数器.

二进制数的减法运算规则为:$1-1=0,0-1$ 不够,向相邻高位借 1 作 2,即 $(1)0-1=1$. 如为二进制数 $0000-1$ 时,可视为 $(1)0000-1=1111$;$1111-1=1110$,其余减法运算以此类推.所以,四位二进制减法计数器实现减法运算的关键是在输入第 1 个减法计数脉冲后,计数器的状态应由 0000 翻转到 1111.

异步二进制减法计数器的工作原理分析和异步二进制加法计数器类似,在此不再叙述.

2. 十进制计数器

二进制计数器结构简单,但是不符合人们的日常习惯,因此在数字系统中,凡需直接观察计数结果的地方,几乎都用十进制计数.

(1) 电路组成.

十进制计数器是在二进制计数器的基础上得出的,即用四位二进制数来表示十进制的 0~9 十个数,所以也称为二—十进制计数器.

一个四位二进制计数器可表示十六个数,十进制只有十个数,要去掉六个数,可用不同的方法.上一章已讲过最常用的 8421BCD 码,去掉的是 1010~1111 六个数.也就是说,计数器计到第九个脉冲时,再来一个脉冲即由 1001 变为 0000.经过十个脉冲循环一次.

如图 8-12 所示为 8421BCD 码同步十进制加法计数器的逻辑图.它由四个 JK 触发器组成,下降沿触发.

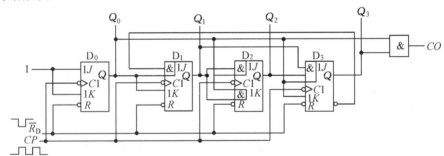

图 8-12　8421BCD 码同步十进制加法计数器的逻辑图

(2) 工作原理.

① 计数前先置 0,电路呈 0000 状态. $J_0=K_0=1$;$J_1=K_1=0$;$J_2=K_2=0$;$J_3=K_3=0$. 在第一个计数脉冲下降沿到来时,D_0 翻转,使 $Q_0=1$,其他触发器不翻转,保持 0 态.所以计数器状态为 0001.

② 根据 $Q_3Q_2Q_1Q_0=0001$,$J_0=K_0=1$;$J_1=\overline{Q_3}Q_0$,$K_1=Q_0=1$,在第二个计数脉冲的下降沿到来时,D_0 和 D_1 都翻转,使 $Q_0=0$,$Q_1=1$.而其他触发器因 $J_2=K_2=Q_1Q_0=0$;$J_3=Q_2Q_1Q_0=0$,$K_3=Q_0=1$,所以保持 0 态不变.

以此类推,当 $Q_3Q_2Q_1Q_0=1001$ 时,有 $J_0=K_0=1$;$J_1=0$,$K_1=1$;$J_2=K_2=0$ 和 $J_3=0$,$K_3=1$.所以当第十个计数脉冲的下降沿到来时,D_0 翻转为 0,D_3 翻转为 0,D_2 和 D_1 保持 0 态不变,因此 $Q_3Q_2Q_1Q_0=0000$.

表 8-7 为同步十进制加法计数器状态转换表,图 8-13 则为其工作波形.

表 8-7 同步十进制加法计数器状态转换表

计数脉冲数	二　进　制　数				十进制数
	Q_3	Q_2	Q_1	Q_0	
0	0	0	0	0	0
1	0	0	0	1	1
2	0	0	1	0	2
3	0	0	1	1	3
4	0	1	0	0	4
5	0	1	0	1	5
6	0	1	1	0	6
7	0	1	1	1	7
8	1	0	0	0	8
9	1	0	0	1	9
10	0	0	0	0	进位

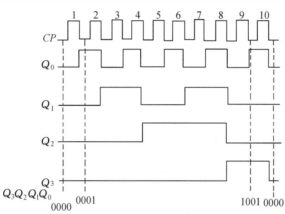

图 8-13　8421BCD 码同步十进制加法计数器工作波形图

3. 集成同步二进制加法计数器

如图 8-14 所示为集成四位二进制同步加法计数器 CT74LS161 的逻辑功能示意图. 图中 $\overline{LD}$ 为同步置数控制端, $\overline{CR}$ 为异步置 0 控制端, CT_P 和 CT_T 为计数控制端, $D_0 \sim D_3$ 为并行数据输入端, $Q_0 \sim Q_3$ 为输出端, CO 为进位输出端. 表 8-8 为 CT74LS161 的功能表.

由表 8-8 可知 CT74LS161 有如下主要功能:

① 异步置 0 功能. 当 $\overline{CR}=0$ 时, 不论有无时钟脉冲 CP 和其他信号输入, 计数器被置 0, 即 $Q_3Q_2Q_1Q_0=0000$.

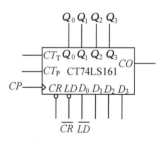

图 8-14　CT74LS161 的逻辑功能示意图

表 8-8　CT74LS161 的功能表

输　入									输　出			
$\overline{CR}$	$\overline{LD}$	CT_P	CT_T	CP	D_3	D_2	D_1	D_0	Q_3	Q_2	Q_1	Q_0
0	×	×	×	×	×	×	×	×	0	0	0	0
1	0	×	×	↑	d_3	d_2	d_1	d_0	d_3	d_2	d_1	d_0
1	1	1	1	↑	×	×	×	×	计数			
1	1	0	×	×	×	×	×	×	保持			
1	1	×	0	×	×	×	×	×	保持			

② 同步并行置数功能.当$\overline{CR}=1,\overline{LD}=0$时,在输入时钟脉冲$CP$上升沿的作用下,并行输入的数据$d_3 \sim d_0$被置入计数器,即$Q_3Q_2Q_1Q_0=d_3d_2d_1d_0$.

③ 计数功能.当$\overline{LD}=\overline{CR}=CT_T=CT_P=1$,$CP$端输入计数脉冲时,计数器进行二进制加法计数.

④ 保持功能.当$\overline{LD}=\overline{CR}=1$,且$CT_T$和$CT_P$中有0时,则计数器保持原来的状态不变.

如图8-15所示是利用CT74LS161构成的十进制计数器.它是用同步置数法将Q_3和Q_0通过"与非"门反馈到同步置数控制$\overline{LD}$端置0,实现十进制计数器.计数状态表见表8-9.计数器从$Q_3Q_2Q_1Q_0=0000$状态开始计数,$CT_P=CT_T=1,\overline{LD}=\overline{Q_3Q_0},D_3D_2D_1D_0=0000$.

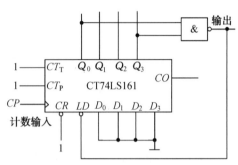

图 8-15 CT74LS161 构成十进制计数器

表 8-9 CT74LS161 计数状态表

计数顺序	计 数 器 状 态			
	Q_3	Q_2	Q_1	Q_0
0	0	0	0	0
1	0	0	0	1
2	0	0	1	0
3	0	0	1	1
4	0	1	0	0
5	0	1	0	1
6	0	1	1	0
7	0	1	1	1
8	1	0	0	0
9	1	0	0	1

图8-16是利用CT74LS161构成的十二进制计数器.它是利用异步置0功能将Q_3和Q_2通过"与非"门反馈到异步置数$\overline{CR}$端置0,实现十二进制计数器.计数器从$Q_3Q_2Q_1Q_0=0000$状态开始计数,$CT_P=CT_T=1,\overline{CR}=\overline{Q_3Q_2},\overline{LD}=1,D_3D_2D_1D_0=0000$.

图8-17是利用两片CT74LS161级联构成的五十进制计数器,该图采用异步置0。十

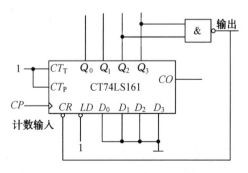

图 8-16 CT74LS161 构成十二进制计数器

进制数 50 对应的二进制数为 00110010，所以，当计数器计到 50 时，计数器的状态为 $Q_3'Q_2'Q_1'Q_0'Q_3Q_2Q_1Q_0=00110010$，$\overline{CR}=\overline{Q_1'Q_0'Q_1}$，这时，"与非"门输出低电平 0，使两片 CT74LS161 同时置 0，从而实现了五十进制计数。

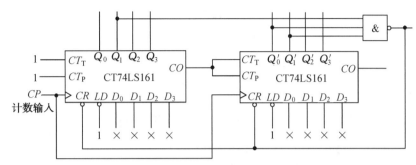

图 8-17　两片 CT74LS161 构成的五十进制计数器

常用的通用中规模集成计数器的种类很多，下面将 CT74LS160、CT74LS161、CT74LS162 和 CT74LS163 的功能列表比较，见表 8-10。

表 8-10　CT74LS160～CT74LS163 功能比较

型号	功能		
	进　制	清　零	预　置　数
CT74LS160	十进制	低电平　异步	低电平　同步
CT74LS161	二进制	低电平　异步	低电平　同步
CT74LS162	十进制	低电平　同步	低电平　同步
CT74LS163	二进制	低电平　同步	低电平　同步

8.2.2　寄存器

寄存器是用来存放数据和运算结果的时序逻辑电路，是数字系统和计算机的主要部件。寄存器主要由触发器构成，n 个触发器可以存储 n 位二进制数。寄存器存放数码的方式有并行输入和串行输入两种。同样，取出数码也有并行输出和串行输出两种。

按功能不同，寄存器分为数码寄存器和移位寄存器两种。

1. 数码寄存器

暂时存放数码的电路称为数码寄存器，简称寄存器。寄存器可由 RS、JK、D 等触发器构成，它具有接收、暂时存放和清除原有数码的功能。

如图 8-18 所示是一个由 D 触发器构成的四位二进制数码寄存器。四个触发器的时钟脉冲输入端连在一起作为接收信号的控制输入端。$A_3 \sim A_0$ 为数码输入端，分别对应接入四个触发器的输入端即 D 端，$Q_3 \sim Q_0$ 为数码输出端。各触发器的复位端连在一起，作为寄存器的总清零端 $\overline{R_D}$，低电平有效。工作过程如下：

(1) 清除原有数码。

$\overline{R_D}=0$，寄存器清除原有数码，$Q_3 \sim Q_0$ 均为 0 态，即 $Q_3Q_2Q_1Q_0=0000$。清零后，让 $\overline{R_D}=1$。

(2) 寄存数码。

若存放的数码为 1011，将数码 1011 加到对应的数码输入端，即 $A_3=1,A_2=0,A_1=1$、

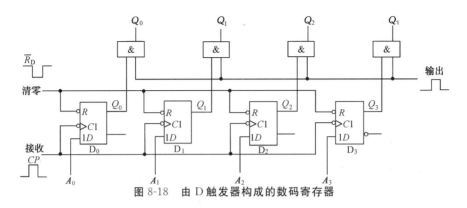

图 8-18 由 D 触发器构成的数码寄存器

$A_0=1$,在 $\overline{R}_D=1$ 时,根据 D 触发器的特性,当接收指令脉冲 CP 的下降沿到来时,各触发器的状态与输入端状态相同,即 $Q_3Q_2Q_1Q_0=1011$,于是四位数码 1011 便存放到寄存器中.

(3) 保存数码.

数码寄存器存放了数码后,只要不出现 $\overline{R}_D=0$,各触发器都处于保持状态.

(4) 输出控制.

输出控制是由四个"与"门构成的,它们的输入端由输出控制端控制,为高电平控制.因该寄存器能同时输入、输出各位数码,故又称并行输入、并行输出数码寄存器.

2. 移位寄存器

具有存放数码和使数码逐位右移或左移的电路称为移位寄存器.所谓移位,就是每当来一个移位脉冲,寄存器的数码便向右或向左移一位.移位寄存器分为单向移位寄存器和双向移位寄存器两种.

(1) 单向移位寄存器.

在移位脉冲作用下,所存数码只能沿一个方向移位的寄存器称为单向移位寄存器,单向移位寄存器又分左移寄存器和右移寄存器.

如图 8-19(a) 所示为 4 位右移位寄存器,它由 4 个上升沿触发的 D 触发器组成.这 4 个 D 触发器共用一个时钟脉冲信号,因此为同步时序逻辑电路.数码由触发器 D_0 的数据输入端 D_1 串行输入,其工作原理如下:

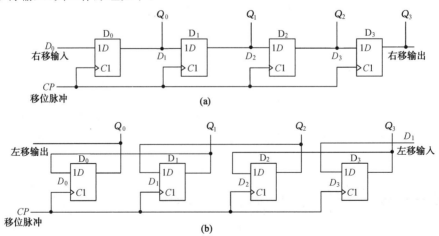

图 8-19 由 D 触发器组成的单向移位寄位器

设串行输入数码 $D_1=1011$,同时 $D_0 \sim D_3$ 都为 0 态.当输入第一个数码 1 时,这时 $D_0=1, D_1=Q_0=0, D_2=Q_1=0, D_3=Q_2=0$,则在第 1 个移位脉冲 CP 的上升沿作用下,D_0 由 0 态翻转到 1 态,第一位数码 1 存入 D_0 中,其原来的状态 $Q_0=0$ 移入 D_1 中,数码向右移了一位,同理,D_1、D_2 和 D_3 中的数码也都依次向右移了一位.这时,寄存器的状态为 $Q_3Q_2Q_1Q_0=0001$.当输入第二个数码 0 时,则在第 2 个移位脉冲 CP 上升沿的作用下,第二个数码 0 存入 D_0 中,这时,$Q_0=0$,D_0 中原来的数码 1 移入 D_1 中,$Q_1=1$,同理 $Q_2=Q_3=0$,移位寄位器中的数码又依次向右移了一位.这样,在 4 个移位脉冲作用下,输入的 4 位串行数码 1011 全部存入了寄存器中.移位情况见表 8-11.

表 8-11 右移位寄存器的状态表

移位脉冲	输入数据	移位寄存器中的数			
		Q_0	Q_1	Q_2	Q_3
0		0	0	0	0
1	1	1	0	0	0
2	0	0	1	0	0
3	1	1	0	1	0
4	1	1	1	0	1

移位寄存器中的数码可由 Q_3、Q_2、Q_1 和 Q_0 并行输出,也可从 Q_3 串行输出,但这时需要继续输入 4 个移位脉冲才能从寄存器中取出存放的 4 位数码 1011.

如图 8-19(b)所示为由 4 个 D 触发器组成的 4 位左移位寄存器.其工作原理和右移位寄存器相同,不再重复.

(2) 双向移位寄存器.

由前面讨论单向移位寄存器工作原理可知,右移位寄位器和左移位寄存器的电路结构是基本相同的,如适当加入一些控制电路和控制信号,就可将右移位寄存器和左移位寄存器结合在一起,构成双向移位寄位器.

CT74LS194 是一种典型的四位双向移位寄存器,图 8-20 给出了它的外引脚排列图.图中 M_1、M_0 为工作方式控制端,它们的不同取值决定寄存器的不同功能:保持、右移、左移及并行输入.$\overline{CR}$ 是清零端,当 $\overline{CR}=0$ 时,各输出端均为零.寄存器工作时,$\overline{CR}$ 应为高电平.这时寄存器的工作方式由 M_1、M_0 的状态决定:当 $M_1M_0=00$ 时,寄存器中的数据保持不变;当 $M_1M_0=01$

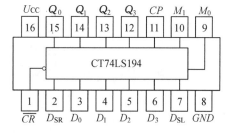

图 8-20 CT74LS194 外引脚排列图

时,寄存器为右移工作方式,D_{SR} 为右移串行输入端;当 $M_1M_0=10$ 时,寄存器为左移工作方式,D_{SL} 为左移串行输入端;当 $M_1M_0=11$ 时,寄存器为并行输入方式,即在 CP 脉冲作用下,将输入 $D_0 \sim D_3$ 的数据同时存入寄存器中.$Q_0 \sim Q_3$ 是寄存器的输出端.

8.3 555 定时器

8.3.1 555 定时器

555 定时器又称 555 时基电路,是一种多用途的中规模单片集成电路.该电路只需外接少量阻容元件,就可以构成各种功能电路.因而在波形产生与变换、控制与检测以及家用电器等领域都有着广泛的应用.

555 定时器有 TTL 型和 CMOS 型两种,它们的结构与工作原理基本相似.

下面以 CMOS 集成定时器的典型产品 CC7555 为例进行介绍.

1. 电路结构

CC7555 定时器内部电路如图 8-21(a)所示,图 8-21(b)为其外引脚排列图.

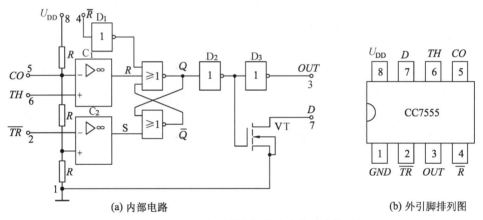

(a) 内部电路　　　　　　　　　　(b) 外引脚排列图

图 8-21　CC7555 定时器内部电路和外引脚排列图

CC7555 定时器一般由分压器、比较器、触发器和驱动器及放电开关等组成.

(1) 分压器.

分压器由三个 5kΩ 电阻组成,串接在电源电压 U_{DD} 与地之间,它的作用是为两个比较器提供基准电压.比较器 C_1 的基准电压为 $\frac{2}{3}U_{DD}$,比较器 C_2 的基准电压为 $\frac{1}{3}U_{DD}$.若在电压控制端 CO 处加控制电压 U_{CO},则 C_1、C_2 的基准电压分别变为 U_{CO}、$\frac{1}{2}U_{CO}$.当 CO 端不需外加控制电压时,一般都通过 $0.01\mu F$ 的电容接地,以防外部的干扰,从而保障控制端稳定在 $\frac{2}{3}U_{DD}$.

(2) 比较器.

比较器 C_1、C_2 由两个结构相同的集成运算放大器构成,C_1 的同相输入端 TH 为高电平触发端,C_2 的反相端 $\overline{TR}$ 为低电平触发端.

当高电平触发端的触发电压 $U_{TH} < \frac{2}{3}U_{DD}$ 时,C_1 输出低电平;当 $U_{TH} > \frac{2}{3}U_{DD}$ 时,C_1 输

出高电平.当低电平触发端的触发电压 $U_{TR} < \frac{1}{3}U_{DD}$ 时, C_2 输出高电平;反之, C_2 输出低电平.

(3) 基本 RS 触发器.

它由两个"或非"门组成,其输出状态 Q 取决于两个比较器的输出.

① 当 $R=1,S=0$ 时, $Q=0,\bar{Q}=1$;

② 当 $R=0,S=1$ 时, $Q=1,\bar{Q}=0$;

③ 当 $R=0,S=0$ 时, Q 保持原状态.

$\bar{R}$ 为直接复位端.若 $\bar{R}=0$,则无论触发器是什么状态,将强行复位,使 $Q=0$.当不使用直接复位端时,应使 $\bar{R}=1$,即 $\bar{R}$ 端接到电源端.

(4) 驱动器和放电开关.

驱动器即反相器 D_3,用来提高定时器的负载能力,并隔离负载对定时器的影响.放电开关即 NMOS 管 VT,其栅极受反相器 D_2 控制.当 $Q=0,\bar{Q}=1$ 时,VT 导通,放电端 D 通过导通的 NMOS 管为外电路提供放电的通路;当 $Q=1,\bar{Q}=0$ 时,VT 截止,放电通路阻断.

2. 工作原理

CC7555 定时器的功能见表 8-12,其中"×"表示任意状态.

当直接复位端 $\bar{R}$ 为低电平时,反相器 D_1 输出高电平,所以 Q 为低电平,电路输出低电平,VT 导通.电路输出低电平称为复位或置 0.

表 8-12　CC7555 定时器的功能表

$TH(6)$	$\overline{TR}(2)$	$\bar{R}(4)$	$OUT(3)$	VT 管
×	×	0	0	导通
$>\frac{2}{3}U_{DD}$	×	1	0	导通
$<\frac{2}{3}U_{DD}$	$>\frac{1}{3}U_{DD}$	1	不变	不变
$<\frac{2}{3}U_{DD}$	$<\frac{1}{3}U_{DD}$	1	1	截止

当 $\bar{R}$ 为高电平时,电路有三种工作状态:

(1) $U_{TH}>\frac{2}{3}U_{DD}$, C_1 输出高电平, Q 为低电平, OUT 为低电平,VT 导通.

(2) $U_{TH}<\frac{2}{3}U_{DD}$, $U_{TR}>\frac{1}{3}U_{DD}$, C_1 输出低电平, C_2 输出低电平,基本 RS 触发器保持原状态不变, OUT 及 VT 管将保持原状态不变.

(3) $U_{TH}<\frac{2}{3}U_{DD}$, $U_{TR}<\frac{1}{3}U_{DD}$, C_1 输出低电平, C_2 输出高电平, Q 为高电平, OUT 为高电平,VT 管截止.

8.3.2　555 定时器的应用

555 定时器的应用非常广泛,它主要有三种基本应用电路:施密特触发器、单稳态触发器和多谐振荡器.

1. 施密特触发器

施密特触发器是数字系统中的常用电路,主要用于波形转换、整形以及幅度鉴别.

(1) 电压传输特性.

如图 8-22(a)所示为施密特触发器的电压传输特性.按曲线中所标箭头方向观察可见:当输入电压由小到大达到或超过正向阈值电压 U_{T+} 时,输出由高电平翻转为低电平;反之,输入电压由大到小,达到或小于负向阈值电压 U_{T-} 时,输出由低电平翻转为高电平.也有输出状态与上述相反的电路,其电压传输特性如图 8-22(c)所示.图 8-22(b)为施密特触发器的逻辑符号.

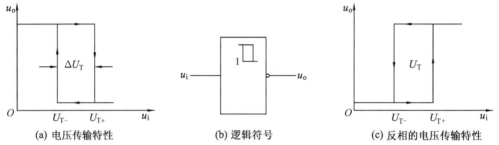

(a) 电压传输特性　　　　(b) 逻辑符号　　　　(c) 反相的电压传输特性

图 8-22　施密特触发器的电压传输特性及逻辑符号

由传输特性可见,使电路由高电平翻转为低电平和由低电平翻转到高电平所需要的触发电压不同,这种现象称为回差.回差电压为:正向阈值电压 U_{T+} 与负向阈值电压 U_{T-} 之差,即 $\Delta U_T = U_{T+} - U_{T-}$,回差电压的存在可以大大提高电路的抗干扰能力.

(2) 电路组成.

由 555 定时器构成的施密特触发器电路如图 8-23(a)所示,6 脚和 2 脚相连作为信号的输入端.

(3) 工作原理.

设输入信号为正弦波,其幅度大于 555 定时器的基准电压 $\frac{2}{3}U_{DD}$,工作波形如图 8-23(b)所示.由表 8-12 知:

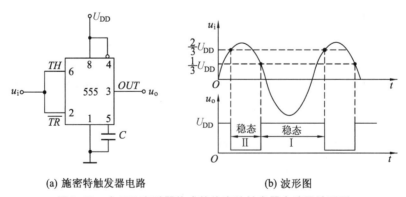

(a) 施密特触发器电路　　　　(b) 波形图

图 8-23　由 555 定时器构成的施密特触发器电路及波形图

当 $0<u_i<\frac{1}{3}U_{DD}$ 时,输出为 1;当 $\frac{1}{3}U_{DD}<u_i<\frac{2}{3}U_{DD}$ 时,输出保持"1"不变;当 $u_i\geqslant\frac{2}{3}U_{DD}$ 时,电路状态发生翻转,输出由"1"变为"0";当 $\frac{1}{3}U_{DD}<u_i<\frac{2}{3}U_{DD}$ 时,输出保持"0"不变;当 $u_i\leqslant\frac{1}{3}U_{DD}$ 时,电路状态再次发生翻转,输出由"0"变为"1".

由上述分析可知,施密特触发器的正向阈值电压为 $\frac{2}{3}U_{DD}$,负向阈值电压为 $\frac{1}{3}U_{DD}$,回差电压为 $\Delta U_T = U_{T+} - U_{T-} = \frac{2}{3}U_{DD} - \frac{1}{3}U_{DD} = \frac{1}{3}U_{DD}$.

如果在 CO 端加入控制电压 U_{CO},则可通过调节其大小来达到调节 U_{T+}、U_{T-} 和 ΔU_T 的目的,则 $\Delta U_T = U_{T+} - U_{T-} = U_{CO} - \frac{1}{2}U_{CO} = \frac{1}{2}U_{CO}$.

当施密特触发器输入一定时,其输出可以保持为"0"或"1"两个稳定状态,所以施密特触发器属于双稳态电路.

(4) 施密特触发器的应用.

① 波形的变换与整形.

由图 8-23 可见,利用施密特触发器可以将输入的正弦波变换为矩形波.用同样的方法进行分析,它还可以将三角波、锯齿波以及其他各种周期性的不规则波形变换为矩形波(只要输入信号的幅度大于 555 定时器的基准电压).

矩形脉冲在传输过程中往往会因受到外界干扰而发生畸变,利用施密特触发器的回差现象,适当地调整正负阈值电压,就可以获得比较满意的矩形脉冲,如图 8-24 所示.

② 幅度鉴别.

在如图 8-25 所示波形中,输入信号为一串幅度不同的脉冲,当它们通过施密特触发器时,只有幅度大于 U_{T+} 的脉冲才会在输出端产生输出信号.调节 U_{T+} 就能鉴别出幅度不同的脉冲.

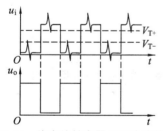

图 8-24 施密特触发器用于脉冲整形

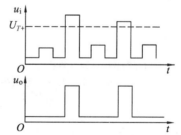

图 8-25 施密特触发器用于幅度鉴别

③ 产生方波.

如图 8-26(a)所示是利用施密特触发器产生方波的电路.设接通电源瞬间,电容 C 上的电压为 0V,施密特触发器输出 u_o 为高电平.此时输出 u_o 通过电阻 R 对 C 充电,当充至 $u_C \geqslant U_{T+}$ 时,施密特触发器发生翻转,输出为低电平.此时 C 开始放电,当放到 $u_C \leqslant U_{T-}$ 时,电路又发生翻转,输出为高电平.如此反复,形成振荡.其工作波形如图 8-26(b)所示.

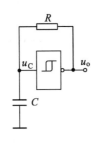
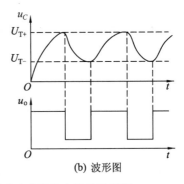

(a) 利用施密特触发器产生方波的电路

(b) 波形图

图 8-26　利用施密特触发器产生方波的电路及波形图

2. 单稳态触发器

单稳态触发器有一个稳态和一个暂稳态。无外加触发脉冲时，电路保持稳态；在外加触发脉冲作用下，电路由稳态进入暂稳态；维持一段时间后，电路又自动返回稳态。暂稳态维持时间的长短取决于电路中阻容元件的参数，而与外加触发脉冲无关。

单稳态电路广泛用于脉冲的整形、定时、延时等场合。

(1) 电路组成。

电路如图 8-27(a)所示，6 脚和 7 脚相连并与外接定时元件 R、C 连接，2 脚接输入触发信号。

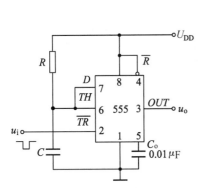
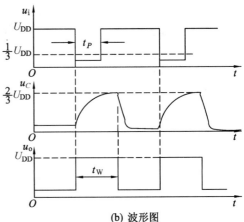

(a) 由555定时器构成的单稳态触发器电路

(b) 波形图

图 8-27　由 555 定时器构成的单稳态触发器电路及波形图

(2) 工作原理。

① 稳态。

当单稳态触发器未加输入脉冲时，u_i 为高电平，即 $U_{TR} > \frac{1}{3}U_{DD}$。接通直流电源 U_{DD} 后，电容器 C 经电阻 R 充电。当 u_C 上升至 $\frac{2}{3}U_{DD}$ 时，输出为"0"，内部放电管 VT 导通，电容 C 通过放电管迅速放电，直到 $u_C = 0$。此时，因 $U_{TH} < \frac{2}{3}U_{DD}$，电路保持原稳态"0"不变。

② 触发翻转。

当单稳态触发器加入负脉冲时，$U_{TR} = u_i < \frac{1}{3}U_{DD}$，且 $U_{TH} = 0 < \frac{2}{3}U_{DD}$，则输出由"0"翻

转为"1". VT 管截止,定时开始.

③ 暂稳态.

经过一个负脉冲宽度时间,负脉冲消失,u_i 恢复为高电平,即 $U_{TR}=u_i>\frac{1}{3}U_{DD}$. 因 VT 管截止,电源经 R 对 C 充电,$U_{TH}(=u_C)$ 按指数规律上升.当 $U_{TH}=u_C<\frac{2}{3}U_{DD}$ 时,维持 "1" 态不变,这一阶段电路处于暂稳态.

④ 自动返回.

当 $U_{TH}=u_C$ 上升到 $\frac{2}{3}U_{DD}$ 时,电路由暂稳态 "1" 自动返回稳态 "0",VT 管由截止变为导通,电容 C 放电,定时结束.

下一个触发脉冲到来时,电路重复上述过程.工作波形如图 8-27(b)所示.

暂稳态持续时间又称输出脉冲宽度,也就是电容 C 充电的时间,利用三要素法可求得
$$t_W \approx 1.1RC \tag{8-1}$$
可见脉冲宽度与 R、C 有关,而与输入信号无关,调节 R 和 C,可改变输出脉冲宽度.

(3) 单稳态触发器的应用.

① 脉冲定时.

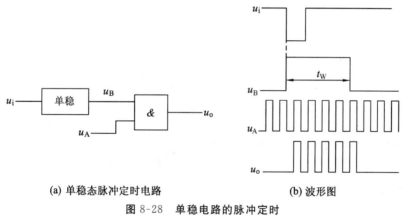

(a) 单稳态脉冲定时电路　　　(b) 波形图

图 8-28　单稳电路的脉冲定时

由于单稳态电路能产生宽度为 t_W 可调的矩形脉冲,因此利用该脉冲可以实现电路的定时开关或控制一些电路的动作.如图 8-28 所示是利用单稳态实现的定时电路.在输入 u_i 下降沿触发下,单稳态电路产生脉冲定时信号 u_B,只有在 t_W 的时间内,信号 u_A 才能通过 "与" 门输出,从而达到定时的目的.

② 脉冲延时.

若单稳态电路输入触发脉冲为负脉冲,输出为正脉冲,则输出脉冲的下降沿比触发脉冲的下降沿在时间上延迟 t_W,这样,若用输出下降沿去控制其他电路,就比直接用输入触发脉冲控制延迟了 t_W,从而实现了延时控制,波形如图 8-29 所示.

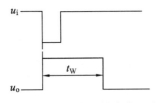
图 8-29 单稳电路的脉冲延时

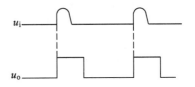
图 8-30 单稳电路的脉冲整形

③ 脉冲整形.

将外形不规则的脉冲作触发脉冲,经单稳输出,可获得规则的脉冲波形输出,波形如图 8-30 所示.

3. 多谐振荡器

多谐振荡器是一种产生矩形波的自激振荡器.它只有两个暂稳态,又称无稳态电路.由于矩形脉冲波是由基波和许多高次谐波组成的,故称为多谐振荡器.

(1) 电路组成.

电路如图 8-31(a)所示,图中 R_1、R_2、C 为外接定时元件,其余部分与施密特触发器相同.

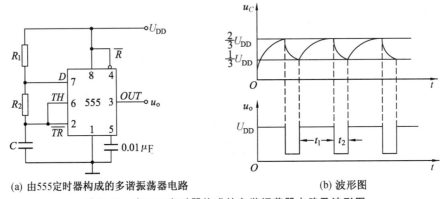

(a) 由555定时器构成的多谐振荡器电路   (b) 波形图

图 8-31 由 555 定时器构成的多谐振荡器电路及波形图

(2) 工作原理.

假设电容 C 初始电压为零,在接通直流电源 U_{DD} 瞬间,$U_{TH}=U_{TR}=u_C=0\text{V}<\frac{1}{3}U_{DD}$,则 $OUT=$"1",电路为第一暂稳态,内部放电管 VT 截止,电源 U_{DD} 经 R_1、R_2 对电容 C 充电,电容电压逐渐上升.当 u_C 达到 $\frac{2}{3}U_{DD}$ 时,输出由"1"跳变为"0",电路进入第二暂稳态,同时 VT 管导通,使电容 C 通过 R_2 及 VT 管放电,u_C 下降.当 u_C 下降至 $\frac{1}{3}U_{DD}$ 时,输出又由"0"跳变为"1",电路又回到第一暂稳态,同时 VT 管截止,C 又重新充电.以后不断重复上述过程,形成振荡,从而获得如图 8-31(b)所示的矩形波.其中:

电容充电时间 $t_1=(R_1+R_2)C\ln2\approx 0.7(R_1+R_2)C$

电容放电时间 $t_2=R_2C\ln2\approx 0.7R_2C$

振荡周期 $T=t_1+t_2=0.7(R_1+2R_2)C$ (8-2)

振荡频率 $f=\dfrac{1}{T}=\dfrac{1}{0.7(R_1+2R_2)C}$ (8-3)

占空比 $$q = \frac{t_1}{T} = \frac{R_1 + R_2}{R_1 + 2R_2}$$ (8-4)

(3) 改进电路.

在如图 8-31(a)所示电路中,无论是改变 R_1 还是改变 R_2,只能产生占空比大于 0.5 的矩形波.在改变占空比的同时,振荡频率也将改变.如果改变占空比时,要求振荡频率不变,可将电路改成如图 8-32 所示的形式.利用 V_1、V_2 管的单向导电性,将电路的充电、放电回路分开,充电回路为 $U_{DD} \to R_1 \to V_2 \to C \to$ 地,放电回路为 $C \to V_1 \to R_2 \to$ 放电管 VT $\to$ 地,并可用电位器调节占空比.其中:

周期 $T = 0.7(R_1 + R_2)C$

振荡频率 $f = \frac{1}{T} = \frac{1}{0.7(R_1 + R_2)C}$

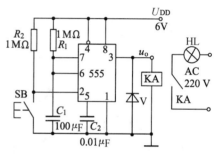

图 8-32 占空比可调的多谐振荡器

占空比 $q = \frac{R_1}{R_1 + R_2}$

4. 555 定时器的应用

如图 8-33 所示为楼道节电灯电路,其中由 555 定时器与 R_1、R_2、C_1 组成了单稳态延时电路.按一下 SB,由于 2 脚接地,使 555 定时器输出高电平,继电器 KA 吸合,其常开触头闭合,电灯 HL 亮.同时电源通过 R_1 对 C_1 充电,当 C_1 电压升至 $\frac{2}{3}U_{DD}$ 时,555 定时器输出为低电平,KA 释放,灯自灭.灯点亮时间即为单稳态电路的暂稳时间($t_W = 1.1 R_1 C_1$),按图示参数,t_W 约为 2 min.调整 R_1、C_1,可调整电路的延迟时间.

图 8-33 楼道节电灯电路

 小 结

1. 触发器

触发器是能够存储一位二进制数字信号的基本单元,它有 0 和 1 两种稳定状态.常用的触发器有 RS 触发器、JK 触发器、D 触发器和 T 触发器,它们都能够接收、保存和输出信号.

2. 时序逻辑电路

时序逻辑电路是以触发器为基本单元的逻辑电路,它具有记忆功能,其输出不仅取决于电路当时的输入状态,而且与原状态有关.

3. 计数器

计数器是一种累计输入脉冲个数的逻辑部件.在数字电路中,用于计数、分频、定时及程序控制等.按进制,可分为二进制、十进制和任意进制计数器;按计数的数值增减趋势,可分为加法计数器、减法计数器和可逆计数器;按计数时触发器的状态转换与计数脉冲是否同

步,可分为同步计数器和异步计数器.

4. 寄存器

寄存器是用来存放数据和运算结果的时序逻辑电路,按功能不同,可分为数码寄存器和移位寄存器两种.

5. 555 定时器

555 定时器是一种多用途的中规模单片集成电路,有 TTL 型和 CMOS 型两种.555 定时器广泛用于波形产生与变换、控制与检测以及家用电器等领域,它主要有三种基本应用电路,即施密特触发器、单稳态触发器和多谐振荡器.

习 题

8.1 基本 RS 触发器和同步 RS 触发器的主要区别是什么?

8.2 已知 CP、R、S 的输入波形如图 8-34 所示,试画出同步 RS 触发器 Q 端的输出波形.设触发器的初始状态为 $Q=0$.

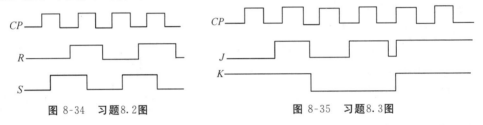

图 8-34 习题 8.2 图　　　　　图 8-35 习题 8.3 图

8.3 设主从 JK 触发器的初始状态为 0,CP、J、K 信号如图 8-35 所示,试画出触发器 Q 端的波形.

8.4 两个不同触发方式的 D 触发器的逻辑符号、时钟 CP 和信号 D 的波形如图 8-36 所示,画出各触发器 Q 端的波形图.设各触发器的初始状态为 0.

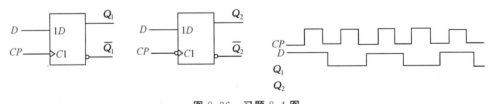

图 8-36 习题 8.4 图

8.5 在某计数器的输出端观察到如图 8-37 所示的波形,试确定该计数器的进制.

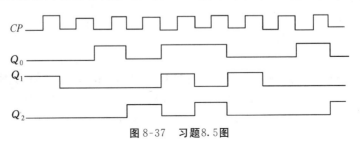

图 8-37 习题 8.5 图

8.6 试分析如图 8-38 所示电路是几进制计数器,画出各触发器输出端的波形图.

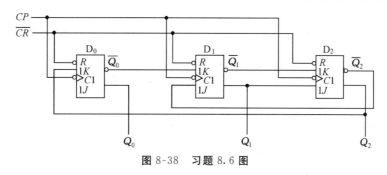

图 8-38　习题 8.6 图

8.7 试分析如图 8-39 所示电路,列出它们的状态转换表,说明它们是几进制计数器.

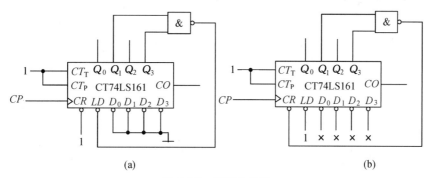

图 8-39　习题 8.7 图

8.8 时序逻辑电路有什么特点?它和组合逻辑电路的区别是什么?

8.9 什么是计数器?异步计数器与同步计数器有什么区别?

8.10 什么是数码寄存器?什么是移位寄存器?

8.11 分析如图 8-40 所示电路,列出状态转换表,说明电路完成的功能.

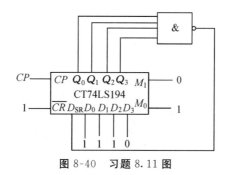

图 8-40　习题 8.11 图

8.12 试用 555 定时器构成一个施密特触发器,以实现如图 8-41 所示的鉴幅功能.要求画出电路图,并标明电路中的相关参数.

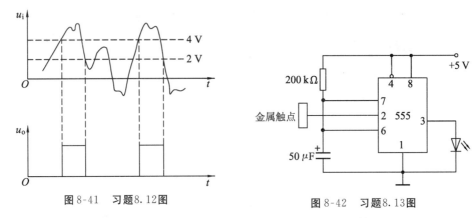

图 8-41　习题 8.12 图　　　　　图 8-42　习题 8.13 图

8.13　如图 8-42 所示是一简易触摸开关电路,当手摸金属片时,发光二极管亮,经过一定时间,发光二极管熄灭.试说明其工作原理,发光二极管能亮多长时间?

8.14　换气扇的定时控制电路如图 8-43 所示,试说明各 555 定时器的连接形式,各有什么功能?

8.15　用 555 定时器构成一个输出脉宽为 0.2s 的单稳态触发器,给定电容为 $0.47\mu F$.要求画出电路图,并标明电路中相关的参数.

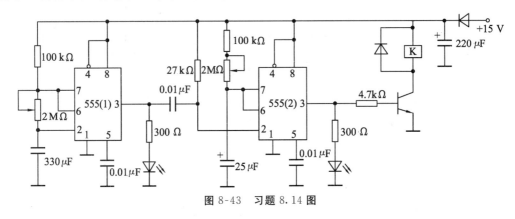

图 8-43　习题 8.14 图

附 录

附录1　Multisim 仿真软件

1. Multisim 简介

Multisim 是 Interactive Image Technologies(Electronics Workbench)公司推出的以 Windows 为基础的板级仿真工具,适用于模拟/数字线路板的设计,该工具在程序中汇总了框图输入、Spice 仿真、HDL 设计输入和仿真及其他设计能力,可以协同仿真 Spice、Verilog 和 VHDL,并把 RF 设计模块添加到成套工具的一些版本中.

Multisim 是一个完整的设计工具系统,提供了一个非常大的零件数据库,并提供原理图输入接口、全部的数模 Spice 仿真功能、VHDL/Verilog 设计接口与仿真功能、FPGA/CPLD 综合、RF 设计能力和后处理功能,还可以进行从原理图到 PCB 布线工具包(如 Electronics Workbench 的 Ultiboard)的无缝数据传输.它提供的单一易用的图形输入接口可以满足您的设计需求.

Multisim 最突出的特点之一是用户界面友好,尤其是多种可放置到设计电路中的虚拟仪表很有特色.这些虚拟仪表主要包括示波器、多用表、瓦特表、函数发生器、波特图图示仪、失真度分析仪、频谱分析仪、逻辑分析仪和网络分析仪等,从而使电路仿真分析操作更符合电子工作技术人员的实验工作习惯,与目前某些 EDA 工作的电路仿真模块相比,可以说 Multisim 模块设计得更完美,更具人性化设计特色.实际上,Multisim 模块是将虚拟仪表的形式与 SPICE 中的不同仿真分析内容有机结合,如电路中某个节点接"示波器",就是告诉程序要对该节点处理信号进行瞬态分析,接"多用表"就是进行真流工作点分析,接"函数发生器"就是设计一个 SPICE 源,接"波特图图示仪"就是进行交流小信号分析,接"频谱分析仪"就是进行快速傅里叶分析.

完整 Multisim 工具包括学生版、教育版、个人版、专业版、超级专业版等多种版本,可以适用于不同的应用场合.尤其是其教育版具有功能强大和价格低廉的特点,特别适合高校 EDA 教学使用.

2. Multisim 界面介绍

(1) 基本元素.

Multisim 用户界面如附图 1-1 所示.

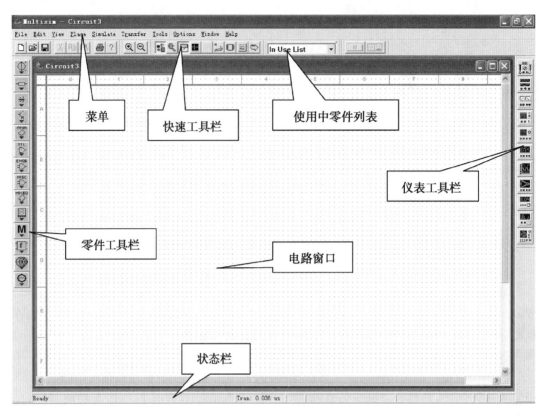

附图 1-1 Multisim 用户界面

（2）设计工具栏.

附图 1-2 设计工具栏

设计是用户 Multisim 的核心部分，使用户能容易地运行程序所提供的各种复杂功能. 利用设计工具栏可指导用户按部就班地进行电路的建立、仿真、分析并最终输出设计数据. 虽然利用菜单栏中的相关命令可以执行设计功能，但使用设计工具栏进行电路设计更为方便易用.

设计工具栏上各工具按钮介绍如下：

零件设计按钮（Component）：缺省显示，这是进行电路设计的第一个逻辑步骤，用于往电路窗口中放置零件.

零件编辑器按钮（Component Editor）：用于调整或增加零件.

仪表按钮（Instruments）：用于给电路添加仪表或观察仿真结果.

仿真按钮（Simulate）：用于开始、暂停或结束电路仿真.

分析按钮(Analysis):用于选择要进行的分析.

后处理器按钮(Postprocessor):用于对仿真结果进行进一步处理.

VHDL/Verilog 按钮:用于使用 HDL 模型进行设计(不是所有版本都具备).

报告按钮(Reports):用于打印有关电路的报告(材料清单、零件列表).

传输按钮(Transfer):用于与其他程序通信,比如与 Ultirboard 2001 通信.也可以将仿真结果输出到 MathCAD 或 Excel 等应用程序中.

(3) 虚拟仪表的使用指南.

虚拟仪表(附图 1-3)是 Multisim 最实用的功能之一,也是它的重要特色.Electronics Workbench 的虚拟仪表与实际的仪表相似,操作方式也一样.Multisim 教育版提供了包括数字多用表、函数发生器、示波器、波特图图示仪、字信号发生器、逻辑分析仪、逻辑转换器、瓦特表、失真度分析仪、网络分析仪、频谱分析仪共 11 种虚拟仪表,还允许在同一个仿真电路中调用多台相同仪器.

附图 1-3　虚拟仪表

数字多用表(Multimeter):用于测量电压、电阻、电流的三用表.在要使用之前,需要双击符号,开启数字多用表面板进行设定,如附图 1-4 所示.

函数信号发生器(Function Generator):函数信号发生器是电子实验室里最常用的测试信号源,Multisim 所提供的函数信号发生器可以产生正弦波、三角波及方波三种信号,并可以设置占空比和偏置电压.在使用之前,需要先双击函数信号发生器符号,开启函数信号发生器面板进行设定,如附图 1-5 所示.

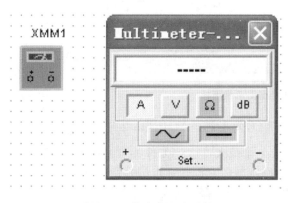

附图 1-4　数字多用表面板

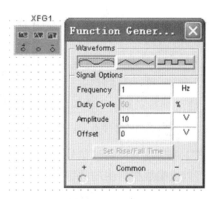

附图 1-5　函数信号发生器面板

瓦特表(Wattmeter):瓦特表是测量功率的仪表,Multisim 所提供的瓦特表不仅可以测量交直流功率,而且可以同时提供功率因数.在使用之前,需要先双击瓦特表符号,开启瓦特表面板进行设定,如附图 1-6 所示.

▦ 示波器(Oscilloscope):示波器是电类相关实验中最主要的测量仪器,Multisim 所提供的示波器的功能及各项指标均远高于我们所见到的真实示波器.示波器信号波形显示的颜色由 A、B 两端点的连线颜色决定.在使用之前,需要先双击示波器符号,开启示波器面板进行设定和观察,如附图 1-7 所示.

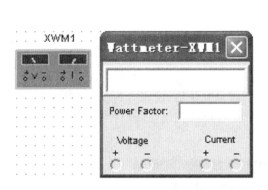
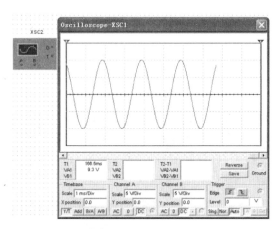

附图 1-6　瓦特表面板　　　　　　　附图 1-7　示波器面板

▦ 波特图图示仪(Bode Plotter):波特图图示仪是一种测量、显示幅频和相频特性曲线的仪表,是交流分析的重要工具,可以用来替代实际电路测量中常用的扫频仪等仪器.应该注意在使用波特图图示仪时必须在系统的信号输入端连接一个交流信号源或函数信号发生器,此信号源由波特图图示仪自行控制,不需要设置.在使用之前,需要先双击波特图图示仪符号,开启波特图图示仪面板进行设定和观察,如附图 1-8 所示.

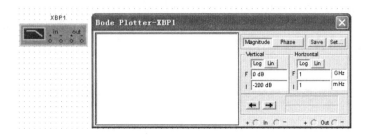

附图 1-8　波特图图示仪面板

▦ 字信号发生器(Word Generator):字信号发生器是 Multisim 数字电路实验中用来产生逻辑信号的测试信号源.字信号发生器内有一个最大可达 0400H 的可编程 32 位数据区,可以根据数据区中的数据按一定的触发方式、速度、循环方式等向外发送 32 位逻辑信号.在使用之前,需要先双击字信号发生器符号,开启字信号发生器面板进行设定和观察,如附图 1-9 所示.

▦ 逻辑分析仪(Logic Analyzer):逻辑分析仪是数字电路实验中非常有效的测试仪器,Multisim 所提供的逻辑分析仪可以同时测量和分析 16 路逻辑信号.在逻辑分析仪左边有 16 个端点,即 1~16 逻辑信号输入端,可以连接至测试电路的输出端,下面还有 3 个端点,即外部时钟信号输入端 C、时钟控制信号输入端 Q、触发控制信号输入端 T.在使用之前,需要先双击逻辑分析仪符号,开启逻辑分析仪面板进行设定和观察,如附图 1-10 所示.

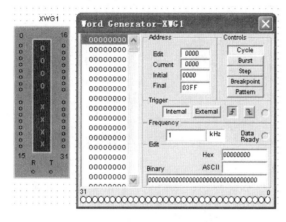

附图 1-9　字信号发生器面板

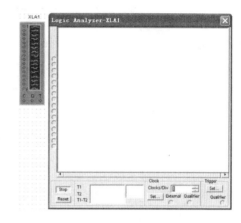

附图 1-10　逻辑分析仪面板

逻辑转换器(Logic Converter):逻辑转换器是 Multisim 特有的数字虚拟仪器,使用逻辑转换器将使逻辑电路设计更容易.逻辑转换器符号左边有 A~H 共 8 个端点连接逻辑电路输入端,右边有 1 个端点连接逻辑电路输出端.在使用之前,需要先双击逻辑转换器符号,开启逻辑转换器面板输入数据和选择功能,如附图 1-11 所示.

失真度分析仪(Distortion Analyzer):失真度分析仪是模拟电路实验中测量信号失真度的仪表,常用于测量小失真度低频信号,Multisim 提供的失真度分析仪频率范围为 20 Hz~20 kHz.失真度分析仪只有一个端点连接电路测试点.在使用之前,需要先双击失真度分析仪符号,开启失真度分析仪面板进行设定和观察,如附图 1-12 所示.

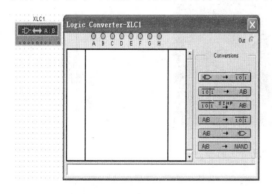

附图 1-11　逻辑转换器面板

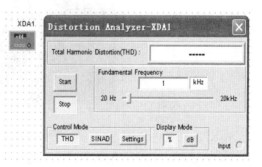

附图 1-12　失真度分析仪面板

频谱分析仪(Spectrum Analyzer):频谱分析仪是用来对信号进行频域分析的仪器.频谱分析仪的主要功能在于测量输入信号的强度与频率,广泛用于测量调制波的频谱、正弦信号的纯度和稳定性、放大器的非线性失真、信号分析与故障诊断等许多方面.

Multisim 提供的频谱分析频率上限可达 4 GHz.频谱分析仪只有两个端点,端点 IN 连接电路测试点,端点 T 连接外触发信号.在使用之前,需要先双击频谱分析仪符号,开启频谱分析仪面板进行设定和观察,如附图 1-13 所示.

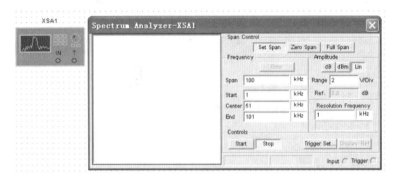

附图 1-13　频谱分析仪面板

网络分析仪(Network Analyzer):网络分析仪是一种用来分析电路中双端网络的仪器,它可以测量电子电路及元件的特性,如衰减速器、放大器、混频器、功率分配器等.通过测量电路网络,我们可以了解所设计的电路或元件是否符合规格,如滤波器是否可以滤掉我们不要的谐波？放大是否把我们要放大的信号放大？Multisim 提供的网络分析仪可以测量电路的 S 参数并计算出 H、Y、Z 参数.网络分析仪只有两个端点,端点 IN 连接电路测试点,端点 T 连接外触发信号.Multisim 提供的网络分析仪的功能和操作与 HP 的真实网络分析仪很接近,在使用之前,需要先双击网络分析仪符号,开启网络分析仪面板进行设定和观察,如附图 1-14 所示.

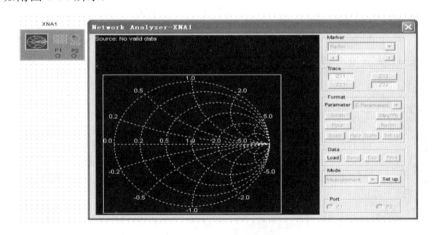

附图 1-14　网络分析仪面板

3. Multisim 2001 在电路仿真中的应用

实验　共射极单管放大器(模拟电路)

一、实验目的

(1) 熟悉 Multisim 仿真软件的使用方法.

(2) 掌握放大器静态工作点的调试方法,了解其对放大性能的影响.

(3) 掌握放大器电压放大倍数、输入电阻、输出电阻及最大不失真输入电压的测试方法.

（4）了解放大器的动态性能.

二、实验仿真电路和仿真结果

仿真电路图如附图 1-15 所示，在调试好静态工作点后，再在放大器的输入端加入频率为 1 kHz 的正弦信号 u_i，调节函数信号发生器，使 $u_i = 10$ mV，在波形不失真的条件下的仿真结果如附图 1-16 所示.

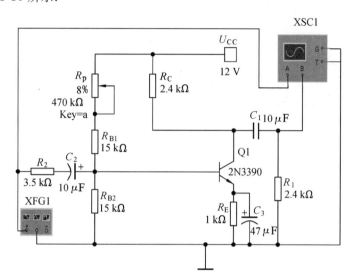

附图 1-15　共射极单管放大器电路图

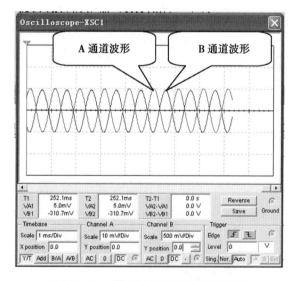

附图 1-16　共射极单管放大器仿真结果

附录2　电阻器与电容器的型号命名法

1. 电阻器的型号

（1）电阻器的命名.

根据国家标准《电子设备用固定电阻器、固定电容器型号命名方法》的规定，电阻器型号由以下四个部分组成，如附图 2-1 所示.

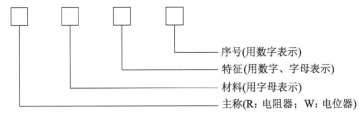

附图 2-1　电阻器型号的组成

电阻器与电位器型号的命名含义见附表 2-1.

附表 2-1　电阻器与电位器型号的命名含义

第一部分		第二部分		第三部分	
用字母表示主称		用字母表示材料		用数字或者字母表示分类	
R	电阻器	符号	意义	符号	意义
W	电位器	T	碳膜	1	普通
		H	合成膜	2	普通
		J	金属膜（箔）	3	超高频
		Y	氧化膜	4	高阻
		S	有机实心	5	高温
		N	无机实心	7	精密
		I	玻璃釉膜	8	高压
		X	线绕	9	特殊
				G	功率型

例如，RJ71—精密金属膜电阻器，WSW1—微调有机实心电位器.

（2）色标法.

色标法是用不同颜色的色环在电阻器表面标出阻值和误差，一般分为以下两种标法：

① 两位有效数字的色标法.

普通电阻器用四条色环就能表示电阻器的参数.从左到右观察色环的颜色（意义见附表

2-2),第一、第二色环表示阻值,第三色环表示倍率,第四色环表示允许误差.

② 三位有效数字的色标法.

三位有效数字的色标法一般用于精密仪器中,其表示方法与意义和两位相同,不同之处为前三位表示阻值,如附图 2-2 所示.

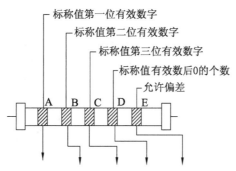

附图 2-2　电阻器识别—色标表示法

附表 2-2　色标法各颜色含义表

颜色	第一有效数	第二有效数	第三有效数	倍率	允许偏差
黑	0	0	0	10^0	
棕	1	1	1	10^1	±1%
红	2	2	2	10^2	±2%
橙	3	3	3	10^3	
黄	4	4	4	10^4	
绿	5	5	5	10^5	±0.5%
蓝	6	6	6	10^6	±0.25%
紫	7	7	7	10^7	±0.1%
灰	8	8	8	10^8	
白	9	9	9	10^9	
金				10^{-1}	
银				10^{-2}	

2. 电容器的命名

(1) 电容器的命名.

电容器的型号命名一般由四个部分组成,如附图 2-3 所示.

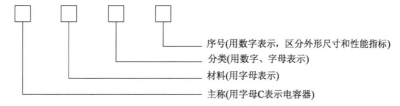

附图 2-3　电容器型号的组成

电容器型号各数字及字母的含义见附表2-3.

附表2-3 电容器型号各数字及字母的含义

第一部分:主称		第二部分:介质材料		第三部分:类别					第四部分:序号
字母	含义	字母	含义	数定或字母	含义				
					瓷介电容器	云母电容器	有机介质电容器	电解电容器	
C	电容器	A	钽电解	1	圆形	非密封	非密封(金属箔)	箔式	用数字表示序号,以区别电容器的外形尺寸及性能指标
		B	非极性有机薄膜介质(常在"B"后面再加一字母,以区分具体材料.例如,"BB"为聚丙烯,"BF"为聚四氟乙烯)	2	管形(圆柱)	非密封(金属)	非密封(金属化)	箔式	
				3	迭片	密封	密封(金属箔)	烧结粉非固体	
				4	独石	独石	密封(金属化)	烧结粉固体	
		C	1类陶瓷介质						
		D	铝电解	5	穿心		穿心		
		E	其他材料电解	6	支柱式		交流	交流	
		G	合金电解	7	交流	标准	片式	无极性	
		H	复合介质	8	高压	高压	高压		
		I	玻璃釉介质	9			特殊	特殊	
		J	金属化纸介质						
		L	极性有机薄膜介质(常在"L"后面再加一字母,以区分具体材料.例如,"LS"为聚碳酸酯)						
		N	铌电解						
		O	玻璃膜介质						
		Q	漆膜介质						
		S	3类陶瓷介质						
		T	2类陶瓷介质						
		V	云母纸介质						
		Y	云母介质						
		Z	纸介质						

(2) 电容器的识别.

电容器的识别方法主要有以下三种:

① 直标法.

直标法是指在电容器的表面直接用数字或者字母标出标称容量、额定电压以及允许偏差等主要参数,如附图2-4所示.

② 文字符号法.

使用文字符号法,容量的整数部分写在容量单位标志的前面,容量的小数部分写在容量单位标志的后面.允许偏差用文字符号表示:D(±0.5%)、F(±1%)、G(±2%)、J(±5%)、K(±10%)、M(±20%).其示例如附图 2-5 所示.

③ 数码法.

数码法一般用三位数字表示电容器容量的大小,单位为皮法.其中第一、第二位为有效数字,第三位表示倍率,其示例如附图 2-6 所示.

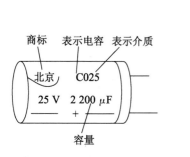
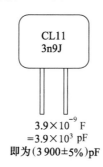

附图 2-4　电容器直标法举例　　附图 2-5　电容器文字符号法举例　　附图 2-6　电容器数码法举例

附录3 半导体器件相关知识

1. 半导体二极管

(1) 半导体分立器件型号命名方法.

国产半导体器件型号由五部分(场效应器件、半导体特殊器件、复合管、PIN型管、激光器件的型号命名只有第三、四、五部分)组成.五个部分意义见附表3-1.

附表3-1 半导体分立器件型号命名方法

第一部分		第二部分		第三部分		第四部分	第五部分
用数字表示器件的电极数目		用字母表示器件的材料和极性		用字母表示器件的类型		用数字表示器件序号	用字母表示规格
符号	意义	符号	意义	符号	意义		
2	二极管	A	N型,锗材料	P	普通管		
		B	P型,锗材料	V	微波管		
		C	N型,硅材料	W	稳压管		
		D	P型,硅材料	C	参量管		
3	三极管	A	PNP型,锗材料	Z	整流管		
		B	NPN型,锗材料	L	整流管		
		C	PNP型,硅材料	S	隧道管		
		D	NPN型,硅材料	N	阻尼管		
				U	光电器件		
				K	开关管		
				X	低频小功率管 ($f_a<3\text{MHz}, P_a<1\text{W}$)		
				G	高频小功率管 ($f_a\geq 3\text{MHz}, P_a<1\text{W}$)		
				D	低频大功率管 ($f_a<3\text{MHz}, P_a\geq 1\text{W}$)		
				A	高频大功率管 ($f_a\geq 3\text{MHz}, P_a\geq 1\text{W}$)		
				T	可控整流器		

(2) 几种半导体二极管的主要参数.

附表3-2、附表3-3、附表3-4、附表3-5给出了几种半导体二极管的主要参数.

附表 3-2　2AP 型检波二极管

	参数	最大整流电流 I_F/mA	正向压降 ($I_F = I_{FM}$) U_F/V	最高反向工作电压 U_{RM}/V	反向击穿电压 U_{BR}/V	截止频率 f/MHz
型号	2AP1	16	≤1.2	20	40	150
	2AP2	16		30	45	150
	2AP3	25		30	45	150
	2AP4	16		50	75	150
	2AP5	16		75	110	150
	2AP6	12		100	150	150
	2AP7	12		100	150	150
	2AP11	25	≤1	10	10	40
	2AP12	40		10	10	40
	2AP13	20		30	30	40
	2AP14	30		30	30	40
	2AP15	30		30	30	40
	2AP16	20		50	50	40
	2AP17	15		100	100	40
	2AP9	8	≤1	10	65	100

注：2AP 型检波二极管的结电容 C_f ≤ 1pF.

附表 3-3　国内外常用硅整流二极管

	参数	额定正向整流电流 I_F/A	正向不重复峰值电流 I_{FSM}/A	正向压降 U_F/V	反向电流 I_R/μA	反向工作峰值电压 U_{RWM}/V
型号	1N4001	1	30	≤1	<5	50
	1N4002					100
	1N4003					200
	1N4004					400
	1N4005					600
	1N4006					800
	1N4007					1000
	1N5400	3	150	≤0.8	<10	50
	1N5401					100
	1N5402					200
	1N5403					400
	1N5404					600
	1N5405					800
	1N5406					1000
	1N5407					100

附表 3-4 2CZ11B 整流二极管的主要参数表

参 数		最大整流电流	最大整流电流时的正向压降	反向工作峰值电压
符 号		I_{OM}	U_F	U_{RWM}
单 位		mA	V	V
型号	2AP1	16	≤1.2	20
	2AP2	16		30
	2AP3	25		30
	2AP4	16		50
	2AP5	16		75
	2AP6	12		100
	2AP7	12		100
	2CZ52A	100	≤1	25
	2CZ52B			50
	2CZ52C			100
	2CZ52D			200
	2CZ52E			300
	2CZ52F			400
	2CZ52G			500
	2CZ52H			600
	2CZ55A	1000	≤1	25
	2CZ55B			50
	2CZ55C			100
	2CZ55D			200
	2CZ55E			300
	2CZ55F			400
	2CZ55G			500
	2CZ55H			600
	2CZ56A	3000	≤0.8	25
	2CZ56B			50
	2CZ56C			100
	2CZ56D			200
	2CZ56E			300
	2CZ56F			400
	2CZ56G			500
	2CZ56H			600

附表 3-5 国内外常用开关二极管

参数	额定正向整流电流 I_F/mA	反向电流 I_R/nA	正向压降 U_F/V	反向击穿电压 U_{RWM}/V	结电容 C_T/pF	开关时间 t_n/ns
1S1555	—	500	1.4	35	1.3	—
1N4148	200	≤25	≤1	75	4	4

2. 半导体三极管

常用小功率三极管的主要参数见附表 3-6.

附表 3-6 常用小功率三极管的主要参数

参数	P_{CM}/mW	f_T/MHz	I_{CM}/mA	U_{CEO}/V	I_{CBO}/μA	h_{FE}/min	极性
3DG4A	300	200	30	15	0.1	20	NPN
3DG4B	300	200	30	15	0.1	20	NPN
3DG4C	300	200	30	30	0.1	20	NPN
3DG4D	300	300	30	15	0.1	30	NPN
3DG4E	300	300	30	30	0.1	20	NPN
3DG4F	300	250	30	20	0.1	30	NPN
3DG6	100	250	20	20	0.01	25	NPN
3DG6B	300	200	30	20	0.01	25	NPN
3DG6C	100	250	20	20	0.01	20	NPN
3DG6D	100	300	20	20	0.01	25	NPN
3DG6E	100	250	300	40	0.01	60	NPN
3DG12B	700	200	300	45	1	20	NPN
3DG12C	700	200	300	30	1	30	NPN
3DG12D	700	300	300	30	1	30	NPN
3DG12E	700	300	300	60	1	40	NPN
2SC1815	400	80	150	50	0.1	20~700	NPN
JE9011	400	150	30	30	0.1	28~198	NPN
JE9013	500		625	20	0.1	64~202	NPN
JE9014	450	150	100	45	0.05	60~1000	NPN
8050	800		800	25	0.1	55	NPN
3CG14	100	200	15	35	0.1	40	PNP
3CG14B	100	200	20	15	0.1	30	PNP
3CG14C	100	200	15	25	0.1	25	PNP
3CG14D	100	200	15	25	0.1	30	PNP
3CG14E	100	200	20	25	0.1	30	PNP
3CG14F	100	200	20	40	0.1	30	PNP
2SA1015	400	80	150	50	0.1	70~400	PNP
JE9012	600		500	50	0.1	60	PNP
JE9015	450	100	450	45	0.05	60~600	PNP
3AX31A	100	0.5	100	12	12	40	PNP
3AX31B	100	0.5	100	12	12	40	PNP
3AX31C	100	0.5	100	18	12	40	PNP
3AX31D	100		100	12	12	25	PNP
3AX31E	100	0.015	100	24	12	25	PNP

综合练习

综合练习 A

一、填空题（每个空格1分，共30分）

1. 电路中某点到参考点间的_____称为该点的电位，电位具有_____性.
2. 正弦交流电的三要素是_____、_____和_____.
3. 已知正弦交流电压 $u=311\sin(314t-60°)$ V，则它的最大值是_____V，周期是 0.02 s，角频率是_____rad/s，初相位是_____弧度.
4. 电网的功率因数越高，电源的利用率就越_____，无功功率就越_____.
5. 当 RLC 串联电路发生谐振时，电路中_____最小且等于_____，此时_____与电路总电压同相.
6. 已知 $Z_1=15\angle 30°$，$Z_2=20\angle 20°$，则 $Z_1 \cdot Z_2 =$_____，$Z_1/Z_2 =$_____.
7. 在纯电感交流电路中，电压与电流的相位关系是电压_____电流 90°.
8. 半导体二极管具有单向导电性，外加正偏电压时_____，外加反偏电压时_____.
9. 当半导体三极管的_____正向偏置，_____反向偏置时，三极管具有放大作用.
10. 正弦波振荡器的振幅起振条件是_____，相位起振条件是_____.
11. 串联负反馈电路能够_____输入阻抗，电流负反馈能够使输出阻抗_____.
12. 为了保证不失真放大，放大电路必须设置静态工作点. 对 NPN 管组成的基本共射放大电路，如果静态工作点太低，将会产生_____失真.
13. 如果输入与输出的关系是"有 0 出 1，全 1 出 0"，这是_____逻辑运算."全 0 出 0，有 1 出 1"这是_____逻辑运算.
14. 在数字系统中，单稳态触发器一般用于_____、_____、_____等.

二、选择题（每小题2分，共20分）

1. 我国低压供电电压单相为 220 V，三相线电压为 380 V，此数值指交流电压的（ ）

   A. 平均值　　　　B. 最大值　　　　C. 有效值　　　　D. 瞬时值

2. 如下图所示，表示纯电阻上电压与电流相量的是图　　　　　　　　　　　　　　（　）

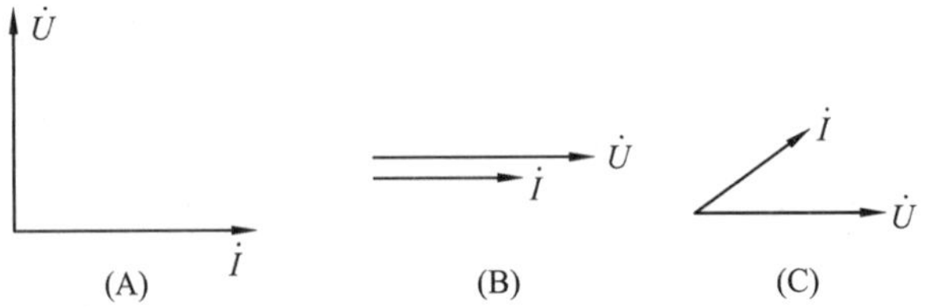

题 2 图

3. 白炽灯的额定工作电压为 220 V,它允许承受的最大电压为 ( )
A. 220 V
B. 311 V
C. 380 V
D. $u(t)=220\sqrt{2}\sin 314$ V

4. 在单管共射固定式偏置放大电路中,为了使工作于截止状态的晶体三极管进入放大状态,可采用的办法是 ( )
A. 增大 R_c
B. 减小 R_b
C. 减小 R_c
D. 增大 R_b

5. 设整流变压器副边电压 $u_2=\sqrt{2}U_2\sin\omega t$,欲使负载上得到如右图所示整流电压的波形,则需要采用的整流电路是 ( )
A. 单相桥式整流电路
B. 单相全波整流电路
C. 单相半波整流电路
D. 以上都不行

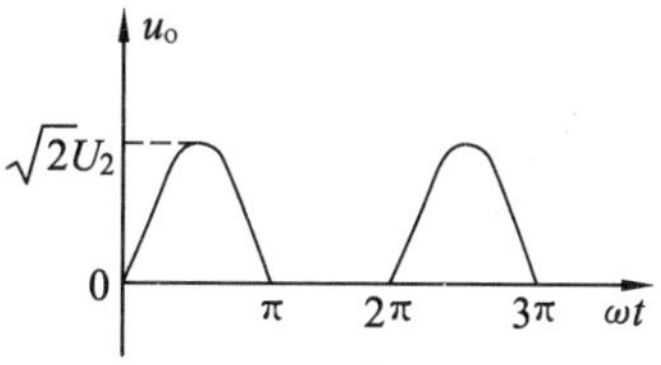

题 5 图

6. 为了使三极管可靠地截止,电路必须满足 ( )
A. 发射结正偏,集电结反偏
B. 发射结反偏,集电结正偏
C. 发射结和集电结都正偏
D. 发射结和集电结都反偏

7. 用差分放大电路的原因是 ( )
A. 克服温漂
B. 提高输入电阻
C. 稳定放大倍数
D. 提高放大倍数

8. "相同出 0,相异出 1"是指 ( )
A. "与非"门
B. "或非"门
C. "异或"门
D. "同或"门

9. 能将输入信号转变成二进制代码的电路称为 ( )
A. 译码器
B. 编码器
C. 数据选择器
D. 数据分配器

10. 555 定时器不可以组成 ( )
A. 多谐振荡器
B. 单稳态触发器
C. 施密特触发器
D. JK 触发器

三、**计算题**(每小题 6 分,共 30 分)

1. 电路如右图所示,试求:
(1) 电路中的电流 I;
(2) 电压 U_{AB}、U_{BC}。

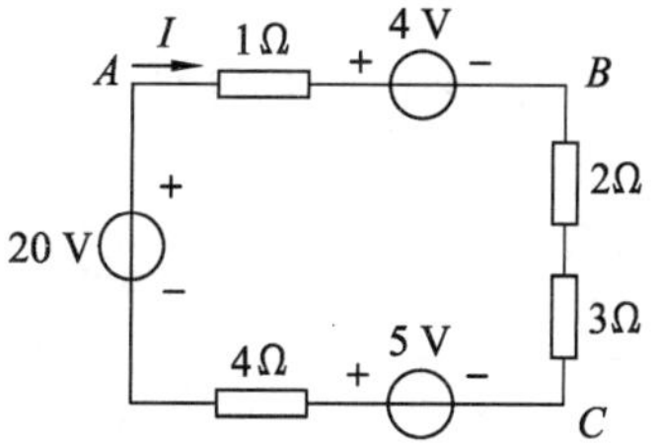

题 1 图

2. 将 RLC 串联电路接到频率为 100 Hz、电压有效值为 100 V 的正弦电压上,已知 $R=3\ \Omega, X_L=2\ \Omega, X_C=6\ \Omega$.求电流的有效值及电压与电流的相位差.

3. 在三相对称电路中,电源的线电压为 380 V,每相负载电阻 $R=10\ \Omega$,试求负载按 Y 形和 △ 形连接时的线电流和相电压.

4. 化简 $F=ABC+AB\bar{C}+A\bar{B}$.

5. 在右图所示同相比例运算电路中,已知 $R_1=2\text{ k}\Omega, R_2=2\text{ k}\Omega, R_3=18\text{ k}\Omega, R_f=18\text{ k}\Omega, u_i=1\text{ V}$,求 u_o.

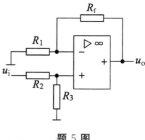

题 5 图

四、分析应用题(每小题 10 分,共 20 分)

1. 如右图所示电路,已知 $U_{CC}=12\text{ V}, R_B=300\text{ k}\Omega, R_C=3\text{ k}\Omega, R_L=3\text{ k}\Omega, R_S=3\text{ k}\Omega, \beta=50$,试求:

(1) 静态工作点;
(2) R_L 接入情况下电路的电压放大倍数 $\dot{A}_u$;
(3) 输入电阻 R_i 和输出电阻 R_o.

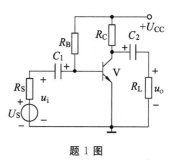

题 1 图

2. 下降沿触发的边沿 JK 触发器的输入波形如右图所示.已知初始 $Q=0$,试画出 Q 端的波形.

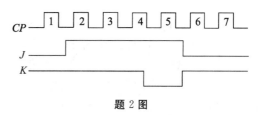

题 2 图

综合练习 B

一、填空题(每个空格 1 分,共 46 分)

1. 电路有_____、_____和_____三种工作状态.

2. 如右图所示,有源二端网络 A,在 a、b 两点间接入电压表时,其读数为 50 V,在 a、b 两点间接入 10 Ω 电阻时,测得电流为 4 A.则 a、b 两点间的开路电压为_____,两点间的等效电阻为_____.

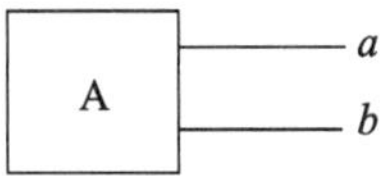

题 2 图

3. 若 $X_L=20\ \Omega$ 的电感元件作用于正弦电压 $u=220\sqrt{2}\sin(\omega t+60°)$ V,则通过该元件的电流 $i=$_____.

4. 当 RLC 串联电路发生谐振时,电路中_____最小且等于_____;电路中电压一定时_____最大,且与电路总电压_____.

5. 实际电气设备大多为_____性设备,功率因数往往_____,若要提高感性电路的功率因数,常采用人工补偿法进行调整,即在_____.

6. 当对称三相负载的相电压等于电源线电压时,此三相负载应采用_____连接方式,此时线电流为相电流的_____倍.

7. 在三相四线制电路中,中线的重要作用是_____,因此中线上不能装_____和_____.

8. 在 RLC 串联电路中,已知电流为 5 A,电阻为 30 Ω,感抗为 40 Ω,容抗为 80 Ω,则电路的阻抗为_____,该电路为_____性电路.电路吸收的有功功率为_____,吸收的无功功率为_____.

9. 实际生产和生活中,工厂的一般动力电源电压标准为_____,生活照明电源电压的标准一般为_____.

10. 放大电路中常用的负反馈类型有_____、_____、_____负反馈.

11. PN 结的单向导电性是指_____.

12. 射极输出器具有_____恒小于 1、接近于 1,_____和_____同相,并具有_____高和_____低的特点.

13. 集成运放有两个输入端,称为_____输入端和_____输入端,相应有_____、_____和_____三种输入方式.

14. 在正逻辑的约定下"1"表示_____电平,"0"表示_____电平.

15. JK 触发器具有_____、_____、_____和_____的功能.

16. 构成一个二十四进制计数器最少要采用_____个触发器.

二、选择题(每小题 2 分,共 14 分)

1. 某电阻元件的额定数据为"1 kΩ、2.5 W",正常使用时允许流过的最大电流为( )
   A. 50 mA   B. 2.5 mA   C. 250 mA

2. 纯电容正弦交流电路中,电压有效值不变,当频率减小时,电路中电流将 ( )
   A. 增大   B. 不变   C. 减小

3. 在电源对称的三相四线制电路中,若三相负载不对称,则该负载各相电压　　( )
   A. 不对称　　　　　　B. 仍然对称　　　　　　C. 不一定对称
4. 若使三极管具有电流放大能力,必须满足的外部条件是　　　　　　　( )
   A. 发射结正偏、集电结正偏　　　　　　B. 发射结反偏、集电结反偏
   C. 发射结正偏、集电结反偏　　　　　　D. 发射结反偏、集电结正偏
5. 射极输出器的输出电阻小,说明该电路的　　　　　　　　　　　　　( )
   A. 带负载能力强　　　B. 带负载能力差　　　C. 减轻前级或信号源负载
6. 理想运算放大器的两个重要结论是　　　　　　　　　　　　　　　　( )
   A. "虚短"与"虚地"　　B. "虚断"与"虚短"　　C. 断路与短路
7. 按各触发器的状态转换与时钟输入 CP 的关系分类,计数器可为　　　( )
   A. 同步和异步计数器　　B. 加计数和减计数计数器　　C. 二进制和十进制计数器

三、分析应用题(共 40 分)

1. 如右图所示,已知 $U=4$ V,求 U_S.(6 分)

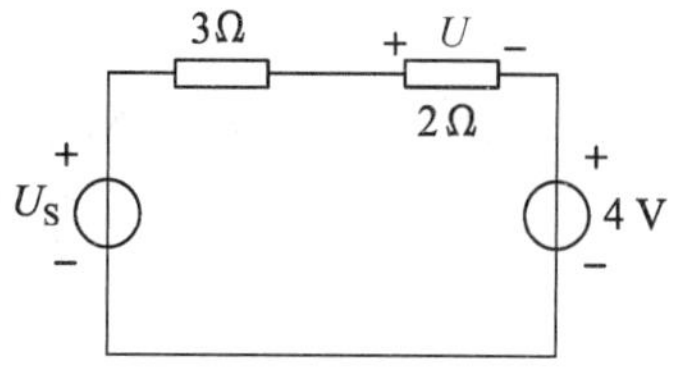

题 1 图

2. 利用交流电流表、电压表和单相功率表可以测量实际线圈的电感量.设加在线圈两端的电压为工频 110 V,测得流过线圈的电流为 5 A,功率表读数为 400 W.则该线圈的电感量为多大?(8 分)

3. 已知三相对称负载连接成△形,接在线电压为 220 V 的三相电源上,火线上通过的电流均为 17.3 A,三相功率为 4.5 kW.求各相负载的电阻和感抗.(8 分)

4. 如下图所示，已知电阻 $R_f=3R_1$，输入电压 $u_i=4\,\text{mV}$，求输出电压 u_o．(6 分)

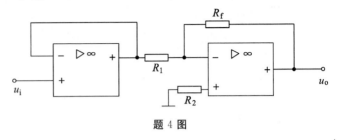

题 4 图

5. 已知 JK 触发器的信号波形为下降沿触发，试画出 Q 的波形．设触发器的初态为 0．(6 分)

题 5 图

6. 如右图所示，用二进制计数器 CT74LS161 的反馈置零功能构成十二进制计数器．(6 分)

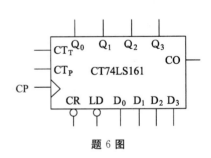

题 6 图

综合练习 C

一、填空题(每个空格 1.5 分,共 30 分)

1. 一只 220 V 40 W 的灯泡与一只 220 V 100 W 的灯泡串联后,接到 220 V 电源上,则_____W 灯泡较亮,而_____W 灯泡较暗.

2. 一个正弦交流电流的解析式为 $i=5\sqrt{2}\sin(314t-45°)$ A,则其有效值 $i=$_____,角频率 $\omega=$_____ rad/s,初相位 $\varphi_i=$_____.

3. 在纯电容交流电路中,电容元件两端的电压相位_____电流_____度.

4. 在三相对称电路中,已知线电压 U、线电流 I 及功率因数角 φ,则有功功率 $P=$_____,无功功率 $Q=$_____,视在功率 $S=$_____.

5. 本征半导体掺入微量的三价元素形成_____型半导体,其多子为_____.

6. 放大电路应遵循的基本原则是_____结正偏,_____结反偏.

7. 射极输出器具有电压放大倍数"恒小于 1 但接近于 1",并具有_____高和_____低的特点.

8. 理想运算放大器工作在线性区时有两个重要特点:一是差模输入电压相同,称为_____;二是输入电流为零,称为_____.

9. D 触发器具有_____和_____的功能.

二、选择题(每小题 3 分,共 15 分)

1. 电源线电压为 380 V,采用三相四线制供电,负载为额定电压 220 V 的白炽灯,应采用的连接方式为 ( )
   A. Y 形   B. △形
   C. 直接连接   D. 不能相连

2. 负载作△形连接的对称三相电路,若线电压为 380 V,则相电压为 ( )
   A. 220 V   B. 220 V
   C. 380 V   D. $380\sqrt{3}$ V

3. 单相桥式全波整流电路中,电容滤波后,负载电阻 R_L 平均电压等于 ( )
   A. $0.9U_2$ B. $1.4U_2$
   C. $0.45U_2$ D. $1.2U_2$

4. 或非门的逻辑功能为 ( )
   A. 有 0 出 0,全 1 出 1   B. 有 1 出 1,全 0 出 0
   C. 有 0 出 1,全 1 出 0   D. 有 1 出 0,全 0 出 1

5. 某 JK 触发器,每来一个时钟脉冲就翻转一次,则其 J、K 端的状态应为 ( )
   A. J=1,K=0   B. J=1,K=1
   C. J=0,K=0   D. J=0,K=1

三、计算题(每小题 7 分,共 35 分)

1. 电路如右图所示.用叠加定理计算 2 Ω 支路上的电流.

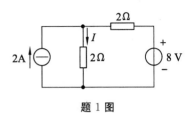

题 1 图

2. 如右图所示为日光灯正常工作时的等效电路图.其中 R 为灯管电阻,L 为镇流器电感.若 $R=300\ \Omega$,$X_L=520\ \Omega$,电源电压为 220 V,$f=50$ Hz.计算电路中的电流、灯管电压和镇流器电压的有效值以及总电压和电流的相位差.

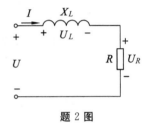

题 2 图

3. 某三相对称负载,每相负载的电阻为 6 Ω,感抗为 8 Ω,电源线电压为 380 V,试求负载作星形连接时的三相总有功功率.

4. 在右图所示电路中,已知 $R_f = 2R_1$, $u_i = -3$ V.试求输出电压 u_o.

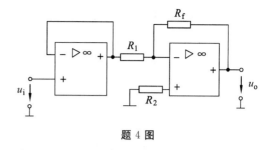

题 4 图

5. 在右图所示放大电路中,已知 $U_{CC} = 12$ V, $R_C = 4$ kΩ, $R_B = 300$ kΩ, $\beta = 37.5$, $R_L = 4$ kΩ, $r_{be} = 1$ kΩ,试求放大电路的静态工作点和电压放大倍数.

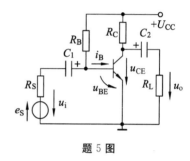

题 5 图

四、综合应用题(每小题 10 分,共 20 分)

1. 分析右图所示电路的逻辑功能.

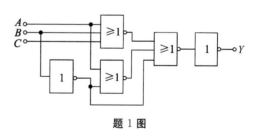

题 1 图

2. 下图所示为由四个 JK 触发器组成的四人竞赛抢答电路,试简述其工作原理.

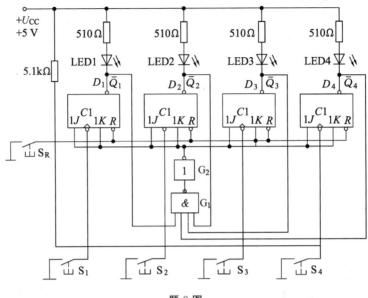

题 2 图

答 案

习题答案

第1章

1.1 略

1.2 1 W,负载;−1 W,电源

1.3 −3 A

1.4 5 A

1.5 102.75 V

1.6 4 Ω,10 V,0.6 A

1.7 电流源的功率为−1 W,电压源的功率为 0.5 W

1.8 16 V,2 Ω

1.9 3 A,9 V

1.10 (a) 8 Ω;(b) 14.2 Ω

1.11 (a) 1 Ω;(b) 4.4 Ω

1.12 −5 V 电源与 25 Ω 串联

1.13 5 V

1.14 (a) $\dfrac{6}{7}$ A;(b) −4 V;(c) 13 V,$\dfrac{10}{3}$ A

1.15 $\dfrac{7}{6}$ A

1.16 $\dfrac{11}{505}$ A

1.17 0.05 A

第2章

2.1 (1) $10\sqrt{2}$ V,0.02 s,50 Hz,314,30°;(2) $-5\sqrt{2}$ A;(3) 略

2.2 $u=220\sqrt{2}\sin(628t+60°)$ V

2.3 (1) i_1 超前,i_2 滞后,30°;(2) u_1 滞后,u_2 超前,60°;(3) u_2 超前,u_1 滞后,20°

2.4 $\dot{U}_m=110\angle 0$ V;(2) $\dot{U}=20\angle -30°$ V;(3) $\dot{I}_m=5\angle -60°$ A;(4) $\dot{I}=50\angle 90°$ A

2.5 $u=266.3\sqrt{2}\sin(\omega t+25.7°)$ V,$u'=196.5\sqrt{2}\sin(\omega t+95.8°)$ V,相量图略

2.6 220 V,10 A

2.7 $i=\sqrt{2}\sin(1\,000\,t+30°)$ A,100 W,图略

2.8 2 000 Ω

2.9 $i=1.88\sin(314t+90°)$ A,$Q=283$ var,相量图略

2.10 (1) $i=\sqrt{2}\sin(314t+30°)$ mA; (2) $i=0.32\sqrt{2}\sin(314t-60°)$ A;
(3) $i=0.016\sqrt{2}\sin(314t+120°)$ A

2.11 A 灯不变,B 灯变亮,C 灯变暗

2.12 31.1 Ω,0.1 H,777.8 W

2.13 (1) 50 V; (2) 60 W,−80 var,100 V·A; (3) 15 Ω,60 Ω,80 Ω

2.14 (1) 0.625 V; (2) 82.8°; (3) 减少

2.15 8 Ω,0.019 H,6 Ω,10 Ω,36.9°

2.16 (a) 311 V; (b) 311 V; (c) 440 V; (d) 0 V

2.17 (a) 14.1 A; (b) 20 A; (c) 10 A

2.18 8 Ω,0.063 H 或 0.108 H,199 μF,0.4

2.19 0.5,99.3 μF,不变,不变,减少,不变,减少

2.20 0.58 MHz,0.5 mA,237 mV,237 mV,47.4

2.21 32 pF,3 061.5 Ω,153.1

第 3 章

3.1 三相负载对称时,三相四线制电路中的中线可以省略;线电压是相电压的 $\sqrt{3}$ 倍

3.2 $\dot{U}_{BC}=380\angle-120°$ V,$\dot{U}_{CA}=380\angle120°$ V;$\dot{U}_A=220\angle-30°$ V,$\dot{U}_B=220\angle-150°$ V,$\dot{U}_C=220\angle90°$ V

3.3 a

3.4 a

3.5 $u_A=10\sin(\omega t+60°)$V,$u_B=10\sin(\omega t-60°)$V,$u_C=10\sin(\omega t-180°)$V,$u_{AB}=10\sqrt{3}\sin(\omega t+90°)$V,$u_{BC}=10\sqrt{3}\sin(\omega t-30°)$V,$u_{CA}=10\sqrt{3}\sin(\omega t-150°)$V

3.6 相电流 $I_P=22$ A,相量图略

3.7 $I_P=38$ A,$I_L=38\sqrt{3}$ A

3.8 S 投向上方,负载 △ 形连接,$P_\triangle\approx3.48$ kW;S 投向下方,负载 Y 形连接,$P_Y\approx1.16$ kW

3.9 令 $\dot{U}_A=380\angle0°$ V,$\dot{I}_A=22\angle-67°$ A,$\dot{I}_B=22\angle-187°$ A,$\dot{I}_C=22\angle53°$ A,相量图略

3.10 (1) 电动机应采用△接法;(2) $I_L=8.4$ A,$I_P=4.85$ A;(3) $Z=(66.6+j41.2)$ Ω

3.11 (1) 采用 Y 形接法,图略;(2) $I_L=I_P=4.55$ A,$I_N=0$;(3) $I_{L1}=I_{L2}=4.55$ A,$I_{L3}=0$,$I_N=4.55$ A

3.12 (1) 三相负载不能称为对称负载,因为三相负载的阻抗性质不同,其阻抗角也不相同;(2) $\dot{I}_A=22\angle0°$ A,$\dot{I}_B=22\angle-30°$ A,$\dot{I}_C=22\angle30°$ A,$I_N=60.1\angle0°$ A

第 4 章

4.1 管子为 NPN 型,管脚 1 为集电极、管脚 2 为发射极、管脚 3 为基极

4.2 $u_i=10\sin\omega t$V>5 V 时,二极管导通,$u_o=u_i$;$u_i=10\sin\omega t\leqslant$ 5 V 时,二极管截止,$u_o=E=5$ V,如右图所示

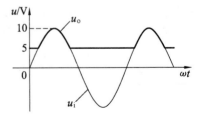

4.3 (1) $U_Y=0$; (2) $U_Y=0.9E$; (3) $U_Y=0.95E$

4.4 当 $u_i=5$、3、0、-2 时,二极管截止 $u_o=5$ V;当 $u_i=10$ 时,二极管导通 $u_o=u_i=10$ V

4.5　(a)、(d)能放大交流电压信号；(b)、(c)不能

4.6　(a) $I_B=74.8$ μA, $I_C=3.74$ mA, $U_{CE}=8.26$ V；(b) $I_B=15.9$ μA, $I_C=0.795$ mA, $U_{CE}=3.89$ V

4.7　(1) $I_B=30$ μA, $I_C=1.5$ mA, $U_{CE}=7.5$ V；(2) 略；(3) $r_{be}=1\,184$ Ω, $A_u=-107$, $r_i=1\,184$ Ω, $r_o=5$ kΩ

4.8　$R_B=300$ kΩ, $R_C=4$ kΩ

4.9　(1) 饱和失真,减小基极电流；(2) 饱和与截止共有,适当减小电路输入信号；(3) 截止失真,加大基极电流

4.10　(1) $U_B=5.58$ V, $I_C\approx 3.72$ mA, $I_B=56.4$ μA, $U_{CE}\approx 6$ V；(2) 略；(3) $r_{be}=768$ Ω, $A_u=-172.2$, $r_i\approx 0.768$ kΩ, $r_o\approx R_C=3.3$ kΩ；(4) $A_u=-283.6$

4.11　略

4.12　(1) $I_B=42.7$ μA, $I_C=1.7$ mA, $U_{CE}=5.2$ V, $r_{be}=0.92$ kΩ；(2) 略；(3) $A_u=-13.0$, $r_o\approx R_C=3$ kΩ, $r_i\approx 8.8$ kΩ

4.13　$U=1.2$ V

4.14　略

4.15　(1) 略；(2) $r_{o1}\approx R_C$, $r_{o2}=R_E/\!/[(R_{B1}/\!/R_{B2}+r_{be})/(1+\beta)]$

第5章

5.1　同相输入端与反向输入端两点电位相等,在没有短接的情况下相当于短接

5.2　输出端(信号),反馈,负,正,电压串联,电流串联,电压并联,电流并联

5.3　负,开环,正,U_+, U_-, $I_+=I_-$,两种,零,线性,非线性

5.4　同相,反向,同相输入,反向输入,双端输入

5.5　直流,串联,电压

5.6　相同,虚短,为零,虚断

5.7　√

5.8　√

5.9　√

5.10　√

5.11　√

5.12　C

5.13　A, A, B

5.14　C

5.15　A

5.16　D

5.17　C

5.18　A

5.19　(1) $u_o=-u_i$；(2) $u_o=u_i$

5.20　$u_o=4$ V

5.21　$u_o=(1+k)(u_{i2}-u_{i1})$

5.22　$u_o=\dfrac{u_1-u_2}{2}$

5.23　$R_1=1$ kΩ, $R_2=4$ kΩ

5.24　S断开时, $u_o=1$ V；S合上时, $u_o=0$ V

5.25　$u_{o1}=-(2u_{i1}+u_{i2})$；$u_{o2}=-3(2u_{i1}+u_{i2})$

5.26 $u_o = -3(u_{i1} + 2u_{i2} + 5u_{i3})$

第6章

6.1   (1) ×；(2) √；(3) ×；(4) √；(5) √；(6) √

6.2   (1) B；(2) A；(3) C；(4) A

6.3   111 V,2CZ56D

6.4   2CZ55C,666 μF/50 V

6.5   (1) 12 V；(2) 14.1 V；(3) 9 V；(4) 10 V

6.6   略

6.7   9～18 V,上负下正

6.8   略

6.9   (a) 不能；(b) 能；(c) 能；(d) 不能

6.10   (1) 略；(2) 2412.7～4825.3 Hz

第7章

7.1   69,129

7.2   110101010100,11001110001111

7.3   略

7.4   (1) $L = A + C + BD + \overline{B}EF$；(2) $L = A + \overline{B} + \overline{C} + \overline{D}$；(3) $L = B\overline{C} + A\overline{B} + \overline{B}C$

7.5 $Y_1 = \overline{A \cdot \overline{B}}, Y_2 = \overline{Y_1 \cdot \overline{\overline{AB}}}, Y_3 = \overline{\overline{A \ \overline{AB}} \cdot \overline{B \ \overline{AB}}}$

7.6   可以."与非"门多余的脚接高电平,"或非"门多余的脚接低电平

7.7 $ABCD = 0111$ 或 1111

7.8 $A = B, C = D$

7.9～7.13   略

第8章

8.1～8.4   略

8.5   六进制计数器

8.6   五进制计数器,图略

8.7   状态转换表略.(a) 十一进制计数器；(b) 十进制计数器

8.8～8.11   略

8.12   图略. $U_{DD} = 5$ V, $U_{CO} = 4$ V

8.13   工作原理略. $t_W = 11$ s

8.14   略

8.15   电路图略, $R = 390$ kΩ

综合练习答案

综合练习 A

一、填空题

1. 电压,相对

2. 最大值,角频率,初相位

3. $311, 314, -\dfrac{\pi}{3}$

4. 充分,小

5. 阻抗,电阻 R,电流

6. $300\angle 50°, 0.75\angle 10°$

7. 超前

8. 导通,截止

9. 发射结,集电结

10. $AF>1, \varphi_A+\varphi_F=2n\pi(n=0,1,2,\cdots)$

11. 提高,增加

12. 截止

13. 与非,或

14. 定时,整形,延时

二、选择题

1. C 2. B 3. C 4. B 5. C 6. D 7. A 8. C 9. B 10. D

三、计算题

1. (1) $I=2.1$ A;(2) $U_{AB}=6.1$ V,$U_{BC}=10.5$ V

2. $Z=R+\mathrm{j}(X_L-X_C)=(3-\mathrm{j}4)\Omega=5\angle-53°\Omega, \dot{I}=\dfrac{\dot{U}}{Z}=\dfrac{100\angle 0°}{5\angle -53°}=20\angle 53°$ A.电流的有效值为 20,电压与电流的相位差为 53°

3. 负载 Y 形连接时,$U_P=220$ V,$I_L=I_P=\dfrac{U_P}{R}=22$ A;负载 △ 形连接时,$U_P=380$ V,$I_P=\dfrac{U_P}{R}=38$ A,$I_L=38\sqrt{3}$ A

4. $F=ABC+AB\bar{C}+A\bar{B}=AB+A\bar{B}=A$

5. $u_\mathrm{o}=\left(1+\dfrac{R_\mathrm{f}}{R_1}\right)\dfrac{R_3}{R_2+R_3}u_\mathrm{i}=5.4$ V

四、分析应用题

1. (1) 先求静态工作点.

$I_{BQ}=\dfrac{U_{CC}-U_{BEQ}}{R_B}\approx\dfrac{U_{CC}}{R_B}=40$ μA,$I_{CQ}=\beta I_{BQ}=2$ mA,$U_{CEQ}=U_{CC}-I_{CQ}R_C=6$ V

三极管的动态输入电阻为 $r_\mathrm{be}=300+(1+\beta)\dfrac{26}{I_{EQ}}\approx 0.963$ kΩ

(2) R_L 接入时的电压放大倍数 $\dot{A}_u=-\dfrac{\beta R_L'}{r_\mathrm{be}}=-78$

(3) 输入电阻 $R_\mathrm{i}=R_B\,/\!/\,r_\mathrm{be}\approx 0.96$ kΩ,输出电阻 $R_\mathrm{o}=R_C=3$ kΩ

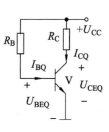

2. 输出波形如下图所示.

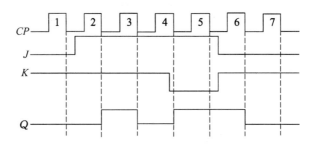

综合练习 B

一、填空题

1. 短路,开路,连通
2. 50 V,2.5 Ω
3. $11\sqrt{2}\sin(\omega t - 30°)$ V
4. 阻抗,电阻,电流,同相
5. 感,低,感性负载上并联电容器
6. 三角形,$\sqrt{3}$
7. 保证不对称负载有对称电源电压,开关,保险丝
8. 50 Ω,容,750 W,1 000 var
9. 380 V,220 V
10. 电压串联,电压并联,电流串联,电流并联
11. 正偏导通,反偏截止
12. 电压放大倍数,输入,输出,输入电阻,输出电阻
13. 同相,反相,反相输入,同相输入,差动输入
14. 高,低
15. 保持,置 1,置 0,翻转(计数)
16. 5

二、选择题

1. A 2. C 3. B 4. C 5. A 6. B 7. A

三、分析应用题

1. $I = \dfrac{U}{2}$ A = 2 A,$U_S = 14$ V

2. $R = \dfrac{P}{I^2} = 16$ Ω,$|Z| = \dfrac{U}{I} = 22$ Ω,$X_L = 15.1$ Ω,$L = \dfrac{X_L}{314} = 0.048$ H

3. $I_P = 10$ A,$P = 3 \times I^2 R$,$R = 15$ Ω,$|Z| = 22$ Ω,$X_L = 16.1$ Ω

4. $u_o = -12$ mV

5.

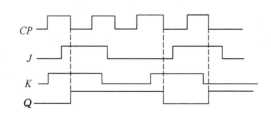

6.

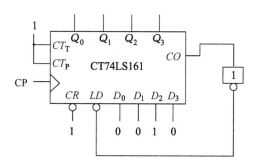

综合练习 C

一、填空题

1. 40,100

2. 5 A,314,45°

3. 滞后,90

4. $UI\cos\varphi$,$UI\sin\varphi$,UI

5. p,空穴

6. 发射,集电

7. 输入电阻,输出电阻

8. "虚短","虚断"

9. 置 0,置 1

二、选择题

1. A 2. C 3. D 4. D 5. B

三、计算题

1. 电流源单独工作时,$I'=1$ A;电压源单独工作时,$I''=2$ A,则 $I=I'+I''=3$ A

2. $Z=R+\mathrm{j}X_\mathrm{L}=300+\mathrm{j}520=600\angle 60°\ \Omega$,$I=\dfrac{U}{|Z|}=0.366$ A,$U_\mathrm{R}=RI=110$ V,$U_\mathrm{L}=X_\mathrm{L}I=191$ V,$\varphi=60°$

3. 每相绕组的阻抗为 $|Z|=\sqrt{R^2+X_\mathrm{L}^2}=10\ \Omega$;星形连接时,负载相电压 $U_\mathrm{YP}=\dfrac{U_\mathrm{L}}{\sqrt{3}}=220$ V,因此流过负载的相电流 $I_\mathrm{P}=\dfrac{U_\mathrm{P}}{|Z|}=22$ A,负载的功率因数 $\cos\varphi=\dfrac{R}{|Z|}=0.6$.星形连接时三相总有功功率 $P=3U_\mathrm{P}I_\mathrm{P}\cos\varphi_\mathrm{P}\approx 8.7$ kW

4. $u_\mathrm{o}=-\dfrac{2R_1}{R_1}u_\mathrm{i}=-2u_\mathrm{i}=6$ V

5. $I_\mathrm{B}\approx\dfrac{U_\mathrm{CC}}{R_\mathrm{B}}=40\ \mu\mathrm{A}$,$I_\mathrm{C}=\beta I_\mathrm{B}=1.5$ mA,$U_\mathrm{CE}=U_\mathrm{CC}-I_\mathrm{C}R_\mathrm{C}=6$ V,$R'_\mathrm{L}=R_\mathrm{C}//R_\mathrm{L}=\dfrac{R_\mathrm{C}R_\mathrm{L}}{R_\mathrm{C}+R_\mathrm{L}}=2\ \mathrm{k}\Omega$,$A_u=-\beta\dfrac{R'_\mathrm{L}}{r_\mathrm{be}}=-75$,故放大电路的电压放大倍数为 75 倍

四、综合应用题

1. 逻辑表达式:$Y=\overline{\overline{A+B+C}+\overline{A+\overline{B}+\overline{B}}}$

最简与-或表达式:$Y=\overline{AB}$

其值表:

A	B	C	Y
0	0	0	1
0	0	1	1
0	1	0	1
0	1	1	1
1	0	0	1
1	0	1	1
1	1	0	0
1	1	1	0

电路的逻辑功能:电路的输出 Y 只与输入 A、B 有关,而与输入 C 无关. Y 和 A、B 的逻辑关系为与非运算的关系. 可用与非门实现:

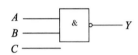

2. 抢答前,先按复位开关 S_R,触发器 $D_1 \sim D_4$ 都被置 0,$\overline{Q}_1 \sim \overline{Q}_4$ 都为 1,发光二极管 LED1~LED4 不发光. 这时,G_1 输入都为 1,G_2 输出 1,$D_1 \sim D_4$ 的 J=K=1,四个触发器皆处于接收信号的状态;抢答时,如 S_4 第一个被按下,则 D_4 首先由 0 态翻到 1 态,$\overline{Q}_4 = 0$,这一方面使 LED4 发光,同时使 G_2 输出 0. 此时 $D_1 \sim D_4$ 的 J 和 K 都为低电平 0,执行保持功能;当 S_4 被按下后,再按下 $S_1 \sim S_3$ 中的任一个时,$D_1 \sim D_3$ 的状态不会改变,仍为 0,LED1~LED3 不亮;根据发光二极管发光的信息,可判断第一个被按下的开关是 S_4.

参 考 文 献

[1] 蔡大华,石剑锋.电工与电子技术基础[M].2版.苏州:苏州大学出版社,2017.

[2] 王乃成.电子技术(电工学Ⅱ)[M].北京:国防工业出版社,2003.

[3] 李瀚荪.简明电路分析基础[M].北京:高等教育出版社,2002.

[4] 吴锡龙.电路分析[M].北京:高等教育出版社,2004.

[5] 刘美玲,蔡大华.电子技术基础[M].北京:清华大学出版社,2012.

[6] 许传清.电工与电子技术基础[M].苏州:苏州大学出版社,2004.

[7] 熊伟林.电工技术[M].3版.北京:电子工业出版社,2008.

[8] 吕国泰,白明友.电子技术[M].3版.北京:高等教育出版社,2008.

[9] 蔡大华.模拟电子技术基础[M].2版.北京:清华大学出版社,2022.

[10] 杨志忠,卫桦林.数字电子技术基础[M].2版.北京:高等教育出版社,2009.

[11] 王廷才.电子技术基础与技能[M].2版.北京:机械工业出版社,2016.